计算机网络技术基础教程

主　编　刘炎火　游金水　林毓馨

副主编　陈　霓　王承晔　许文伟

参　编　许珍珍　苏恺昱　黄雪凤　吕伟明

　　　　戴燕凤　蔡伟巍　方癸华　詹志桢

　　　　吴庆良　黄丽金　陈来豪

机械工业出版社

计算机网络基础是计算机类专业的专业基础课程，也是计算机网络技术专业的专业核心课程。本书坚持"落实立德树人根本任务""坚持为党育人、为国育才"，按照《国家职业教育改革实施方案》《中华人民共和国职业教育法》《关于推动现代职业教育高质量发展的意见》等要求，依据国家职业教育专业教学标准组织编写。

本书深化职业教育类型特色定位，按中、高、本一体化人才培养衔接要求重构课程体系。坚持科学技术是第一生产力、人才是第一资源、创新是第一动力的精神内涵，深化产教融合、科教融汇贯通，以"一学二练三优化"的职业教育新范式，突出"实践性、实用性、创新性"。全书共有 8 个单元，内容涵盖计算机网络技术概述、数据通信基础、计算机网络体系结构、计算机网络设备、Internet基础、网络操作系统、局域网组建和网络管理与网络安全。

本书既可作为职业院校计算机类专业的教材，也可供网络技术人员自学参考。

本书配有电子课件、习题答案，选用本书作为授课教材的教师可登录机械工业出版社教育服务网（www.cmpedu.com）注册后免费下载，或联系编辑（010-88379194）咨询。本书还配有"示范教学包"，教师可在超星学习通上实现"一键建课"。

图书在版编目（CIP）数据

计算机网络技术基础教程/刘炎火，游金水，林毓馨主编. —北京：机械工业出版社，2024.1（2025.1重印）
ISBN 978-7-111-74711-6

Ⅰ．①计…　Ⅱ．①刘…　②游…　③林…　Ⅲ．①计算机网络-教材　Ⅳ．①TP393

中国国家版本馆CIP数据核字（2024）第007116号

机械工业出版社（北京市百万庄大街22号　邮政编码100037）
策划编辑：李绍坤　　　　　　　责任编辑：李绍坤
责任校对：张晓蓉　牟丽英　　　封面设计：马精明
责任印制：单爱军
北京虎彩文化传播有限公司印刷
2025 年 1 月第 1 版第 2 次印刷
210mm×285mm·16.75印张·360千字
标准书号：ISBN 978-7-111-74711-6
定价：54.00元

电话服务　　　　　　　　　网络服务
客服电话：010-88361066　　机 工 官 网：www.cmpbook.com
　　　　　010-88379833　　机 工 官 博：weibo.com/cmp1952
　　　　　010-68326294　　金 书 网：www.golden-book.com
封底无防伪标均为盗版　　机工教育服务网：www.cmpedu.com

前　言

本书以党的二十大精神为指导，落实《国家职业教育改革实施方案》《中华人民共和国职业教育法》《关于推动现代职业教育高质量发展的意见》等要求，依照专业教学标准，遵循操作性、适用性、适应性原则精心组织编写。本书坚持"落实立德树人根本任务"，"坚持为党育人、为国育才"，以学生为中心、以工作任务为载体，以职业能力培养为目标，通过典型工作任务分析，构建新型理实一体化课程体系。教材编写按照工作过程和学生认知规律设计教学单元、安排教学活动，实现理论与实践统一，专业学习和工作实践学做合一、能力培养与岗位要求对接合一。本书引用贴近学生生活和实际职业场景的实践任务，采用"一学二练三优化"的职教教学新范式，使学生在实践中积累知识、经验和提升技能，达成课程目标，增强现代网络安全意识、应用网络能力和开发网络思维、提高数字化学习与创新能力，树立正确的社会主义核心价值观，培养学生具有符合时代要求的信息素养，培育学生适应职业发展需要的信息能力。

本书共有8个单元，包括计算机网络技术概述、数据通信基础、计算机网络体系结构、计算机网络设备、Internet基础、网络操作系统、局域网组建、网络管理与网络安全。每个单元设有导读、学习目标、内容梳理、知识概要、应知应会、典型例题、知识测评等环节。

本书由刘炎火、游金水、林毓馨担任主编，陈霓、王承晔、许文伟担任副主编，参加编写的还有许珍珍、苏恺昱、黄雪凤、吕伟明、戴燕凤、蔡伟巍、方癸华、詹志桢、吴庆良、黄丽金、陈来豪。其中，林毓馨编写了单元1，黄雪凤编写了单元2，刘炎火、吴庆良编写了单元3，刘炎火、陈霓、方癸华编写了单元4，许珍珍编写了单元5，林毓馨、吕伟明、苏恺昱编写了单元6，戴燕凤编写了单元7，王承晔编写了单元8。刘炎火负责全书的结构设计，以及内容的修改、审定、统稿和完善等工作；詹志桢负责课件的修改和美化；黄丽金、蔡伟巍、陈来豪、许文伟负责编写资料的整理工作。全书由刘炎火、游金水负责最终审核。

由于编者水平有限，不足之处在所难免，敬请读者批评指正。

编　者

目 录

单元1
计算机网络技术概述

电子计算机是20世纪人类最伟大、最卓越的发明之一。由计算机技术和通信技术相结合而产生的计算机网络使计算机的应用功能得到了加强、信息范围得到了扩展。信息化为人类带来了千载难逢的机遇，建设网络强国的战略部署要与"两个一百年"奋斗目标同步推进，信息化的基础就是网络空间。

1.1 计算机网络系统

学习目标

- ➤ 理解网络节点与通信链路的概念。
- ➤ 理解网络硬件系统的组成及基本概念。
- ➤ 理解网络软件系统的组成及基本概念。
- ➤ 熟练掌握计算机网络的定义。
- ➤ 掌握网络协议的概念与要素内容。
- ➤ 掌握计算机网络的组成及工作原理。
- ➤ 实现互联网思维的培养。

内容梳理

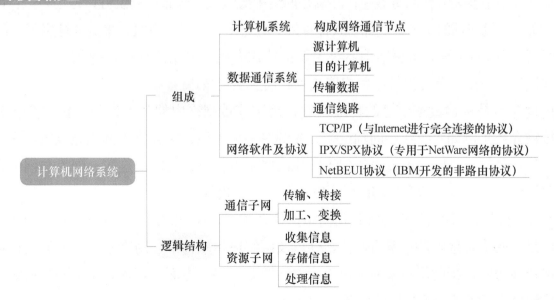

21世纪的三个重要特征是数字化、网络化和信息化，它是一个以网络为核心的信息时代。网络已经成为信息社会的命脉和发展知识经济的重要基础。网络是指"三网"，即电信网络、有线电视网络和计算机网络。其中，发展最快并起到核心作用的是计算机网络，它是计算机技术与通信技术相结合的产物。

1. 计算机网络的定义

计算机网络就是将分布在不同地理位置、具有独立功能的多台计算机及其外部设备，用通信设备和通信线路连接起来，在网络操作系统、网络管理软件及网络通信协议的管理和协调下，实现资源共享和数据通信的计算机系统。计算机网络具有可靠性、高效性、独立性、扩充性、廉价性、分布性、易操作性等特点。

从物理结构上看，计算机网络可视作在各方都认可的通信协议控制下，由若干拥有独立操作系统的计算机、终端设备、数据传输和通信控制处理机等组成的集合。从应用和资源共享上看，计算机网络就是把地理上分散的、具有独立功能的计算机系统资源，以能够相互共享的方式连接起来，以便相互间共享资源、传输信息。

计算机网络的组成主要包括以下三个方面，如图1-1所示。

计算机系统
网络的基本模块

计算机网络

数据通信系统
连接网络基本模块的桥梁

网络软件
网络资源的访问、管理和调度

图1-1　计算机网络的组成

1）计算机系统。计算机系统是网络的基本模块，它主要负责数据信息的收集、存储、处理和输出任务，并提供各种网络资源。

计算机系统在网络中的用途可分为两类：服务器和终端。其中，服务器负责数据处理和网络控制，并构成网络的主要资源，它主要由大型机、中小型机等组成。网络软件和网络的应用服务程序主要安装在服务器中；终端是网络中数量大、分布广的设备，是用户进行网络操作，实现人机对话的工具，例如台式计算机、笔记本计算机、手机、平板计算机等设备。

2）数据通信系统。数据通信系统主要由传输介质、网络连接设备等组成，是连接网络基本模块的桥梁，负责提供各种连接技术和信息交换技术。

传输介质是传输数据信号的物理通道，用于连接网络中的各种设备。传输介质分为有线传输介质（例如双绞线、同轴电缆、光纤等）和无线传输介质（例如无线电、微波信号、红外信号等）。网络连接设备用于实现网络中各计算机之间的连接、网络与网络之间的互联等功能，主要包括调制解调器、路由器和交换机等。

3）网络软件。网络软件主要包括网络操作系统（Network Operating System，NOS）、网络协议、网络管理软件、网络通信软件以及网络应用软件等。网络软件一方面授权用户对网络资源访问，帮助用户方便、快速地访问资源；另一方面，管理和调度网络资源，提供通信和用户所需要的各种网络服务。

2. 互联网

网络和网络通过路由器互联，这样就构成了一个覆盖范围更大的网络，即互联网（Internet）。互联网（Internet）是当前全球最大的、开放的、由众多网络相互连接而成的特定计算机网络，它采用TCP/IP作为通信的规则，将不同类型、不同规模、位于不同地理位置的网络互联在一起，实现了全球范围的数据通信和资源共享。

应知应会

1. 网络节点和通信链路

从拓扑结构上看，计算机网络由若干节点（node）和连接这些节点的通信链路（link）组成，如图1-2所示。

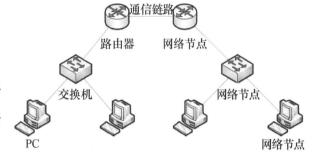

图1-2　网络节点与通信链路

1）网络节点。网络节点分为访问节点、转接节点和混合节点。访问节点指拥有计算机资源的用户设备，主要起信源和信宿的作用，常见的访问节点有用户主机和终端等。转接节点指那些在网络通信中起到数据交换和转接作用的网络节点，例如集线器、交换机、路由器等。混合节点指的是既可以作为访问节点又可以作为转接节点的网络节点。

2）通信链路。通信链路是指两个网络节点之间传输信息和数据的线路。通信链路分为物理链路和逻辑链路。物理链路是一条点到点的物理线路，中间没有任何交换节点。在计算机网络中，两台计算机之间的通路往往是由许多物理链路串结而成。逻辑链路是具备数据传输控制能力，在逻辑上起作用的物理链路。在物理链路上加上用于数据传输控制的硬件和软件，就构成了逻辑链路。只有在逻辑链路上才可以真正传输数据，而物理链路是形成逻辑链路的基础。

2. 网络硬件系统和网络软件系统

从资源构成的角度，计算机网络系统的组成包括网络硬件系统和网络软件系统两大部分。

（1）网络硬件系统

网络硬件系统是计算机网络系统的物质基础。硬件可以分成两部分：负责数据处理的计算机主机和终端，以及负责数据通信的通信控制处理机、通信线路、网络连接设备。

1）主机。主机通常被称为服务器，是一台高性能计算机，用于网络管理、运行应用程序、连接一些外部设备等。根据服务器在网络中所提供的服务不同，可将其划分为打印服务器、通信服务器、数据库服务器、应用程序服务器（如WWW服务器、E-mail服务器、FTP服务器）等。

2）终端。终端是网络中用户访问网络、进行网络操作、实现人机对话的重要工具，有时也称为客户机、工作站等。终端可以通过主机接入网络，也可以通过终端控制器接入网络。

3）通信控制处理机。通信控制处理机主要负责主机与网络的信息传输控制，其主要功能包括线路传输控制、错误检测与恢复、代码转换等。

4）通信线路。计算机网络中各节点之间想要形成网络必须要通过一定的手段连接起来，即需要有一条通道实现物理互连。通信线路是网络节点间承载信号传输的信道，可采用多种传输介质，如双绞线、光纤、同轴电缆、微波、卫星等。

双绞线由两条互相绝缘的铜线组成，这两条铜线拧在一起，既可以减少对邻近线的电气干扰，又可以减轻外界电磁波对它的干扰。双绞线既能用于传输模拟信号，也能用于传输数字信号，其带宽决定于铜线的直径和传输距离。由于性能较好且价格便宜，双绞线得到了广泛应用。双绞线可以分为非屏蔽双绞线和屏蔽双绞线两种，屏蔽双绞线性能优于非屏蔽双绞线。

光纤是由纯石英玻璃制成的，纤芯外面包围着一层折射率比纤芯低的包层，包层外是一个塑料护套。光纤通常被扎成束，外面有外壳保护。光纤的传输速率可达100Gbit/s。光纤分为单模光纤和多模光纤。

同轴电缆以硬铜线为芯（导体），外包一层绝缘材料（绝缘层），这层绝缘材料再用密织的网状导体环绕构成屏蔽，其外又覆盖一层保护性材料（护套）。同轴电缆的这种结构使它具有更高的带宽和极好的噪声抑制特性。同轴电缆比双绞线的屏蔽性要更好，因此在高速传输时可以传输得更远。

5）网络连接设备。网络连接设备用来实现网络中各计算机之间的连接、网络与网络之间的互联、数据信号的变换和路由选择。网络连接设备有交换机、路由器、调制解调器、无线通信接收和发送器、用于光纤通信的编码解码器等。

（2）网络软件系统

网络软件系统是网络功能不可缺少的软件环境。网络软件系统一方面授权用户对网络资源进行访问，帮助用户方便、快速地访问资源；另一方面，管理和调度网络资源，提供通信和用户所需要的各种网络服务。网络软件系统一般由网络操作系统、网络协议、网络管理软件、网络通信软件和网络应用软件五部分组成。

1）网络操作系统。网络操作系统用于实现不同主机之间的用户通信，以及全网硬件和软件资源的共享，并向用户提供统一的、方便的网络接口，便于用户使用网络。网络操作系统除了具有文件管理、设备管理和存储器管理等功能外，还能够提供高效、可靠的网络通信能力及多种网络服务。常用的网络操作系统有Linux、UNIX、NetWare和Windows Server。

2）网络协议。网络协议是有关计算机网络通信的一整套规则，或者说是为完成计算机网络通信而制订的规则、约定和标准。网络协议由语法、语义和时序三大要素组成。语法是指通信数据和控制信息的结构与格式；语义是对具体事件应发出何种控制信息，完成何种动作以及做出何种应答的说明；时序是对事件实现顺序的详细说明。常见的网络协议有TCP/IP、IPX/SPX协议、NetBEUI协议等。

TCP/IP（Transmission Control Protocol/Internet Protocol，传输控制协议/网际协议）是一组用于网络互联的通信协议，它是Internet最基本的协议。TCP/IP标准是完全开放的，独立于特定的计算机硬件与操作系统。该协议采用分层体系结构，可分为4层，分别是网络接口层、网际层、传输层和应用层。

IPX/SPX（Internetwork Packet Exchange/Sequences Packet Exchange，网络分组交换/顺序分组交换）协议是Novell公司开发的通信协议，具有很强的适应性，安装方便，同时还具有路由功能，可以实现多网段间的通信。当用户端接入NetWare服务器时，IPX/SPX协议及其兼容协议是最好的选择。

NetBEUI（NetBios Enhanced User Interface，NetBios增强用户接口）协议是由IBM开发的非路由协议，用于携带NetBios通信，曾被许多操作系统采用，例如Windows for Workgroup、Windows 9X系列、Windows NT等。

3）网络管理软件。网络管理软件是用来对网络资源进行管理以及对网络进行维护的软件，如性能管理、配置管理、故障管理、计费管理、安全管理、网络运行状态监视和统计等。

4）网络通信软件。网络通信软件是用于实现网络中各种设备之间通信的软件，使用户能够在未详细了解通信控制规程的情况下，控制应用程序与多个网站进行通信，并对大量的通信数据进行加工和管理。

5）网络应用软件。网络应用软件是指为某一个具体应用目的而开发的网络软件，为网络用户提供了一些实际的应用服务。例如远程教育、网上购物、传送电子邮件、视频会议等。

3. 通信子网和资源子网

从逻辑功能上，计算机网络分为通信子网和资源子网。其中，通信子网为用户提供数据的传输、转接、加工、变换等，负责在端节点之间传送报文。资源子网负责全网数据处理，向用户提供资源和网络服务，包括网络的数据处理资源和数据存储资源。

典型例题

【例1】（单项选择题）以下哪个设备不属于转接节点（　　）。

    A. 集线器　　　　　B. 交换机　　　　　C. 路由器　　　　　D. 用户主机

【解析】本题主要考查网络节点的概念。网络节点分为访问节点、转接节点和混合节点。访问节点是指拥有计算机资源的用户设备，主要起信源和信宿的作用，常见的访问节点有用户主机和终端等；转接节点是指那些在网络通信中起到数据交换和转接作用的网络节点，例如集线器、交换机、路由器等。混合节点指的是既可以作为访问节点，又可以作为转接节点的网络节点。

【答案】D

【例2】（多项选择题）以下哪两个功能是计算机网络最主要的功能（　　）。

    A. 资源共享　　　　B. 数据通信　　　　C. 集中处理　　　　D. 可靠性

【解析】本题主要考查计算机网络的定义。资源共享和数据通信是计算机网络最主要的功能。

【答案】AB

【**例3**】（判断题）多台计算机的集合就是计算机网络。（　　　）

【**解析**】本题主要考查计算机网络的概念。计算机网络主要包括三个方面，计算机系统、数据通信系统、网络软件，因此只有计算机不足以构成整个计算机网络。

【**答案**】错误

知识测评

一、单项选择题

1. 计算机互联的主要目的是（　　　）。
   - A. 制定网络协议
   - B. 将计算机技术与通信技术相结合
   - C. 集中计算
   - D. 资源共享

2. 下列有关网络中计算机的说法正确的是（　　　）。
   - A. 没关系
   - B. 拥有独立的操作系统
   - C. 互相干扰
   - D. 共同拥有一个操作系统设备

3. 关于计算机网络，以下说法正确的是（　　　）。
   - A. 网络就是计算机的集合
   - B. 网络可提供远程用户共享网络资源，但可靠性很差
   - C. 网络是计算机技术和通信技术相结合的产物
   - D. 当今世界上规模最大的网络是LAN

4. 对于用户来说，在访问网络共享资源时，这些资源所在的物理位置（　　　）。
   - A. 不必考虑
   - B. 必须考虑
   - C. 访问硬件时需考虑
   - D. 访问软件时需考虑

5. 计算机网络是计算机技术和（　　　）技术相结合的产物。
   - A. 芯片
   - B. 智能控制
   - C. 通信
   - D. 建筑

6. 网络协议主要要素为（　　　）。
   - A. 编码、控制信息、同步
   - B. 语法、语义、同步
   - C. 数据格式、编码、信号电平
   - D. 数据格式、控制信息、速度匹配

7. 通常把计算机网络定义为（　　　）。
   - A. 以共享资源为目标的计算机系统
   - B. 能按网络协议实现通信的计算机系统
   - C. 把分布在不同地点的多台计算机互联起来构成的计算机系统
   - D. 把分布在不同地点的多台计算机在物理上实现互连，按照网络协议实现相互之间的通信，以共享硬件、软件和数据资源为目标的计算机系统

8. 计算机网络建立的主要目的是实现计算机资源共享，计算机资源主要是指计算机的（　　　）。
   - A. 数据库与软件
   - B. 服务器、工作站、软件
   - C. 软件、硬件、数据
   - D. 通信子网与资源子网

9. 在计算机网络中，集线器、交换机、路由器属于（　　　）。

    A. 访问节点   B. 转接节点   C. 混合节点   D. 全功能节点

10. 计算机网络中的访问节点又称（　　　）。

    A. 中间节点   B. 转接节点   C. 端节点   D. 全功能节点

二、多项选择题

1. 下列属于计算机网络的主要组成部分的是（　　　）。

    A. 主机   B. 通信子网   C. 通信主网   D. 一系列协议

2. 以下有关计算机网络的说法中正确的是（　　　）。

    A. 计算机网络必须包含网络硬件与软件

    B. 计算机网络是在协议控制下的多机互联系统

    C. 用网线将几台计算机连起来就可以构成网络

    D. 计算机网络是指将地理位置不同的计算机互联，能够实现资源共享和信息传递的计算机系统

3. 以下（　　　）属于网络操作系统基本功能。

    A. 文件服务   B. 打印服务   C. 数据库服务   D. 通信服务

4. 以下关于网络的说法正确的是（　　　）。

    A. 将两台计算机用网线连在一起就是一个网络

    B. 网络按覆盖范围可以分为LAN和WAN

    C. 计算机网络有数据通信、资源共享和分布处理等功能

    D. 上网时我们享受的服务不只是眼前的工作站提供的

5. 以下属于网络协议组成要素的是（　　　）。

    A. 语法   B. 语义   C. 时序（同步）   D. 字符

三、判断题

1. 将一台具有独立功能的计算机配上网卡，再安装相关的操作系统、协议和相关的网络管理软件，就可以视为一个特殊的网络。（　　　）

2. 计算机网络是指将地理位置不同的、具有独立功能的多台计算机及其外部设备，通过通信设备和线路连接起来，实现资源共享和信息传递的计算机互联系统。（　　　）

3. 计算机网络拥有可靠性、高效性、独立性、扩充性、廉价性、分布性、易操作性的特点。（　　　）

4. 一台计算机也可以称为是一个计算机网络。（　　　）

5. 计算机网络就是只能利用网线将地理位置不同的多台计算机互联起来。（　　　）

四、填空题

1. 网络操作系统是使联网计算机能够方便而有效地共享网络资源，为用户提供所需的各种服务的_____的集合。

2. 为网络数据交换而制定的_____、约定与标准被称为网络协议。

3. 在计算机网络的定义中，一个计算机网络包含多台具有_____功能的计算机。

4. 计算机网络拥有_____、高效性、独立性、扩充性、廉价性、分布性、易操作性的特点。

5. _____是用于实现网络中各种设备之间通信的软件。

五、简答题

1. 简述计算机网络的定义。

2. 计算机网络软件系统包括哪些常见软件，它们各有什么作用？

1.2 计算机网络的产生与发展

学习目标

➢ 理解ARPANET的发展以及产生的影响。

➢ 掌握计算机网络发展历程的特点和典型代表。

➢ 掌握并理解ISO/OSI模型和TCP/IP。

➢ 了解我国计算机网络发展的重要事件。

➢ 实现网络信息化思维，树立文化自信。

内容梳理

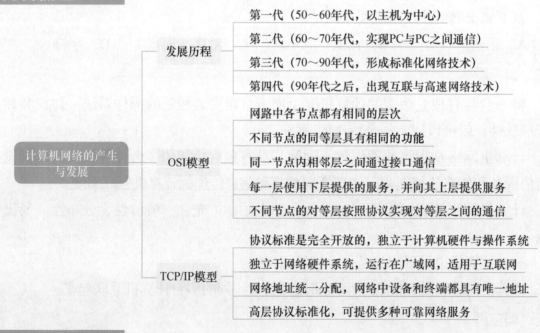

计算机网络的产生与发展

发展历程
- 第一代（50～60年代，以主机为中心）
- 第二代（60～70年代，实现PC与PC之间通信）
- 第三代（70～90年代，形成标准化网络技术）
- 第四代（90年代之后，出现互联与高速网络技术）

OSI模型
- 网路中各节点都有相同的层次
- 不同节点的同等层具有相同的功能
- 同一节点内相邻层之间通过接口通信
- 每一层使用下层提供的服务，并向其上层提供服务
- 不同节点的对等层按照协议实现对等层之间的通信

TCP/IP模型
- 协议标准是完全开放的，独立于计算机硬件与操作系统
- 独立于网络硬件系统，运行在广域网，适用于互联网
- 网络地址统一分配，网络中设备和终端都具有唯一地址
- 高层协议标准化，可提供多种可靠网络服务

知识概要

随着计算机技术和通信技术的不断发展，计算机网络也经历了从简单到复杂、从单机到多机、由终端与计算机之间的通信演变到计算机与计算机之间的直接通信。

1. 第一代计算机网络（20世纪50年代至60年代）

远程联机网络阶段。从20世纪50年代中期开始，为了实现共享主机资源、信息采集以及综合处理，以单个计算机为中心的远程联机系统构成了面向终端的计算机网络，称为第一代计算机网络。主机负责数据处理和通信处理工作，终端只负责接收显示数据或者为主机提供数据。这样的结构便于维护和管理，数据一致性好，但主机负荷大，可靠性差，数据传输速率低。1951年，美国麻省理工学院林肯实验室开始为美国空军设计名为SAGE的半自动化地面防空系统，这个系统被认为是计算机技术和通信技术结合的先驱。

2. 第二代计算机网络（20世纪60年代至70年代中期）

多机互联网络阶段。这个阶段的计算机网络主要用于传输和交换信息，因此在逻辑结构上产生了资源子网和通信子网的概念。资源子网是计算机网络的外层，它由提供资源的主机和请求资源的终端组成，资源子网的任务是负责全网的信息处理。通信子网是计算机网络的内层，它的主要任务是将各种计算机互联并完成数据传输、交换和通信处理。该阶段的典型代表是美国的ARPANET（阿帕网）。

3. 第三代计算机网络（20世纪70年代中期至90年代）

标准化网络阶段。第三代计算机网络是具有统一的网络体系结构，并遵守国际标准的开放式和标准化的网络。这个阶段诞生了开放系统互联（Open System Internetwork，OSI）参考模型和TCP/IP。如今TCP/IP已成为大部分互联网共同遵守的一种网络规则。

4. 第四代计算机网络（20世纪90年代之后）

互联与高速网络技术的发展阶段。1993年6月，美国提出NII（National Information Infrastructure）计划，建立信息高速公路。随着局域网技术发展成熟，光纤及高速网络技术、多媒体网络、智能网络出现并发展。整个网络就像一个对用户透明的大的计算机系统，发展为以Internet为代表的互联网，其主要特征是综合化、高速化、智能化和全球化。Internet的广泛应用促进了电子商务、电子政务、远程教育、远程医疗、分布式计算与多媒体网络应用的发展。基于Web技术的Internet应用也得到高速发展（如搜索引擎应用、P2P应用、播客应用、博客应用、即时通信应用、网络电视应用等）。

应知应会

1. 计算机网络发展阶段的特点

1）第一代计算机网络：面向终端的计算机通信网络。主要特点如下：①以主机为中心，面向终端。②分时访问和使用中央服务器上的信息资源。③中央服务器的性能和运算速度决定连接终端用户的数量。

2）第二代计算机网络：计算机与计算机互联阶段。主要特点如下：①以通信子网为中心，实现了"计算机—计算机"的通信。②ARPANET的出现，为Internet以及网络标准化建设打下了坚实的基础。③大批公用数据网的出现。④局域网的成功研制。

3）第三代计算机网络：网络与网络互联阶段。主要特点如下：①网络技术标准化的要求更为迫切。②制定出计算机网络体系结构——OSI参考模型。③随着Internet的发展，TCP/IP被广泛应用。④局域网的全面发展。

4）第四代计算机网络：互联网与信息高速公路阶段。主要特点如下：①以Internet为核心的高速计算机互联网络已经形成。②综合化、高速化、智能化和全球化。

2. 计算机网络发展的重要事件

1）SAGE（赛其）系统。1951年，美国麻省理工学院林肯实验室开始为美国空军设计名为SAGE的半自动化地面防空系统，这个系统被认为是计算机技术和通信技术结合的先驱。

2）互联网的始祖。1969年，美国国防部高级研究计划管理局建立了一个名为ARPANET（阿帕网）的网络，但是只有4个节点。ARPANET主要用于军事研究。1971年ARPANET发展到15个站点、23台主机；1973年ARPANET扩展成国际互联网。

ARPANET被公认为是世界上第一个采用分组交换技术组建的网络。ARPANET奠定了计算机网络技术的基础，是今天互联网的前身，并最终发展为今天的Internet。ARPANET因此成为现代计算机网络诞生的标志。

3）OSI模型和TCP/IP模型。1984年，国际标准化组织（ISO）的国际电工委员会（IEC）发布了著名的ISO/IEC 7498标准，它定义了网络互联的7层框架，也就是开放式系统互联参考模型。同年，TCP/IP得到美国国防部的肯定，成为多数计算机共同遵守的一个标准。

开放系统参考模型（OSI）将计算机网络分为七层，分层原则如下：①网络中各节点都具有相同的层次。②不同节点的同等层具有相同的功能。③同一节点内相邻层之间通过接口通信。④每一层使用下层提供的服务，并向其上层提供服务。⑤通过协议来实现不同节点的对等层之间的通信。

TCP/IP模型将计算机网络分为四层，分层特点如下：①协议标准是完全开放的，独立于计算机硬件和操作系统。②独立于网络硬件系统，适用于互联网，并可以运行在广域网。③网络地址统一分配，网络中的设备和终端都具有唯一地址。④高层协议标准化，可以提供多种可靠的网络服务。

4）中国的第一封电子邮件。1987年9月14日，CANET（Chinese Academic Network）与德国卡尔斯鲁厄大学互联，向世界发出了第一封电子邮件：*Across the Great Wall we can reach every corner in the world*（跨越长城，走向世界）。

5）中国接入互联网。1994年4月，中关村教育与科研示范网络（NCFC）接入Internet的64kbit/s国际专线开通，实现了中国与Internet的功能连接，从此我国被国际上正式承认为有互联网的国家。

6）中国的四大骨干网。1997年4月，我国建成四大骨干网，分别是中国教育与科研计算机网（CERNET）、中国科学技术网（CSTNET）、中国金桥信息网（ChinaGBNET）及中国公用计算机互联网（ChinaNET）。

典型例题

【例1】（单项选择题）第三代计算机网络的特点是（　　　）。

A. 以主机为中心，面向终端　　　　　　B. 实现了"计算机—计算机"的通信

C. 网络技术标准化　　　　　　　　　　D. 综合性强、智能化

【解析】本题旨在考核第三代计算机网络的特点。第三代计算机网络是具有统一的网络体系结构，并遵守国际标准的开放式和标准化的网络。例如1974年，ISO发布了著名的ISO/IEC 7498标准，它定义了网络互联的七层框架，也就是OSI参考模型，从此全世界拥有了统一的网络体系结构，遵循国际标准化协议的计算机网络迅猛发展。1973年，卡恩与瑟夫提出了TCP/IP。

【答案】C

【例2】（单项选择题）以下哪个选项是世界上第一个采用分组交换技术组建的网络（　　　）。

A. ARPANET　　　　B. CERNET　　　　C. CSTNET　　　　D. Internet

【解析】本题考查计算机网络的发展历史。1968年10月，美国国防部高级计划局和BBN公司签订合同，以研制适合计算机通信的网络。1969年6月，该项目完成第一阶段的工作，组成了4个节点的试验性网络，称为ARPANET，它被公认为是世界上第一个采用分组交换技术组建的网络。

【答案】A

【例3】（判断题）Internet广泛应用于第四代计算机网络。（　　　）

【解析】本题考查计算机网络的发展历史。第四代计算机网络属于互联网与信息高速公路阶段，典型代表是Internet。

【答案】正确

知识测评

一、单项选择题

1. 世界上第一个计算机网络，并在计算机网络发展过程中对计算机网络的形成与发展影响最大的是（　　　）。

A. ARPANET　　　　B. ChinaNet　　　　C. Telnet　　　　D. CERNET

2. 在计算机网络发展的四个阶段中，（　　　）是第三个阶段。

A. 计算机互联　　　B. 网络标准化　　　C. 技术准备　　　D. Internet发展

3. 计算机网络发展的第一阶段出现的典型操作系统是（　　　）。

A. UNIX　　　　B. Linux　　　　C. Windows Server　　　D. Harmony OS

4. OSI参考模型出现在网络发展的（　　　）。

A. 第一阶段　　　B. 第二阶段　　　C. 第三阶段　　　D. 第四阶段

5. 第二代计算机网络的特点是（　　　）。

A. 面向终端　　　　　　　　　　　　B. 计算机与计算机互联

C. 网络与网络互联　　　　　　　　　D. 信息高速公路

6. 互联网的前身是美国的（　　　　）。

    A. 科学与教育的NSFNET   B. 商务部的X.25NET

    C. 国防部的ARPANET   D. 军事与能源的MILNET

7. 远程终端计算机系统是在分时计算机系统基础上，通过（　　　）和PSTN（公用电话网）向地理上分散的许多远程终端用户提供共享资源服务的系统。

    A. 调制解调器   B. 交换机   C. 集线器   D. 网桥

8. 早期的计算机网络是由（　　　）组成的系统。

    A. 计算机—通信线路—计算机   B. 计算机—网络设备—计算机

    C. 终端—通信线路—终端   D. 计算机—通信线路—终端

9. 当前世界上最大的计算机网络是（　　　）。

    A. ARPANET   B. CERNET   C. NSFNET   D. Internet

10. 我国在1991年建成了第一条与国际互联网连接的专线，与斯坦福大学连接成功，实现者是中国科学院的（　　　）。

    A. 数学所   B. 物理所   C. 情报所   D. 高能所

二、多项选择题

1. 以下说法正确的是（　　　　）。

    A. 1969年12月，互联网的前身——美国ARPANET投入运行

    B. 进入21世纪以来，计算机网络朝着综合化、宽带化、智能化的方向发展

    C. 对于用户来说，访问网络共享资源时，需要考虑这些资源所在的物理位置

    D. 计算机共享硬件资源，其中硬件资源有大容量磁盘、光盘阵列、打印机等

2. 以下（　　　　）是我国的四大骨干网络。

    A. CERNET   B. CSTNET   C. ChinaGBnet

    D. ChinaNet   E. NSF

3. 以下对于阿帕网说法正确的是（　　　　）。

    A. 阿帕网是为军事目的而建立的

    B. 阿帕网是世界上第一个采用分组交换技术组建的网络

    C. 阿帕网最初只有四个节点

    D. 作为Internet的早期骨干网，阿帕网奠定了Internet存在和发展的基础

4. 以下属于第四代计算机网络的特点是（　　　　）。

    A. 综合性   B. 智能化   C. 高速网络   D. 全球化

5. 以下关于第三代计算机网络描述正确的是（　　　　）。

    A. TCP/IP的诞生

    B. 1981年ISO制订了OSI/RM，实现了不同厂家生产的计算机之间的互联

    C. 网络与网络互联阶段

    D. 典型代表是互联网

三、判断题

1. 计算机网络协议规范化发生在计算机网络发展的第二阶段。　　　　（　　　）

2. 计算机网络是计算机技术和通信技术相结合的产物，这种结合开始于20世纪50年代。
　　　　　　　　　　　　　　　　　　　　　　　　　　　　　　（　　　）

3. 互联网新时代的四种网络是人工智能神经网络、虚拟现实网络、大数据网络、泛在的物联网络。　　　　　　　　　　　　　　　　　　　　　　　　　　（　　　）

4. 在计算机发展的早期阶段，计算机所采用的操作系统多为实时系统。　（　　　）

5. 进入21世纪以来，计算机网络朝着综合化、宽带化、智能化和个性化等方向发展。　　　　　　　　　　　　　　　　　　　　　　　　　　　　　　　（　　　）

四、填空题

1. 以主机为中心，面向终端是第_____代计算机网络。

2. 第四代计算机网络的特点是_____。

3. 世界最早投入运行的计算机网络是_____。

4. 在计算机发展的早期阶段，计算机所采用的操作系统多为_____。

5. 计算机与通信系统结合的最初尝试是_____。

五、简答题

1. 计算机网络的发展大致分为几个阶段？

2. 简述第四代计算机网络的特点。

1.3 计算机网络的功能与应用

学习目标

➤ 理解网络资源共享的概念。

➤ 熟练掌握计算机网络的功能。

➤ 熟悉计算机网络的应用。

➤ 具备通过网络技术解决实际问题的能力。

内容梳理

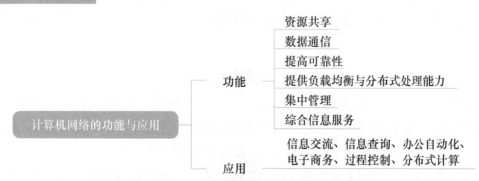

1. 计算机网络的功能

计算机网络是计算机技术和通信技术紧密结合的产物。它不仅使计算机的作用范围超越了地理位置的限制，还大大加强了计算机本身的能力。计算机网络主要的功能和特点有资源共享、数据通信、提高可靠性、提供负载均衡与分布式处理能力、集中管理和综合信息服务。

1）资源共享。资源共享提高了资源的利用率和信息的处理能力，节省数据信息处理的平均费用。计算机网络内的用户可以共享计算机网络中的软件资源，包括各种语言处理程序、应用程序及服务程序，还可以在全网范围内实现对处理资源、存储资源、输入/输出资源等硬件资源的共享。对于用户来说，在访问网络共享资源时，可不必考虑这些资源所在的物理位置。例如，可以通过打印服务器将打印机作为独立的设备接入局域网，使打印机成为一个网络节点和信息管理与输出终端，其他成员可以直接访问和使用该打印机。

2）数据通信。计算机网络使分布在不同地域的计算机系统可以及时、快速地传递各种信息，包括文字信件、新闻消息、资讯信息、图片资料、声音、视频流等各种多媒体信息，极大地缩短不同地点计算机之间数据传输的时间。

3）提高可靠性。计算机网络中的冗余备份系统可以随时接替主机工作。计算机网络可以利用多个服务器为用户提供服务，当某个服务器系统崩溃时，其他服务器可以继续提供服务；也可以将数据存储在网络中的多个地方，当某个地方不能访问时，可以方便地从其他地方进行访问。

4）提供负载均衡与分布式处理能力。负载均衡是由多台服务器以对称的方式组成一个服务器集合，每台服务器都具有等价的地位，都可以单独对外提供服务而无须其他服务器的辅助。通过某种负载分担技术，将外部发送来的请求均匀分配到对称结构中的某一台服务器上，而接收到请求的服务器独立地回应客户的请求。负载均衡是一种策略，通过重新分配系统负载，使各服务器间负载达到相对均衡，从而降低任务的响应时间，提高系统资源的利用率，使系统的性能得以提高。

分布式处理是将任务分散到网络中不同的计算机上并行处理，而不是将任务集中在一台大型计算机上，使其具有解决复杂问题的能力；这样可以大大提高效率并降低成本。

5）集中管理。对于那些地理位置上分散而事务需要集中管理的组织部门，可通过计算机网络来实现集中管理。例如，数据库情报检索系统、交通运输部门的订票系统、军事指挥系统等。

6）综合信息服务。网络的一大发展趋势是多维化，即在一套系统上提供集成的信息服务，包括来自政治、经济、生活等各方面的资源。

2. 计算机网络的应用

计算机网络由于其强大的功能，已成为现代信息产业的重要支柱，被广泛应用于各行各业中，例如信息交流、信息查询、办公自动化、电子商务、过程控制、分布式计算等。

1）信息交流。信息交流始终是计算机网络应用的主要方面，如收发E-mail、浏览WWW信息、在BBS上讨论问题、在线聊天、多媒体教学等。

2）信息查询。信息查询是计算机网络提供资源共享的最好工具，通过"搜索引擎"，用少量的"关键词"来概括归纳出这些信息内容，很快就可以把搜索内容所在的网址罗列出来。例如，百度作为全球知名的中文搜索引擎公司，是用户获取信息的主要入口，用户可以在计算机、平板计算机、手机上访问百度主页，通过文字、语音、图像等多种交互方式找到所需要的信息和服务。

3）办公自动化。现在的办公室自动化管理系统可以通过在计算机网络上安装文字处理机、智能复印机、传真机等设备，以及报表、统计及文档管理系统来处理这些工作，使工作的可靠性和效率显著提高。

4）电子商务。广义的电子商务包括各行各业的电子业务、电子政务、电子医务、电子军务、电子教务、电子公务和电子家务等；狭义的电子商务指人们利用电子化、网络化手段进行商务活动。它也是在互联网开放的网络环境下，基于客户端/服务器端的应用方式，买卖双方不谋面地进行各种商贸活动，实现了消费者的网上购物、商户之间的网上交易、在线电子支付以及各种商务活动、交易活动、金融活动、相关的综合服务活动的一种新型的商业运营模式，例如淘宝、京东、拼多多、抖音等网上购物平台。

5）过程控制。过程控制广泛应用于自动化生产车间，也应用于军事作战、危险作业、航行、汽车行驶控制等领域。

6）分布式计算。分布式计算包括两个方面：一种是将若干台计算机通过网络连接起来，将一个程序分散到各计算机上同时运行，然后把每一台计算机计算的结果搜集汇总，得出整体结果；另一种是通过计算机将需要大量计算的题目送到网络上的大型计算机中进行计算并返回结果。

应知应会

网络资源的共享

网络资源包括硬件资源（例如，大容量磁盘、光盘阵列、打印机等），软件资源（例如，软件应用软件等）和数据资源（例如，数据文件和数据库等）。计算机网络最主要的功能是资源共享。

资源共享对信息化建设具有重要意义。从系统投入方面考虑，计算机网络允许网络上的用户共享网络上各种不同类型的硬件设备，可共享的硬件资源有高性能计算机、大容量存储器、打印机、图形设备、通信线路、通信设备等。共享硬件的好处是提高硬件资源的使用效率、节约开支。另外，有大量的网络软件是可以免费共享的，网络中的任何计算机都可以共享这些资源。资源共享功能不仅使网络用户可以克服地理位置上的差异，共享网络中的资源，为用户提供极大的方便，还能有效地提高网络资源的利用率。

典型例题

【例1】（单项选择题）单机用户一旦联入网络，在操作系统的控制下，该用户可以使用网络中其他计算机资源来处理自己提交的大型复杂问题，这体现了计算机网络的（　　）功能。

    A. 集中管理　　　　B. 负载均衡　　　　C. 综合信息服务　　D. 资源共享

【解析】本题考查计算机网络的功能。资源共享是计算机网络最基本的功能之一，资源包括硬件资源、软件资源和数据资源。

【答案】D

【例2】（多项选择题）以下（　　　　　）属于计算机网络硬件。

    A. 双绞线　　　　　B. 网卡　　　　　C. 服务器　　　　　D. 交换机

    E. 网络协议

【解析】本题考查计算机网络硬件的概念。计算机网络硬件包括主机、工作站及终端设备、传输介质、网卡、集线器、交换机、路由器等。网络协议属于计算机网络软件。

【答案】ABCD

【例3】（单项选择题）把同一单位的微机、数字复印机等连成网络，可靠、高效地完成公文处理、会议处理、信息发布，这体现了计算机网络的（　　　　）应用。

    A. 过程控制　　　　B. 办公自动化　　　　C. 分布式计算　　　　D. 管理信息系统

【解析】本题考查计算机网络的应用。现在的办公室自动化管理系统可以通过在计算机网络上安装文字处理机、智能复印机、传真机等设备，以及报表、统计及文档管理系统来处理这些工作，使工作的可靠性和效率明显提高。

【答案】B

知识测评

一、单项选择题

1. 以下网络资源属于硬件资源的是（　　　　）。

    A. 工具软件　　　　B. 应用软件　　　　C. 打印机　　　　D. 数据文件

2. 在计算机网络中，共享的资源主要是指硬件、（　　　　）与数据。

    A. 外设　　　　　B. 主机　　　　　C. 通信信道　　　　D. 软件

3. 组建计算机网络的目的是实现联网计算机系统的（　　　　）。

    A. 硬件共享　　　　B. 软件共享　　　　C. 数据共享　　　　D. 资源共享

4. 计算机网络的主要功能有（　　　　）、数据传输和进行分布处理。

    A. 资源共享　　　　　　　　　　B. 提高计算机的可靠性

    C. 共享数据库　　　　　　　　　D. 使用服务器上的硬盘

5. 计算机网络中，重要资源通过网络在多个地方互做备份，体现了计算机网络的（　　　　）功能。

    A. 资源共享　　　　B. 负载均衡　　　　C. 集中管理　　　　D. 提高信息的可靠性

6. 我们可以在全国任何一个工商银行的网点提取工行卡上的钱，这体现了计算机网络的（　　　　）功能。

    A. 实现计算机系统的资源共享　　　　B. 数据信息的快速传递

    C. 分布式处理　　　　　　　　　　　D. 集中管理

7. 电子商务中的B-G指的是（　　　　）。

    A. 商业机构对商业机构　　　　　　　B. 商业机构对个人

C. 商业机构对政府 D. 个人对个人

8. 把一个较大的任务分散到网络中不同的计算机上并行处理，该做法应用的网络功能是（   ）。

    A. 数据信息的快速传递   B. 提供负载均衡

    C. 分布式处理   D. 集中管理

9. 下列软件中，不属于网络软件系统的是（   ）。

    A. IPX   B. UNIX   C. MS Office   D. NetWare

10. 人们可以在网上购买飞机票，这体现的网络功能是（   ）。

    A. 实现计算机系统的资源共享   B. 数据信息的快速传递

    C. 分布式处理   D. 集中管理

二、多项选择题

1. 计算机网络最主要的功能有（   ）。

    A. 信息交换   B. 资源共享   C. 分布式处理   D. 综合信息服务

2. （   ）属于网络应用。

    A. 证券交易   B. 线上教学   C. 网络购物   D. 远程医疗

3. 计算机网络软件包括（   ）等。

    A. NOS   B. 网络协议   C. 办公软件   D. 设备驱动程序

4. 计算机网络的功能有（   ）。

    A. 数据通信   B. 资源共享

    C. 进行数据信息的集中和综合处理   D. 负载均衡

5. 下列属于Internet应用服务的有（   ）。

    A. 文件传输   B. 信息搜索   C. 即时通信   D. 电子商务

    E. 电子邮件

三、判断题

1. 计算机网络中可共享的资源包括硬件、软件和数据。 （   ）

2. 分布式处理是将任务分散到网络中不同的计算机上并行处理。 （   ）

3. 计算机系统的资源共享不包括人员的共享。 （   ）

4. 网络硬件一般由网络操作系统、网络协议软件、网络管理软件、网络通信软件和网络应用软件五部分组成。 （   ）

5. 电子商务包括B–B、B–C、B–G、C–C等模式。 （   ）

四、填空题

1. 计算机网络最主要的功能是_____。

2. 计算机网络的基本功能可以大致归纳为资源共享、数据通信、_____、_____、_____和综合服务6个方面。

3. _____是通过网络操作系统为网上工作站提供服务及共享资源的计算机设备。

1. 简要写出计算机网络的功能。
2. 计算机网络向用户提供哪些服务？

1.4 资源子网与通信子网

学习目标

➢ 理解资源子网和通信子网的概念。

➢ 掌握资源子网和通信子网的主要设备。

➢ 掌握资源子网和通信子网的功能与作用。

内容梳理

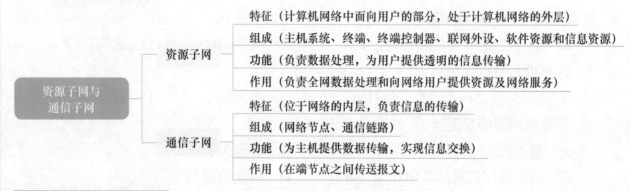

资源子网与通信子网
- 资源子网
  - 特征（计算机网络中面向用户的部分，处于计算机网络的外层）
  - 组成（主机系统、终端、终端控制器、联网外设、软件资源和信息资源）
  - 功能（负责数据处理，为用户提供透明的信息传输）
  - 作用（负责全网数据处理和向网络用户提供资源及网络服务）
- 通信子网
  - 特征（位于网络的内层，负责信息的传输）
  - 组成（网络节点、通信链路）
  - 功能（为主机提供数据传输，实现信息交换）
  - 作用（在端节点之间传送报文）

知识概要

随着计算机网络结构的不断完善，人们从逻辑上把数据处理功能和数据通信功能分开，将数据处理部分称为资源子网，将通信功能部分称为通信子网，如图1-3所示。一次完整的数据交换过程必须由网络中的资源子网和通信子网共同作用、紧密配合才能真正实现。二者缺一不可，相互作用。

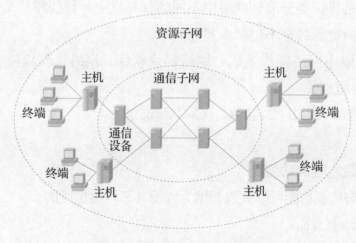

图1-3 资源子网与通信子网

1. 资源子网的概念

资源子网是计算机网络中面向用户的部分，处于计算机网络的外层。它由主机系统、终端、终端控制器、联网外设、各种软件资源和信息资源组成。早期的主机系统主要是指大型机、中型机与小型机，它通过通信线路与通信控制处理机相连接。终端是用户访问网络的界面。

2. 通信子网的概念

通信子网是计算机网络的内层，负责信息的传输。通信子网主要由网络节点和通信链路组成，通信设备、网络通信协议、通信控制软件等属于通信子网。其中，通信控制处理机既作为与资源子网的主机、终端连接的接口，又作为通信子网中的分组存储转发节点。通信线路为通信控制处理机与通信控制处理机、通信控制处理机与主机之间提供通信信道。通信传输介质可以是双绞线、同轴电缆、无线电、微波、光导纤维等。

通信子网的主要设备有网卡、交换机、集线器、路由器、中继器、网桥、网关、传输介质等。

通信子网有以下两种类型：

1）公用型：为公共用户提供服务并共享其通信资源的通信子网。基于同一个通信子网可组建多个计算机网络，例如公用计算机互联网（ChinaNet）就属于公用型通信子网。

2）专用型：专门为特定的一组用户构建的通信子网，例如各类金融银行网、证券网等。

应知应会

1. 资源子网的功能与作用

资源子网是各种网络资源（硬件、软件、数据信息）的集合，负责全网面向用户的数据处理业务，向网络用户提供各种网络资源和网络服务，实现网络资源共享。通过资源子网，用户可方便地使用本地计算机或远程计算机的资源。由于它将通信子网的工作对用户屏蔽起来，使得用户使用远程计算机资源就如同使用本地资源一样方便。在OSI参考模型中，资源子网对应于高三层，分别是会话层、表示层和应用层。

2. 通信子网的功能与作用

网络上的主机通过通信子网连接。通信子网的功能是把消息从一台主机传输到另一台主机。通信子网负责整个网络的通信部分，主要完成数据的传输、交换、转接、加工以及通信控制，为端节点之间传送报文。在OSI参考模型中，通信子网对应于低三层，分别是物理层、数据链路层和网络层。

典型例题

【例1】（单项选择题）下列有关资源子网和通信子网的说法中不正确的是（   ）。

A. 从逻辑功能上可以把计算机网络分为资源子网和通信子网

B. 通信链路属于通信子网

C. 资源子网将通信子网的工作对用户屏蔽起来，使得用户使用远程计算机资源就如同使用本地资源一样方便

D. 打印机和大型存储设备属于通信子网

【解析】本题考查资源子网和通信子网的概念。打印机和大型存储设备属于资源子网。

【答案】D

【例2】（多项选择题）以下哪些选项属于资源子网（　　　　）。

A. 打印机　　　　　　B. 网卡　　　　　　C. 服务器　　　　　　D. 交换机

E. 网络数据库

【解析】本题考查资源子网的内容。资源子网包括网络中的所有计算机、I/O设备(如打印机、大型存储设备）、网络操作系统和网络数据库等。

【答案】ACE

【例3】（判断题）资源子网是计算机网络中负责数据通信的部分，主要完成数据的传输、交换以及通信控制。（　　　）

【解析】本题考查资源子网和通信子网的概念。资源子网提供访问网络和处理数据的能力，通信子网负责数据通信的部分。

【答案】错误

知识测评

一、单项选择题

1. 通信子网是计算机网络中负责数据通信的部分，主要完成数据的传输、交换以及通信控制，它由（　　　）组成。

A. 主机　　　　　　　　　　　　B. 网络节点和通信链路

C. 终端控制器　　　　　　　　　D. 终端

2. 下列设备属于资源子网的是（　　　）。

A. 计算机软件　　　B. 网桥　　　　　C. 交换机　　　　D. 路由器

3. 局域网中，交换机属于（　　　）。

A. 访问节点　　　B. 转接节点　　　C. 混合节点　　　D. 端节点

4. 下列不属于通信子网的设备是（　　　）。

A. 集线器　　　　B. 交换机　　　　C. 打印机　　　　D. 路由器

5. 以通信子网为中心的计算机网络称为（　　　）。

A. 第一代计算机网络　　　　　　　B. 第二代计算机网络

C. 第三代计算机网络　　　　　　　D. 第四代计算机网络

6. 通信子网为网络源节点与目的节点之间提供了多条传输路径的可能性，路由选择是（　　　）。

A. 建立并选择一条物理链路

B. 建立并选择一条逻辑链路

C. 网络节点收到一个分组后，确定转发分组的路径

D. 选择通信媒体

7. 在计算机网络中处理通信控制功能的计算机是（　　　　）。

    A. 通信线路　　　　B. 终端　　　　　C. 主计算机　　　　D. 通信控制处理机

8. 在计算机和远程终端相连时必须有一个接口设备，其作用是进行串行和并行传输的转换，以及进行简单的传输差错控制，该设备是（　　　　）。

    A. 调制解调器　　　B. 线路控制器　　C. 多重线路控制器　D. 通信控制器

9. 在网络设备中，传输数据信号的物理通道，可将各种设备相互连接起来的是（　　　　）。

    A. 网络连接设备　　B. 主机　　　　　C. 传输介质　　　　D. 通信控制处理机

10. 从逻辑功能来看，负责提供访问网络和处理数据能力的网络组成部分是（　　　　）。

    A. 通信子网　　　　B. 资源子网　　　C. 访问节点　　　　D. 混合节点

二、多项选择题

1. 从逻辑功能上可以将计算机网络分成（　　　　）。

    A. 通信子网　　　　B. 混合子网　　　C. 资源子网　　　　D. 互联网

2. 组成计算机网络的资源子网的设备是（　　　　）。

    A. 联网外设　　　　B. 终端控制器　　C. 交换机　　　　　D. 网络操作系统

3. 下列关于通信链路的说法，正确的是（　　　　）。

    A. 物理链路是一条点到点的物理线路，中间无节点

    B. 物理链路是逻辑链路形成的基础

    C. 只有物理链路才能实现真正的数据传输

    D. 通信链路是指两个节点之间传输信息和数据的线路

4. 通信子网的功能包括（　　　　）。

    A. 提供访问网络和处理数据的能力　　B. 完成数据的传输

    C. 交换数据　　　　　　　　　　　　D. 数据通信控制

5. 以下说法正确的是（　　　　）。

    A. 通信子网有两种类型，公用型和专用型

    B. 通信子网由主机系统、终端控制器和终端组成

    C. 资源子网负责全网面向用户的数据处理业务

    D. 通信链路分为物理链路和逻辑链路

三、判断题

1. 路由器属于资源子网。　　　　　　　　　　　　　　　　　　　　　　　（　　　）

2. 从计算机网络的最基本的组成结构来看，一个网络可分为通信子网和资源子网两部分。　　　　　　　　　　　　　　　　　　　　　　　　　　　　　　　　（　　　）

3. 计算机网络中的资源子网是由网络节点和通信线路组成的。　　　　　　　（　　　）

4. 物理链路不具备数据传输控制能力。　　　　　　　　　　　　　　　　　（　　　）

5. 逻辑链路是物理链路形成的基础。　　　　　　　　　　　　　　　　　　（　　　）

四、填空题

1. 通信子网中常见的网络设备有集线器、路由器、_____。
2. 计算机网络系统的逻辑结构包括_____和_____两部分。
3. 计算机网络系统的通信子网负责数据的_____，资源子网负责数据的_____。
4. 在计算机网络组成结构中，负责完成网络数据的传输、转发等任务的是_____。
5. 在网络节点中，用户主机属于_____。

五、简答题

1. 简要说出资源子网的概念，并说明该子网中包含哪些设备。
2. 简要说出通信子网的概念，并说明该子网中包含哪些设备。

1.5 计算机网络的分类

学习目标

➢ 掌握计算机网络的分类。
➢ 掌握局域网、城域网、广域网的概念与特点。
➢ 掌握不同拓扑结构的特点与应用。

内容梳理

知识概要

计算机网络有多种类型，可以按照各种各样的方式来划分。例如，按网络拓扑结构、网络覆盖范围、网络的通信介质、网络的传输技术、网络的管理模式、网络的使用范围等。

1. 按拓扑结构分类

网络拓扑结构是计算机网络节点和通信链路所组成的几何形状，是网络的抽象布局图像。网络拓扑结构描述网络中各节点间的连接方式及结构关系，给出网络整体结构的全貌。常用的拓扑结构有5种：总线型拓扑结构、星形拓扑结构、树形拓扑结构、环形拓扑结构和网状拓扑结构。如图1-4展示了不同的网络拓扑结构。

总线型　　　　星形　　　　树形　　　　环形　　　　网状

图1-4　不同网络拓扑结构简图

2. 按覆盖范围分类

由于网络覆盖范围和计算机之间互联距离不同，所采用的网络结构和传输技术也不同，因而形成不同的计算机网络。一般可以分为局域网（LAN）、城域网（MAN）和广域网（WAN）三类。

1）局域网。局域网是一种私有网络，一般在一座建筑物内，例如居民楼、办公楼或工厂。局域网相对其他网络传输速度更快，性能更稳定，框架简易，具有封闭性。局域网的作用范围是几百到几千米，通常用于组建企业网和校园网。典型的局域网技术有Ethernet、Token-Ring和FDDI。

局域网的主要特点如下：①具有广播功能。局域网上的主机可共享连接在局域网上的各种资源。②局域网的经营权和管理权属于某个单位所有。③数据传输延时小，一般在几毫秒到几十毫秒之间。④局域网便于安装、维护和扩充，建网成本低、周期短。

2）城域网。城域网一般来说指在一个城市但不在同一地理小区范围内的计算机互联，覆盖的地理范围从几十至几百公里不等。在一个大型城市，一个MAN网络通常连接着多个LAN网，如连接政府机构的LAN、医院的LAN、电信的LAN、公司企业的LAN等。

3）广域网。广域网又称远程网，覆盖范围从数百公里到数千公里，甚至上万公里。广域网是将远距离的网络和资源连接起来的系统，能连接多个城市或国家，甚至是全世界各个国家之间网络的互联，因此广域网能实现大范围的资源共享。Internet是现今世界上最大的广域网。典型的广域网技术有SONET、帧中继、X.25、ATM和PPP。

局域网或终端用户要接入广域网，需使用电信运营商的服务，目前电信运营商可提供的广域网（一般称为公网）有公共交换电话网（PSTN）、DDN、帧中继网、ISDN网和宽带IP网，用户接入要通过路由器、调制解调器等设备进行转接服务。

广域网的主要特点如下：①覆盖范围广，通信的距离远，需要考虑的因素增多，如媒体的成本、线路的冗余、媒体带宽的利用和差错处理等。②适应综合业务服务的要求。③开放的设备接口与规范化的协议。④完善的通信服务与网络管理。⑤适应大容量与突发性通信的要求。

3. 按通信介质分类

通信介质（传输介质）指用于网络连接的通信线路。目前常用的通信介质有同轴电缆、双绞线、光纤、卫星、微波等有线或无线通信介质，相应地可将网络分为同轴电缆网、双绞线网、光纤网、卫星网和无线网等。

有线网安全性较高，带宽较高，稳定性较好，抗干扰能力强，但移动性差。无线网连接方便，移动性好，组建容易，设置和维护都比较简单，但安全性弱，稳定性较差，抗干扰能力较弱，传输速率慢。

4. 按传输技术分类

1）广播式通信网络。广播式通信网络是指通过一条传输线路连接所有主机的网络。在广播式通信网络中，任意一个节点发出的信号都可以被连接在电缆上的所有计算机接收。广播式通信网络主要用于局域网中。

2）点对点网络。点对点网络是用点对点方式将各台计算机或网络设备连接起来的网络。点对点通信方式通常用于城域网和广域网中。

5. 按管理模式分类

1）集中式网络管理模式。集中式网络管理模式是在网络系统中设置专门的网络管理节点。管理软件和管理功能主要集中在网络管理节点上，网络管理节点与被管理节点是主从关系。

集中式网络管理模式特点如下：①便于集中管理。②管理信息集中汇总到管理节点上，信息流拥挤。③管理节点发生故障会影响全网的工作。④管理设备需具有强大的数据功能和大量存储空间，价格较为昂贵。

2）分布式网络管理模式。分布式网络管理模式将地理上分布的网络管理客户机与一组网络管理服务器交互作用，共同完成网络管理的功能。

分布式网络管理模式特点如下：①不会因一台管理设备故障影响整个网络的管理，稳定性更高。②网络中各节点之间互相连接，信息可通过多条线路汇聚，传输速率更有保障。③不利于集中管理。

3）分层式网络管理模式。分层式网络管理模式是在集中式管理中的管理站和代理间增加一层或多层管理实体，即中层管理站，从而使管理体系层次化。此种管理模式既能缓解集中式管理模式中数据与功能过于集中的问题，又能解决分布式管理模式中难以扩展的问题，更适用于中型、大型结构复杂的网络。

分层式网络管理模式特点如下：①不依赖于单一的系统。②网络管理分散。③每一层的网络管理只负责有限的网络对象，大大减轻了网络管理的负担。④多个系统来管理网络，不再有管理整个网络的一个集中地点，可能会给数据采集造成一定的困难。

6. 按使用范围分类

1）公用网。公用网是电信公司的网络，个人缴费即可使用。例如电信网、广电网、联通网等。

2）专用网。专用网是为某个部门或单位的工作需要建立起来的网络，仅供单位内部使用。例如学校组建的校园网、由企业组建的企业网（铁路通信网、电力通信网、公安通信网）等。

应知应会

不同的拓扑设计对网络性能、系统可靠性与通信费用都有重大影响。局域网一般采用总线型、星形、树形或环形拓扑结构，广域网一般采用网状拓扑结构。

1. 总线型拓扑结构

总线型结构最明显的特征是用一根总线通过T型头分别与计算机相连组成一个网络。该结构采用一条公共总线作为传输介质，每台计算机通过相应的硬件接口入网，信号沿总线进行广播传送，在线的两端连有防止信号反射的装置，例如终结器。这种拓扑结构连接选用同轴电缆，带宽为100Mbit/s。总线型拓扑结构如图1-5所示。

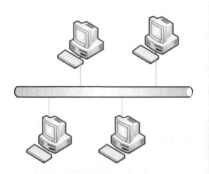

图1-5　总线型拓扑结构

总线型拓扑结构的主要优点如下：

1）布线容易。无论是在几个建筑物间布线还是楼内布线，都容易施工安装。

2）增删容易。如果需要增加或撤下一个网络站点，只需增加或拔掉一个硬件接口即可实现。需要增加长度时，可通过中继器加上支段来延伸距离。

3）节约线缆。只需要一根公共总线，两端的终结器就安装在两端的计算机接口上，线缆的用量最省。

4）可靠性高。网络中任何节点的故障都不会造成全网故障，可靠性高。

总线型拓扑结构的主要缺点如下：

1）在任何两个站点之间传送数据都要经过总线，总线成为整个网络的瓶颈，当计算机站点多时，容易产生信息堵塞，导致传递不畅。

2）总线传输距离有限，通信范围受到限制。

3）当网络发生故障时，故障诊断困难，故障隔离更困难。

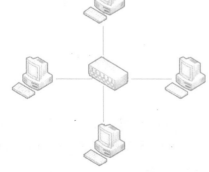

2. 星形拓扑结构

在星形拓扑结构中，节点通过点对点通信线路与中心节点连接。中心节点控制全网的通信，任何两节点之间的通信都要通过中心节点。星形拓扑结构如图1-6所示。

图1-6　星形拓扑结构

星形拓扑结构的主要优点如下：

1）可靠性高。对于整个网络来说，各计算机及其接口的故障不会影响其他计算机，也不会影响其他网络，因此不会发生全网的瘫痪。

2）故障检测和隔离容易，易于网络管理和维护。

3）可扩性好，配置灵活。增、减、改一个站点容易实现，与其他节点没有关系。

4）传输速率高。每个节点独占一条传输线路，消除了数据传送堵塞现象。

星形拓扑结构的主要缺点如下：

网络可靠性依赖中心节点，当中心节点出现问题时，网络将瘫痪。

3. 树形拓扑结构

树形拓扑结构可以看作星形拓扑的扩展，其实质是星形结构的层次堆叠。树形拓扑结构将网络中的所有站点按照一定的层次连接起来，像一棵树一样，由根结点、叶结点和分支结点组成。树形拓扑结构适用于汇集信息的应用要求，如图1-7所示。

树形拓扑结构的主要优点如下：

1）扩展方便。可以方便地进行层的扩展，从而连接更多的节点。

2）分离容易。当某一个节点出现问题时，可以很容易地将其从树形结构中移除，而不影响其他部分的正常工作。

树形拓扑结构的主要缺点如下：

高层节点一旦出现故障，对应的分支网络将瘫痪，影响各部分之间的通信。

4. 环形拓扑结构

环形拓扑结构有一个环形的网络，各个网络节点分布在这个环形网上。信息在网络中是沿某一个方向单向流动的，依次经过各个节点，以接力的形式完成信息的传送，如图1-8所示。

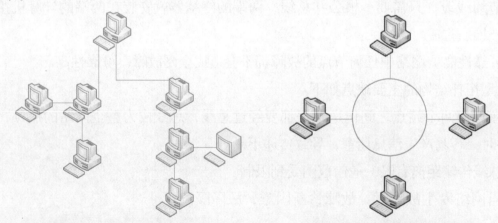

图1-7　树形拓扑结构　　　　　　　　图1-8　环形拓扑结构

环形拓扑结构的主要优点如下：

1）适合光纤连接。环形是点到点连接，沿一个方向单向传输，非常适合用光纤作为传输介质。

2）简化路径选择控制，不易发生地址冲突。

3）各节点负载均衡。

4）初始安装容易，线缆用量少。

环形拓扑结构的主要缺点如下：

1）节点故障会引起全网故障，可靠性差。

2）网络管理复杂，投资费用高。

5. 网状拓扑结构

在网状拓扑结构中，节点之间的连接是任意的，没有规律。在通信时，网络中的各个节点可以根据实际情况动态地选择通信路径。网状拓扑结构通常利用冗余的设备和线路来提高网络的可靠性。网状拓扑结构如图1-9所示。

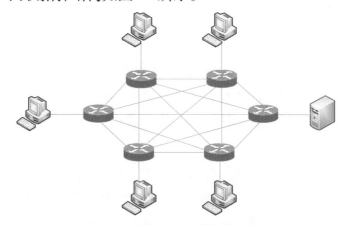

图1-9　网状拓扑结构

网状拓扑结构主要优点如下：

1）具有较高的可靠性。

2）网内节点共享资源容易。

3）可改善线路的信息流量分配。

网状拓扑结构主要缺点如下：

1）结构复杂，维护困难。

2）每个节点都与多点进行连接，必须采用路由算法和流量控制方法。

典型例题

【例1】（单项选择题）以下哪个拓扑结构中的各节点通过一个或多个通信线路与公共总线连接？（　　　）

A. 星形拓扑　　　　B. 网状拓扑　　　　C. 总线型拓扑　　　　D. 环形拓扑

【解析】本题考查网络拓扑结构的特点。总线型拓扑结构采用一条公共总线作为传输介质，每台计算机通过相应的硬件接口入网。

【答案】C

【例2】（多项选择题）按照网络的所有权，计算机网络可分为（　　　　）。

A. 局域网　　　　　B. 公用网　　　　　C. 专用网　　　　　D. 对等网络

E. 广域网

【**解析**】本题考查计算机网络的分类方式。按照网络的所有权，计算机网络可分为公用网和专用网。公用网是由电信部门组建，由政府和电信部门管理和控制的网络；专用网一般为某一组织组建。

【**答案**】BC

【例3】（判断题）广域网也称远程网，互联网就是典型的广域网。（　　　）

【**解析**】本题考查广域网的概念。广域网是将远距离的网络和资源连接起来的系统，能连接多个城市或国家，甚至实现全世界各个国家之间网络的互联。

【**答案**】正确

知识测评

一、单项选择题

1. 计算机网络中广域网和局域网的分类划分依据是（　　　）。
   A. 交换方式　　　　B. 地理覆盖范围　　C. 传输方式　　　　D. 拓扑结构

2. 在（　　　）结构中，网络的中心节点是主节点，它接收各分散节点的信息再转发给相应节点。
   A. 环形拓扑　　　　B. 网状拓扑　　　　C. 树形拓扑　　　　D. 星形拓扑

3. 在计算机网络拓扑结构中，可靠性最好的拓扑结构是（　　　）。
   A. 环形拓扑　　　　B. 网状拓扑　　　　C. 树形拓扑　　　　D. 星形拓扑

4. （　　　）拓扑结构可以使用集线器作为连接器。
   A. 环形　　　　　　B. 星形　　　　　　C. 总线型　　　　　D. 双环形

5. 将网络划分成公用网和专用网的依据是（　　　）。
   A. 交换方式　　　　B. 地理覆盖范围　　C. 传输方式　　　　D. 网络的所有权

6. 在计算机网络拓扑结构中，目前最常用的拓扑是（　　　）。
   A. 环形拓扑　　　　B. 网状拓扑　　　　C. 树形拓扑　　　　D. 星形拓扑

7. 在网络负荷较高的情况下，（　　　）结构的性能下降最多。
   A. 星形拓扑　　　　B. 网状拓扑　　　　C. 总线型拓扑　　　D. 环形拓扑

8. 在下列拓扑结构中，中心节点的故障可能造成全网瘫痪的是（　　　）。
   A. 星形拓扑　　　　B. 网状拓扑　　　　C. 总线型拓扑　　　D. 环形拓扑

9. "覆盖50km左右，传输速率较高"，上述特征所属的网络类型是（　　　）。
   A. 局域网　　　　　B. 城域网　　　　　C. 广域网　　　　　D. 互联网

10. 下列网络拓扑中，属于集中控制策略的是（　　　）。
   A. 星形拓扑　　　　B. 网状拓扑　　　　C. 总线型拓扑　　　D. 环形拓扑

二、多项选择题

1. 会产生冲突的网络拓扑结构有（　　　）。
   A. 总线型　　　　　　　　　　　　　　B. 环形
   C. 点到点全互联型　　　　　　　　　　D. 以集线器为设备的树形

2. 拓扑结构设计是建设计算机网络的第一步，它对网络的影响主要表现在（　　　）。

    A. 网络性能　　　　　B. 系统可靠性　　　　C. 通信费用　　　　　D. 网络协议

3. 采用分布式控制策略的网络拓扑结构有（　　　）。

    A. 总线型　　　　　　B. 星形　　　　　　　C. 环形　　　　　　　D. 树形

4. 目前，实际存在与使用的局域网基本上都是采用（　　　）。

    A. 总线拓扑　　　　　B. 环形拓扑　　　　　C. 星形拓扑　　　　　D. 网状拓扑

5. 下列属于广域网特点的有（　　　）。

    A. 传输距离长　　　　B. 传输速率高　　　　C. 误码率高　　　　　D. 结构规范

三、判断题

1. 目前遍布于校园的校园网属于城域网。　　　　　　　　　　　　　　　（　　　）

2. 局域网与广域网之间的差异之一在于它们所能覆盖的地理范围。　　　　（　　　）

3. 星形网络中，一旦集线器出现故障，则整个网络就会崩溃。　　　　　　（　　　）

4. 计算机网络的性能与它的拓扑结构无关，与它的组成设备性能有关。　　（　　　）

5. 计算机网络的拓扑结构是指计算机网络的物理连接形式。　　　　　　　（　　　）

四、填空题

1. 按覆盖的地理范围划分，计算机网络分为_____、_____、和_____。

2. 基本的网络拓扑形式有5种：_____、_____、_____、_____和_____。

3. 目前，广域网大都采用_____网络拓扑结构。

4. 总线型网络的两端必须安装_____。

5. 网络拓扑结构是将计算机和通信设备_____成点。

五、简答题

1. 简述计算机网络的拓扑结构，列举常见的拓扑结构。

2. 简述星形网络的结构及其优缺点。

1.6 单元测试

单元检测卷　试卷 I

一、单项选择题

1. 实现计算机网络连接需要硬件和软件，其中，负责管理整个网络上各种资源、协调各种操作的软件称为（　　　）。

    A. 网络应用软件　　B. 通信协议软件　　C. OSI　　　　　　　D. 网络操作系统

2. Internet最初创建的目的是用于（　　　）。

    A. 经济　　　　　　B. 政治　　　　　　C. 军事　　　　　　D. 教育

3. 计算机网络最基本的功能是（　　　）。

　　A. 资源共享　　　　B. 信息传递　　　　C. 集中管理　　　　D. 提高信息的可靠性

4. 资源子网的功能是（　　　）。

　　A. 完成网络数据传输　　　　　　　　B. 向用户提供各种网络资源与网络服务

　　C. 数据转发　　　　　　　　　　　　D. 将数据送达目的主机

5. 一座大楼内的一个计算机网络系统，属于（　　　）。

　　A. PAN　　　　　　B. MAN　　　　　　C. LAN　　　　　　D. WAN

6. 小型局域网基本不使用的网络操作系统是（　　　）。

　　A. Linux　　　　　B. 苹果系统　　　　C. UNIX　　　　　D. 以上都不是

7. 下列不属于计算机网络发展所经历的阶段的是（　　　）。

　　A. 联机系统　　　B. 文件系统　　　　C. 互联网络　　　　D. 高速网络

8. 下列做法中，能够提高数据可靠性的是（　　　）。

　　A. 把重要数据分散到不同的计算机中处理

　　B. 将重要数据集中进行存储

　　C. 异地备份数据

　　D. 数据集中管理

9. 下列网络组成部分中，不属于通信子网的是（　　　）。

　　A. 集线器　　　　B. 传输介质　　　　C. 终端控制器　　　D. 路由器

10. 下列符合计算机广域网的是（　　　）。

　　A. 国家网　　　　B. 企业网　　　　　C. 校园网　　　　　D. 以上都不是

11. 以下关于计算机网络系统含义的阐述中，错误的是（　　　）。

　　A. 实现连接的计算机地理位置可以不同

　　B. 计算机之间进行通信时要遵循通信协议

　　C. 最终目的是实现资源共享

　　D. 计算机之间的连接线路必须是有线介质

12. 计算机网络诞生的标志是（　　　）。

　　A. Intranet的开始运营　　　　　　　B. ARPANET的开始运营

　　C. ChinaNet的开始运营　　　　　　 D. Internet的开始运营

13. 银行通存通兑业务系统主要应用的网络功能是（　　　）。

　　A. 资源共享　　　B. 分布式处理　　　C. 负载均衡　　　　D. 集中管理

14. 一个计算机网络组成包括（　　　）。

　　A. 传输介质和通信设备　　　　　　　B. 通信子网和资源子网

　　C. 用户计算机和终端　　　　　　　　D. 主机和通信处理机

15. 以下不属于无线介质的是（　　　）。

　　A. 激光　　　　　B. 电磁波　　　　　C. 光纤　　　　　　D. 微波

16. 计算机网络是用通信线路把分散布置的多台独立计算机及专用外部设备互连，并配以相应的（　　）所构成的系统。

    A. 应用软件　　　　B. 系统软件　　　　C. 操作系统　　　　D. 网络软件

17. 关于Internet，以下说法正确的是（　　）。

    A. Internet属于美国　　　　　　　　B. Internet属于联合国

    C. Internet属于国际红十字会　　　　D. Internet不属于某个国家或组织

18. 电子商务中的B–C指的是（　　）。

    A. 商业机构对商业机构　　　　　　B. 商业机构对个人

    C. 商业机构对政府　　　　　　　　D. 个人对个人

19. 下列网络组成部分中，不属于资源子网的是（　　）。

    A. 主机　　　　B. 终端控制器　　　　C. 终端　　　　D. 路由器

20. "使用一条电缆作为主干缆，网上设备从主干缆上引出的电缆加以连接"，描述的是（　　）网络物理拓扑结构。

    A. 星形　　　　B. 环形　　　　C. 总线型　　　　D. 网状

21. 下列选项中，不属于传输介质的是（　　）。

    A. 同轴电缆　　　　B. 双绞线　　　　C. 光纤　　　　D. 路由器

22. 区分局域网和广域网的依据是（　　）。

    A. 网络用户　　　　B. 传输协议　　　　C. 联网设备　　　　D. 联网范围

23. 在家庭网络中，常以（　　）作为网络连接设备，用以实现较为经济的Internet共享。

    A. 网卡　　　　B. 宽带路由器　　　　C. 双绞线　　　　D. 集线器

24. 广域网一般采用网状拓扑结构，该结构可靠性高但是结构复杂，为了实现正确的传输必须采用（　　）。

    Ⅰ. 光纤传输技术　Ⅱ. 路由选择算法　Ⅲ. 无线通信技术　Ⅴ. 流量控制方法

    A. Ⅰ和Ⅱ　　　　B. Ⅰ和Ⅲ　　　　C. Ⅱ和Ⅴ　　　　D. Ⅲ

25. 用户可合理选用计算机网络内的资源进行相应的数据处理，对于较复杂的问题，还可通过算法将任务分配给不同的计算机进行处理，从而完成一项大型任务，该功能称为（　　）。

    A. 分布式处理　　　　B. 资源共享　　　　C. 数据通信　　　　D. 负载平衡

26. 光纤分布数据接口FDDI用（　　）拓扑结构。

    A. 环形　　　　B. 星形　　　　C. 树形　　　　D. 总线型

27. 将单位内部的局域网接入互联网，所需使用的接入设备是（　　）。

    A. 防火墙　　　　B. 路由器　　　　C. 集线器　　　　D. 中继转发器

28. 以下网络拓扑结构中，具有一定集中控制功能的网络是（　　）。

    A. 总线型网络　　　　B. 环形网络　　　　C. 全连接型网络　　　　D. 星形网络

29. 下列属于网络通信设备的是（　　）。

    A. 显卡　　　　B. 声卡　　　　C. 网线　　　　D. 音箱

30. 设置计算机资源共享，不包括（　　　）。

    A. 磁盘共享   B. 进程共享   C. 打印机共享   D. 文件夹共享

二、判断题

1. 网络按覆盖的范围可分为广域网、公用网和专用网。   （　　　）

2. 网络通信协议的三大要素是语法、语义和同步。   （　　　）

3. 环形网络中的任意一个节点或一条传输介质出现故障都不会导致整个网络的故障。

                                                  （　　　）

4. 目前使用的广域网基本都采用树形拓扑结构。   （　　　）

5. 在计算机网络中，一般局域网的数据传输速率要比广域网的数据传输速率低。

                                                  （　　　）

三、填空题

1. 城域网的覆盖范围在广域网和局域网之间，它的传输介质一般以＿＿＿＿＿＿＿为主。

2. 树形结构是一种典型的＿＿＿＿＿＿＿结构。

3. 按网络的所有权划分可将网络分为＿＿＿＿＿＿＿和＿＿＿＿＿＿＿。

4. 转接节点又称＿＿＿＿＿＿＿，是指那些在网络通信中起数据交换和转接作用的网络节点。

5. 在物理链路上加上用于数据传输控制的硬件和软件，就构成了＿＿＿＿＿＿＿。

6. 通信子网有两种类型，分别是＿＿＿＿＿＿＿和＿＿＿＿＿＿＿。

7. 计算机网络系统包括＿＿＿＿＿＿＿和＿＿＿＿＿＿＿。

8. 在两个网络节点之间传输信息和数据的线路称为＿＿＿＿＿＿＿。

9. 按照网络中计算机所处的地位划分，可将网络分为＿＿＿＿＿＿＿和＿＿＿＿＿＿＿。

10. 以中心节点为中心，并用单独的线路使中心节点与其他节点相连，该拓扑结构为＿＿＿＿＿＿＿。

单元检测卷　试卷Ⅱ

一、单项选择题

1. 在计算机发展的早期阶段，计算机所采用的操作系统多为（　　　）。

    A. 实时系统   B. 分时系统   C. 分布式系统   D. 批处理系统

2. 第四媒体指的是（　　　）。

    A. 报纸、杂志   B. 新闻广播   C. 电视   D. 网络

3. 城域网实现的是（　　　）。

    A. 局域网和局域网的互联   B. 局域网和广域网的互联

    C. 广域网和广域网的互联   D. 单位内网的互联

4. 对网络进行集中管理的最小单元是（　　　）。

    A. 集线器   B. 网卡   C. 路由器   D. 交换机

计算机网络技术基础教程

5. 下面不属于计算机网络组成部分的是（　　　）。

    A. 电话　　　　　　B. 节点　　　　　　C. 通信线路　　　　D. 主机

二、多项选择题

1. 下列（　　　）是决定局域网特性的主要要素。

    A. 网络拓扑　　　　B. 网络应用　　　　C. 传输介质　　　　D. 介质访问控制方法

2. 按网络所有权划分，以下属于公用网的是（　　　）。

    A. DDN　　　　　　B. PSTN　　　　　　C. FR　　　　　　　D. 铁路网

3. 局域网中常见的拓扑结构是（　　　）。

    A. 环形　　　　　　B. 总线型　　　　　C. 星形　　　　　　D. 分布式结构

4. 以下网络分类方法中，分类方法正确的是（　　　）。

    A. 局域网、广域网　　　　　　　　　　B. 对等网、城域网

    C. 环形网、星形网　　　　　　　　　　D. 有线网、无线网

5. 以下属于网络具体应用的是（　　　）。

    A. 携程旅游　　　　B. 系统故障诊断　　C. 淘宝购物　　　　D. 远程培训

    E. 磁盘碎片整理

三、判断题

1. 计算机网络就是计算机的集合。（　　　）

2. LAN和WAN的主要区别是通信距离和传输速率。（　　　）

3. 星形结构的网络采用的是广播式的传播方式。（　　　）

4. 环形结构的网络信息流动是定向的。（　　　）

5. 所有的总线拓扑网络中都会发生数据冲突问题。（　　　）

四、填空题

1. 以集线器为中心的网络，它的逻辑结构是_____，令牌总线的逻辑结构是_____。

2. 从拓扑学的角度来看，梯形、四边形、圆形等都属于不同的几何结构，但是具有相同的_____。

3. 计算机网络是由计算机系统、_____和网络操作系统组成的有机整体。

4. 为了解决不同体系结构的网络互联问题，ISO于1981年制定了_____参考模型。

5. 广域网是由许多交换机组成的，交换机之间采用_____线路连接。

五、简答题

画出拥有1台服务器、4台工作站和1台集线器的星形拓扑结构。

单元2
数据通信基础

数据通信系统由源系统、传输系统和目的系统三部分组成。源系统由信源和变换器组成，信源的作用是把要传输的各种信息转换成原始电信号，变换器的作用是把原始的电信号转换成合适在信道上传输的信号。传输系统指的是信道，是传输信号的通路；信道由传输介质以及有关的传输设备、传输技术构成，如交换机、路由器等。在一般情况下，电信号是通过通信子网传递的，这里的信道表示为通信子网，如电话网络、公用分组交换网等。目的系统指的是接收端，由反变换器和信宿组成，反变换器的作用是将从信道传来的信号恢复为原始的电信信号，再送给接收者。信宿实为接收者、信号传输的目的地，信宿将接收的电信号转换成各种信息。

2.1 数据通信的基础知识

学习目标

➤ 理解并掌握数据通信系统的概念。

➤ 理解数据通信的主要技术指标特征。

➤ 理解信息、数据与信号三者之间的关系。

➤ 理解数据信道的概念、分类及性能指标。

➤ 熟练掌握带宽与宽带的区别及应用。

➤ 熟练掌握数据通信的主要技术指标。

内容梳理

数据通信的基础知识
- 数据通信系统的基本概念
  - 概念　依照通信协议，利用数据传输技术在两个功能单元之间传递数据信息
  - 基本结构图　数据终端设备（DTE）、数据电路终端设备（DCE）、通信线路
- 信息、数据与信号
  - 信息　数据的内容和解释，信息是字母、数字、符号的集合
  - 数据　数字化的信息称为数据
    - 数据分类
      - 数字数据
      - 模拟数据
  - 信号　信号是数据在传输过程中的表示形式
    - 信号分类
      - 模拟信号
      - 数字信号

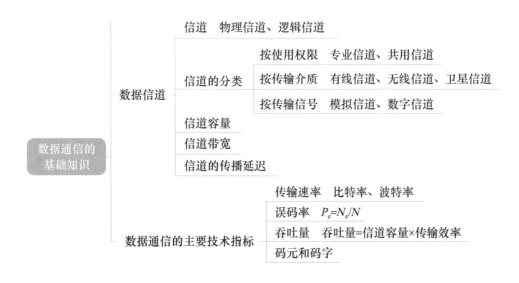

知识概要

通信是指在两点或多点之间通过通信系统进行信息交换的过程。数据通信不同于传统的通信方式，它是伴随着计算机技术和现代通信技术发展起来的，具有广阔的发展前景。

数据通信的定义是依照通信协议，利用数据传输技术在两个功能单元之间传递数据信息。

1. 数据通信系统基本结构

数据通信系统基本结构由数据终端设备（Data Terminal Equipment，DTE）、数据电路终端设备（Data Circuit Terminating Equipment，DCE）和通信线路组成。数据通信的基本结构如图2-1所示。

图2-1　数据通信的基本结构

DTE通常由输入设备、输出设备和输入输出控制器组成。其中，输入设备对输入的数据信息进行编码，以便进行信息处理；输出设备对处理过的结果信息进行译码输出；输入输出控制器则对输入、输出设备的动作进行控制，并根据物理层的接口特性（包括机械特性、电气特性、功能特性和规程特性）与线路终端接口设备相连。

DCE指在通信系统中提供建立、保持和终止联接等功能的设备，用来连接DTE与传输介质之间的设备，为用户提供入网的连接点。

2. 信息、数据与信号

1）信息。信息是数据的内容和解释，是对客观事物属性和特性的描述。

2）数据。人们为了将观念世界的信息记载下来，便于存储和传播，必须将信息物理化，信息物理化之后的表现形式，即信息的载体，称为数据（Data）。

3）信号。信号是数据在传输过程中的表示形式，信号是数据的载体。数据需转换为信道可识别的信号，才能在信道上传输。

信息、数据与信号三者的关系如图2-2所示。

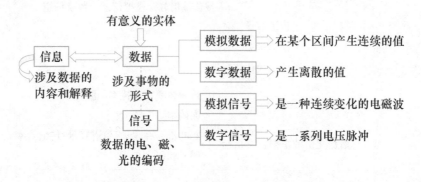

图2-2　信息、数据与信号三者的关系

3. 数据通信的主要技术指标

有效性和可靠性，是用来衡量通信系统性能的重要指标。有效性通常用传输速率、信道容量、带宽等指标来衡量；可靠性通常用误码率指标来衡量。

应知应会

1. 数据通信系统的功能

1）数据终端设备DTE。DTE的功能有发送、接收数据，信息处理，差错控制及数据格式转换等。计算机、传真机、卡片输入机、磁卡阅读器等都可作为数据终端设备使用。

2）数据电路端接设备DCE。DCE的功能就是完成数据信号的变换。若传输信道是模拟的，调制解调器负责数字信号与模拟信号之间的转换，在计算机数据通信中，DCE用RS-232接口，此接口可以使调制解调器和其他设备与计算机交换数据。若传输信道是数字的，DCE的数据服务单元（DSU）进行码型和电平的变换，保持信道特性的均衡，形成同步时钟信号，控制连接建立、保持和拆断，完成数据通信。

2. 信息、数据与信号

1）信息。信息可以是对事物的形态、大小、结构、性能等的全部或部分特性的描述，也可以是对事物与外部联系的描述。信息是字母、数字、符号的集合，其载体可以是数字、文字、语音、视频和图像等。

2）数据。数据可分为数字数据和模拟数据。数字数据的值是离散的，如电话号码、邮政编码、计算机中的信息等；模拟数据的值是连续变换的量，如温度变化、气压变化等。

3）信号。信号可分为模拟信号和数字信号。模拟信号，如随时间连续变化的电流、电压或电磁波数值、电话线上传输的电信号。数字信号，如计算机数据、数字电话、数字电视以及手机、视频或音频播放器等输出设备。

3. 数据信道

1）信道。信道是信号的传输媒质，可分为物理信道和逻辑信道。

2）信道的分类。信道按使用权限可分为专业信道和共用信道；信道按传输介质可分为有线信道、无线信道和卫星信道；信道按传输信号可分为模拟信道和数字信道。

3）信道容量。信道容量是指信道传输信息的最大能力，通常用信息速率来表示。

4）信道带宽。信道带宽是指信道所能传送的信号频率宽度，代表信道传输信息的能力。在模拟信道中，信道带宽为最高频率上限与最低频率下限之差，单位用赫兹（Hz）表示。在数字信道中，人们常用数据传输速率（比特率）表示信道的传输能力（带宽），即每秒传输的比特数，单位为bit/s。

另外，带宽与人们常说的"宽带"有一定的区别。移动宽带是上网的接入方式，指的是具备高通信速率和高吞吐量的计算机网络，能够满足多媒体数据传输的要求。

5）信道的传播延迟。信号在信道中传播，从信源端到达信宿端所需要的时间被称为信道的传播延迟（或时延）。

4. 数据通信的主要技术指标

（1）传输速率

传输速率有两种表示方法，分别是比特率和波特率。

1）比特率。比特率又称为数据传输速率，是一种数字信号的传输速率，指的是单位时间内信道内传输的信息量。它表示单位时间内所传送的二进制代码的有效位（bit）数，单位为比特每秒，记为bit/s（bits per second）或bps。

2）波特率。波特率是一种调制速率，也称波形速率。它表示单位时间内（每秒）信道上实际传输信号码元的个数。或者说在数据传输过程中，线路上每秒钟发生信号变化的次数就是波特率。其单位为波特（Baud）。

比特率与波特率的关系表示为：

$$B=R/\log_2 N$$

其中，B为波特率，R为比特率，N为电平数，$\log_2 N$为实际传输信号码元的个数。

（2）误码率

误码率指的是数据通信系统在正常工作情况下，信息传输的错误率。

误码率P_e表示为：

$$P_e=N_e/N$$

其中，N是传送的总位数，N_e是出错的位数。

（3）吞吐量

吞吐量指的是单位时间内整个网络能够处理的信息总量，单位是B/s或bit/s。在单信道总线型网络中：吞吐量=信道容量×传输效率。

（4）码元和码字

计算机网络传送中的每一位二进制称为"码元"或"码位"。由若干个码元组成的序列称为"码字"。

典型例题

【例1】（单项选择题）数据通信系统是由（   ）构成的。

　　A. 终端、电缆、计算机

　　B. 信号发生器、通信线路、信号接收设备

　　C. 数据终端设备、数据电路端接设备、通信线路

　　D. 终端、通信设施、接收设备

【解析】 本题考查数据通信的基本结构。数据通信系统由数据终端设备、数据电路端接设备和通信线路组成。

【答案】 C

【例2】（单项选择题）计算机网络的传输速率为36kbit/s，若要传输8MB的数据大概需要的时间是（   ）。

　　A. 4min　　　　　　B. 2min　　　　　　C. 1h10min　　　　　D. 30min

【解析】 本题考查数据通信的主要技术指标——传输速率。因为1B=8bit，容量单位1MB=1024KB=1024×1024B；

　　　　总数据大小8MB=8×1024×1024×8bit

　　　　传输速率36kbit/s=36×1024bit/s

　　　　T=总数据大小/传输速率=（8×1024×1024×8）/（36×1024×60）≈30.3min。

【答案】 D

【例3】（单项选择题）若接收端接收到2 000 000 000个码元，发现有2个码元出错，那么误码率为（   ）。

　　A. 10^{-2}　　　　　　B. 10^{-4}　　　　　　C. 10^{-6}　　　　　D. 10^{-9}

【解析】 本题考查数据通信的主要技术指标——误码率。

误码率$P_e=N_e/N=2/2\,000\,000\,000=10^{-9}$，其中$N$是传送的总位数，$N_e$是出错的位数。

【答案】 D

知识测评

一、单项选择题

1. 在数据通信中bit/s的含义是（   ）。

　　A. 每秒传输多少比特　　　　　　　　B. 每秒传输多少公里

　　C. 每秒传输多少字节　　　　　　　　D. 每秒传输多少数据

2. 在数据通信系统中，表示网络速度的是（   ）。

　　A. 误码率　　　　　B. 吞吐量　　　　　C. 带宽　　　　　D. 信道的传播延迟

3. 传输速率有两种表示方法，采用不同的单位，分别是比特率和波特率，其中波特率是指（   ）。

　　A. 每秒传输的比特　　　　　　　　　B. 每秒钟发生信号变化的次数

C. 每秒传输的周期数   D. 每秒传输的字节数

4. 关于信道容量，下列说法正确的是（   ）。

    A. 信息的传输能力越大，信道容量越小   B. 信道容量用信息速率来表示

    C. 信道所能提供的同时通话的路数   D. 以MHz为单位的信道带宽

5. 通信系统中传输信息的信道具有一定的频率范围，最高频率上限与最低频率下限之差称为（   ）

    A. 宽带   B. 信道容量   C. 信道速率   D. 信道带宽

6. 计算机网络中，数据传输速率的大小对（   ）速度不产生直接影响。

    A. 发送速度   B. 本机启动速度   C. 下载速度   D. 接收速度

7. 若某信道长度为1500m，而信号在信道上的传播速率为3×10^8m/s，则其双程的传播时延为（   ）ms。

    A. 5   B. 10   C. 45   D. 20

8. 若信源端与信宿端之间的距离为200km，而信号的传播速度是2×10^8m/s，数据块长度为10^6bit，数据发送速率为10^7bit/s，则发送时延是（   ）ms。

    A. 1   B. 20   C. 100   D. 5

9. 已知某数据通路的传输速率为2000bit/s，采用16电平传输，则其波特率为（   ）。

    A. 125Baud   B. 500Baud   C. 8000Baud   D. 32000Baud

10. 已知电话线语音的频率范围为400~4100Hz，则该电话线一条话路的带宽为（   ）。

    A. 3700Hz   B. 4100Hz   C. 4500Hz   D. 9000Hz

二、多项选择题

1. 数据通信系统的有效性通常用（   ）等指标来衡量。

    A. 传输速率   B. 信道容量   C. 带宽   D. 误码率

2. 信道按传输信号可以分为（   ）。

    A. 模拟信道   B. 无线信道   C. 卫星信道   D. 数字信道

3. 以下是模拟数据的是（   ）。

    A. 电话号码   B. 温度变化   C. 气压变化   D. 声音变化

4. 以下可以作为数据终端设备用的是（   ）。

    A. 计算机   B. 传真机   C. 卡片输入机   D. 磁卡阅读器

5. 信息的载体可以是（   ）。

    A. 图像   B. 语音   C. 视频   D. 字母

三、判断题

1. 单位时间内传送的比特数越多，信息的传输能力也就越大，表示信道容量越大。

                                            （   ）

2. 信息是数据的载体，数据则是信息的内在含义或解释。   （   ）

3. 数据是字母、数字、符号的集合，其载体可以是数字、文字、语音、视频和图像等。
（　　）
4. 1Mbit/s=1000kbit/s。（　　）
5. 日常常见的手机、视频或音频播放器和数码相机等输出的都是模拟信号。（　　）

四、填空题

1. 若码元周期T=2×10⁻³s，且传送8电平信号，则传输速率为_____bit/s。
2. 为了能利用廉价的电话公共交换网实现计算机之间的远程通信，必须将发送端的_____信号变换成能在电话公共交换网上传输的_____信号。
3. _____只有转换为信道可识别的信号，才能在信道上传输。
4. _____是指信道所能传送的信号频率宽度，代表信道传输信息的能力。

五、简答题

1. 若传输信道是模拟的，调制解调器实现的功能是什么？
2. 简述数据通信的定义。

2.2 数据传输技术

学习目标

> 理解数据传输方式的分类。
> 能够区分并行传输、串行传输方式。
> 能够区分同步传输、异步传输方式。
> 能够区分基带、频带、宽带的传输方式。
> 掌握数字传输信号编码方案。
> 理解调制、解调概念及调制方法。
> 掌握脉冲编码调制PCM编码过程。
> 能够区分单工、半双工、全双工通信方式。

内容梳理

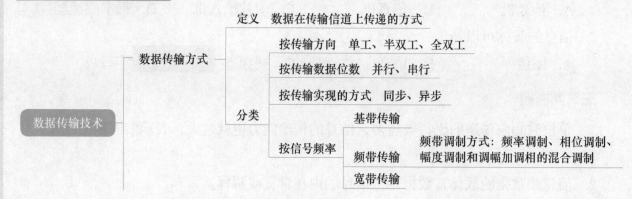

数据传输技术 ─ 数据传输方式

- 定义　数据在传输信道上传递的方式
- 分类
  - 按传输方向　单工、半双工、全双工
  - 按传输数据位数　并行、串行
  - 按传输实现的方式　同步、异步
  - 按信号频率
    - 基带传输
    - 频带传输　频带调制方式：频率调制、相位调制、幅度调制和调幅加调相的混合调制
    - 宽带传输

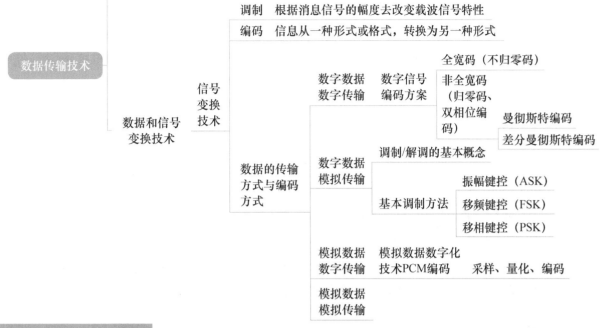

知识概要

数据传输技术指的是数据源与数据宿之间通过一个或多个数据信道或链路，共同遵循一个通信协议而进行的数据传输技术的方法和设备。数据传输技术包含数据传输方式、数据交换技术等内容。

1. 数据传输方式

数据传输方式指的是数据在传输信道上传递的方式。

1）按传输方向分为：单工通信、半双工通信和全双工通信。

2）按传输数据位数分为：并行传输和串行传输。

3）按传输实现的方式分为：同步传输和异步传输。

4）按信号频率分为：基带传输、频带传输和宽带传输。

2. 数据和信号变换技术

（1）数据和信号进行变换的原因

数据在传输过程中需要变换为适合信道传输的信号形式才能传输。其原因主要有以下几个：

1）信号是数据传输过程中的载体，要适应信道传输介质的传输特性。

2）为提高传输质量，需优化信道编码。

3）可以提高信道资源利用率。

（2）信号变换技术

信号变换主要通过"调制"和"编码"技术实现。

调制是根据消息信号的幅度去改变载波信号特性（幅度、频率或者相位）的过程。

编码是信息从一种形式或格式，转换为另一种形式的过程。解码则是编码的逆过程。

（3）数据的传输方式与编码方式

数据的传输方式：数字数据数字传输，数字数据模拟传输，模拟数据数字传输，模拟数据模拟传输（不在数据通信的研究范围之中，在此不做讨论）。

1）数字数据数字传输。在传输之前使用编码器对二进制数据进行编码优化。数字信号传输时对信道编码的基本要求是：不包含直流成分；码型中应自带同步时钟信号；便于接收端提取，用于位同步。

常用的数字信号编码：全宽码（不归零码）、曼彻斯特编码和差分曼彻斯特编码。

2）数字数据模拟传输。数字数据在模拟信道传输时，需先将数字数据信号转换成模拟数据信号，这个过程称为调制。调制的实质就是利用数字信号去控制载波的某个参数（幅度、频率和相位）。在接收端，将模拟数据信号还原成数字数据信号的过程称为解调，用到的设备称为调制解调器（Modem）。

调制有3种常见基本形式：振幅键控、移频键控、移相键控。

3）模拟数据数字传输。模拟数据要在数字信道上传输，需先进行模拟数据数字化处理。模拟数据数字化的主要方法是脉冲编码调制（PCM）。

应知应会

1. 数据传输方式

（1）按传输方向分为：单工通信、半双工通信和全双工通信

1）单工通信：数据传输是单向的，只能一方发送另一方接收，反之则不可以。无线电广播、遥控等属于单工通信，计算机对输出设备（如打印机或者显示器）的通信也大都采用单工方式进行操作。

2）半双工通信：数据传输可以双向进行，但只能交替进行，同一个时刻只能有一个方向传输数据。传统对讲机等属于半双工通信。

3）全双工通信：数据传输可以双向同时进行。全双工通信需要两个信道，一个用来发送，一个用来接收。常用的电话系统属于全双工通信。

（2）按传输数据位数分为：并行传输和串行传输

1）并行传输：指数据以成组的方式在多个并行信道上同时进行传输，每个比特使用单独的一条线路，在数据设备内进行近距离传输（1米或数米之内）的过程。

2）串行传输：指数据一位一位地依次在一条信道上传输，按时间顺序逐位传输的方式。

（3）按传输实现的方式分为：同步传输和异步传输

1）同步传输：在发送一组字符或数据块之前，在其前面加入一个同步字节，同步字节后面的数据字符不需任何附加位，同步字节表示数据传送的开始，发送端和接收端应先约定同步字节。在同步字节之后，可以连续发送任意多个字符或数据块。发送数据完毕后，再使用同步字节来标识整个发送过程的结束。

2）异步传输：每一个字符按照一定的格式组成一个帧进行传输，即在一个字符（7位或8位）前加1个起始位，以表示字符码的开始；在字符码和校验码后面加1或2个停止位，表示字符结束。接收方根据起始位和停止位，来判断一个新字符的开始，从而起到通信双方的起止同步作用。

（4）按信号频率分为：基带传输、频带传输和宽带传输

1）基带传输。基带信号是信源发出的、没有经过调制的原始电信号。基带信号直接在信道上进行传输的方式就是基带传输。基带传输是计算机局域网常用的传输方式。比如，"10Base-T"是双绞线以太网，其中"10"表示信号的传输率为10Mbit/s；"Base"表示信道上传输的是基带信号（即基带传输）；"T"是英文Twisted-pair（非屏蔽双绞线）的缩写。

2）频带传输。频带信号是用载波对基带信号进行调制后的信号。频带传输是将基带信号调制为模拟信号后再进行传输，接收方对信号进行解调并还原为数字信号的过程。

常用的频带调制方式有频率调制、相位调制、幅度调制和调幅加调相的混合调制。

3）宽带传输。宽带传输是指将信道分成多个子信道，分别传送音频、视频和数字信号。可利用宽带传输系统来实现声音、文字和图像的一体化传输，即"三网合一"（语音网、数据网和电视网合一）。

宽带传输与基带传输相比有以下优点：

1）能在一个信道中传输声音、图像和数据信息，使系统具有多种用途。

2）一条宽带信道能划分为多条逻辑基带信道，实现多路复用。

3）宽带传输的距离比基带远。

2. 数据的传输方式与编码方式

（1）数字数据数字传输

1）全宽码（不归零码）。全宽码，又称不归零码（Non Return Zero，NRZ），采用0、1表示信号电平，并且在表示完一个码元后，电压不需回到0。一位码元占一个单位脉冲的宽度。不归零码，又可分为单极性不归零码和双极性不归零码，如图2-3所示。

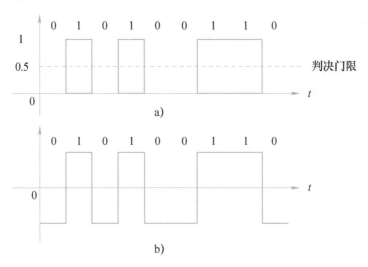

图2-3 不归零码脉冲图

a）单极性不归零码 b）双极性不归零码

2）非全宽码（归零码、双相位编码），用极性不同的脉冲分别表示二进制的"1"和"0"，在脉冲结束后要维持一段时间的零电平。归零码能够自同步，但信息密度低。

常用的归零码有曼彻斯特编码和差分曼彻斯特编码，如图2-4所示。

1）曼彻斯特编码：每个码元均由两个不同相位的电平信号表示，也就是一个周期的方波，但0码和1码的相位正好相反，即用正电压的跳变为0，用负电压的跳变为1。

曼彻斯特编码的缺点：信号码元速率是数据速率的2倍，因此需要2倍的传输带宽，对信道容量要求高。

2）差分曼彻斯特编码：保留了曼彻斯特编码"自含时钟编码"的优点，仍将每比特中间的跳变作为同步时钟。其不同之处在于：用码元的起始处有无跳变来表示，通常规定有跳变时代表"0"，没有跳变时代表"1"（所谓0跳1不跳）。

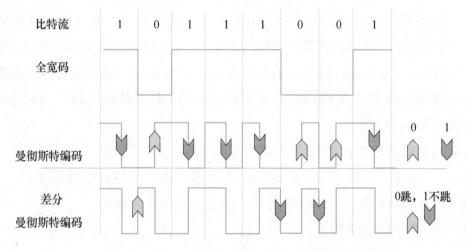

图2-4　曼彻斯特编码和差分曼彻斯特编码

（2）数字数据模拟传输

1）振幅键控（ASK）：载波的振幅随着数字信号变化而变化，当"1"出现时接通振幅为A的载波，"0"出现时关断载波。

2）移频键控（FSK）：载波的频率随着数字信号变化而变化。用载波频率附近的两个不同频率来表示0和1。

3）移相键控（PSK）：载波的相位随着数字信号变化而变化。通过改变载波信号的相位值来表示数字信号0和1。

数字信号的调制如图2-5所示。

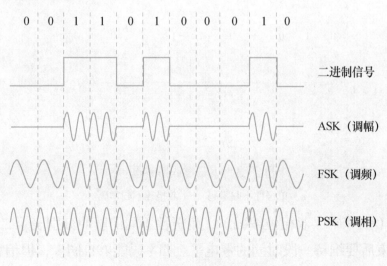

图2-5　数字信号的调制

（3）模拟数据数字传输

脉冲编码调制PCM的编码过程为采样、量化和编码。

1）采样。采样（Sampling）也称取样、抽样，指把时间域或空间域的连续量转化成离散量的过程。

2）量化。量化就是把经过采样得到的瞬时值幅度离散，即用一组规定的电平，把瞬时采样值用最接近的电平值来表示，通常是用二进制表示。

3）编码。编码指的是用一组二进制码组来表示每一个有固定电平的量化值，量化是在编码过程中同时完成的，故编码过程也称为模/数变换，可记作A/D。

典型例题

【例1】（单项选择题）（   ）是指数据传输可以双向进行，但不能同时进行。

    A. 单工通信   B. 半双工通信   C. 全双工通信   D. 同步通信

【解析】本题考查半双工通信的定义。半双工通信：数据传输可以双向进行，但只能交替进行，一个时刻只能有一个方向传输数据。

【答案】B

【例2】（多项选择题）在通信系统中，数据传输方式按照信号线多少，可分为（   ）。

    A. 并行传输   B. 同步传输   C. 串行传输   D. 异步传输

【解析】本题考查数据传输方式的分类。按传输方向分为：单工通信、半双工通信和全双工通信；按传输数据位数（信号线多少）分为：并行传输和串行传输；按同步的方式分为：同步传输和异步传输；按信号频率分为：基带传输、频带传输和宽带传输。

【答案】AC

知识测评

一、单项选择题

1. 以下（   ）的特点符合半双工通信。

    A. 只能发送   B. 能发送和接收，但必须交替进行

    C. 能同时发送和接收   D. 只能接收

2. 通过电视收看电视节目的通信方式是（   ）。

    A. 全双工   B. 半双工   C. 单工   D. 多工

3. 以下生活例子中，其信道可以同时双向传送数据的是（   ）。

    A. 对讲机   B. 广播   C. 电视   D. 电话

4. 在发送一组字符或数据块之前，先发送一个同步字节，用于接收方进行同步检测，从而使收发双方进入同步状态的传输方式是（   ）。

    A. 并行传输   B. 串行传输   C. 同步传输   D. 异步传输

5. 以下（   ）的情况传递数据时，需要进行调制编码。

    A. 数字数据在数字信道上   B. 数字数据在模拟信道上

    C. 模拟数据在数字信道上　　　　　　　D. 模拟数据在模拟信道上

6. 利用改变载波信号的振幅来表示数字基带信号的变化的方法是（　　　）。

    A. 绝对调相　　　　B. 振幅键控　　　　C. 相对调相　　　　D. 移频键控

7. 要求发送端和接收端都要安装调制器和解调器的传输方法为（　　　）。

    A. 同步传输　　　　B. 基带传输　　　　C. 异步传输　　　　D. 频带传输

8. 以下数字信号编码中，（　　　）是一种自同步编码，无须使用外同步信号的方式。

    A. 曼彻斯特编码　　B. 非归零码　　　　C. 二进制编码　　　D. 脉冲编码

9. 模拟数据数字化技术——PCM编码，其编码过程为（　　　）。

    A. 采样、量化、编码　　　　　　　　　B. 量化、编码、采样

    C. 计算、采样、编码　　　　　　　　　D. 编码、采样、编程

10. 以下关于同步传输方式的说法，正确的是（　　　）。

    A. 一次传输一个字符　　　　　　　　　B. 一次传输一个数据块

    C. 收/发端不需要进行同步　　　　　　 D. 数据传输率低

二、多项选择题

1. 数据的传输方式若按信号频率划分，可以划分为（　　　）。

    A. 基带传输　　　　B. 频带传输　　　　C. 宽带传输　　　　D. 全双工传输

2. 根据发送方和接收方时钟的差别，数据传输方式可分为（　　　）。

    A. 单工　　　　　　B. 半双工　　　　　C. 同步传输　　　　D. 全双工

    E. 异步传输

3. 下列说法中（　　　）是错误的。

    A. 并行通信一般用于远距离传输，串行通信用于近距离传输。

    B. 计算机内的数据总线就是并行传输。

    C. 并行通信的传输速度比串行通信的慢。

    D. 串行通信按位发送，逐位接收，同时还要确认字符。

4. 数字信号传输时对信道编码的基本要求是（　　　）。

    A. 不包含直流成分

    B. 包含直流成分

    C. 码型中应自带同步时钟信号，利于接收端提取用于位同步

    D. 异步传输

5. 数字数据的模拟传输，需对数字信号进行调制，调制实质上就是对载波进行

（　　　）三个参量的某一个或几个随原始数字信号的变化而变化的过程。

    A. 周期　　　　　　B. 幅度　　　　　　C. 频率　　　　　　D. 相位

    E. 角度

三、判断题

1. 单工通信只有一个传输通道。　　　　　　　　　　　　　　　　　　　（　　　）

2. 串行通信是数据一位一位地依次在一条信道上传输，按时间顺序逐位传输的方式。　　　　　　　　　　　　　　　　　　　　　　　　　　（　　）

3. 在局域网中，术语"10Base-T"中的"Base"指频带传输。　　　（　　）

4. 计算机主机与键盘之间的通信属于单工通信。　　　　　　　　（　　）

5. 局域网中，双绞线传输介质就是采用基带传输。　　　　　　　（　　）

四、填空题

1. 数据通信的方向性结构有_____、_____和全双工。

2. 调制是对信号源的信息进行处理，使其变为适合传输形式的过程，基本的调制方法是_____、_____和_____。

3. 数字数据的模拟传输借助对载波信号进行_____与_____实现。

4. 曼彻斯特编码的信号码元速率是数据速率的_____倍。

5. 调制解调器是实现计算机的_____信号和电话线_____信号间相互转换的设备。

五、简答题

1. 描述计算机通信中异步传输和同步传输的不同之处。

2. 差分曼彻斯特编码是对曼彻斯特编码的改进，二者具体有什么不同之处？

2.3 数据信道复用技术

学习目标

➢ 理解各信道复用技术的原理。

➢ 理解多路复用技术的工作原理。

➢ 认识常见的信道复用技术类别。

内容梳理

数据信道复用技术
- 信道复用作用 —— 通过共享信道、最大限度提高信道利用率
- 信道复用技术
  - 频分复用技术FDM（给每一个用户分配不同的频带）
  - 时分复用技术TDM（将时间划分为一段段等长的时分复用帧）
  - 波分复用技术WDM（即光的频分复用）
  - 码分复用技术CDM（是共享信道的方法，靠不同的编码来区分各路原始信号）

知识概要

为提高信道资源利用率，降低通信成本，人们研究和发展出多路复用技术，即把多个

信号组合起来在一条物理信道上进行传输，使一条物理信道变为多条逻辑信道，在远距离传输时可大大节省电缆的安装成本和维护费用。

多路复用的基本原理：数据通信系统或计算机网络系统中，传输媒体的带宽或容量往往会大于传输单一信号的需求，为了有效地利用通信线路，达到一个信道同时传输多路信号的目的，这就是所谓的多路复用技术（Multiplexing）。复用技术过程如图2-6所示。

图2-6　复用技术过程

常见的信道复用技术有频分复用技术、时分复用技术、波分复用技术和码分复用技术。

频分复用技术：在一个信道内并行传输的不同信号的频率各不相同。由于各子信道相互独立，故一个信道发生故障时不会影响其他信道。

时分复用技术：采用时间分片方式来实现传输信道的多路复用，即每一路信号传输都使用信道的全部带宽，但只能使用其中某个时隙。

波分复用技术：由于光纤中光载波频率很高，人们习惯按波长而不是按频率来命名，本质上也是频分复用。

码分复用技术：每个用户可以在同样的时间、使用同样的频率进行通信。各个用户的信号，不是靠频率不同或时隙不同来区分，而是用各自不同的地址码序列来区分，或者说是靠信号的不同波形来区分。

应知应会

1. 频分复用技术

频分复用（Frequency Division Multiplexing，FDM）将用于传输信道的总带宽，划分成若干个子频带（或称子信道），每一个子信道传输一路信号。频分复用属于频带传输，需要用到调制解调技术，可用于模拟传输系统。

2. 时分复用技术

时分复用（Time Division Multiplexing，TDM）就是将提供给整个信道传输信息的时间，划分成若干时间片（简称时隙），并将这些时隙分配给每一个信号源使用，每一路信号在自己的时隙内，独占信道进行数据传输。

3. 波分复用技术

波分复用（Wavelength Division Multiplexing，WDM）其本质上也是频分复用。波分复用在光通信领域，专门用于光纤通信。

4. 码分复用技术

码分复用（Code Division Multiplexing，CDM）又叫码分多址（Code Division Multiple Access，CDMA），也是一种共享信道的方法。它是靠不同的编码来区分各路原始信号的一种复用方式。码分复用技术最初用于军事通信，现已广泛应用于民用移动通信和无线局域网。

5. 复用器和分用器

在发送端使用复用器，让各信息合起来使用一个信道进行通信。

在接收端使用分用器（解复用器），把合起来的信息分别送到相应的终点。

典型例题

【例1】（单项选择题）靠不同的编码来区分各路原始信号的方法叫（ 　　 ）。

    A. FDM   B. TDM   C. CDM   D. WDM

【解析】本题考查各信道复用技术实现的原理。频分复用顾名思义，将用于传输信道的总带宽，划分成若干个子频带（或称子信道），每一个子信道传输一路信号。时分复用就是将提供给整个信道传输信息的时间，划分成若干时间片（简称时隙），并将这些时隙分配给每一个信号源使用，每一路信号在自己的时隙内，独占信道进行数据传输。波分复用在光通信领域，专门用于光纤通信，由于光纤中光载波频率很高，人们习惯按波长而不是按频率来命名。因此，所谓的波分复用，其本质上也是频分复用。码分复用又叫码分多址，是靠不同的编码来区分各路原始信号的一种复用方式。

【答案】C

【例2】（多项选择题）常用多路复用方式有（ 　　 ）。

    A. 频分多路复用   B. 时分多路复用   C. 波分多路复用   D. 码分多路复用

【解析】本题考查信道复用技术分类。常见的信道复用技术有频分复用技术、时分复用技术、波分复用技术、码分复用技术。

【答案】ABCD

知识测评

一、单项选择题

1. 信号在自己的时隙内，独占信道的是（ 　　 ）。

    A. 频分多路复用   B. 时分多路复用

    C. 空分多路复用   D. 频分与时分混合多路复用

2. （ 　　 ）是需要用到调制解调技术的一种复用方式。

    A. FDM   B. CDM   C. SDTM   D. WDM

3. 数字传输系统采用了脉冲编码技术后，再利用（ 　　 ）电话局间的一条中继线，就可以传送几十路电话了。

A. 时分复用技术　　B. 频分复用技术　　C. 波分复用技术　　D. 码分复用技术

4. 波分复用本质上也是（　　　　）。

　　A. 码分复用　　　　B. 频分复用　　　　C. 时分复用　　　　D. 码分多址

5. 各个用户的信号不是靠频率不同或时隙不同来区分，而是用各自不同的地址码序列来区分，或者说是靠信号的不同波形来区分的是（　　　　）技术。

　　A. 频分复用　　　　B. 码分多址　　　　C. 时分复用　　　　D. 波分复用

6. 有线电视中，采用（　　　　）技术传输频道。

　　A. 频分复用　　　　B. 码分多址　　　　C. 时分复用　　　　D. 波分复用

7. 在光通信领域，专门用于光纤通信的是（　　　　）技术。

　　A. 频分复用　　　　B. 码分多址　　　　C. 时分复用　　　　D. 波分复用

8. （　　　　）技术在战争期间广泛应用于军事抗干扰。

　　A. 频分复用　　　　B. 码分多址　　　　C. 时分复用　　　　D. 波分复用

9. （　　　　）技术可以进一步提高光纤的传输容量，满足通信需求量的迅速增长和多媒体通信。

　　A. 频分复用　　　　B. 码分多址　　　　C. 时分复用　　　　D. 波分复用

二、多项选择题

1. 人们研究和发展了多路复用技术，是为了（　　　　）。

　　A. 差错控制　　　　　　　　　　B. 流量控制

　　C. 降低通信成本　　　　　　　　D. 提高信道资源利用率

2. 码分复用主要和各种多址技术结合，产生了各种接入技术，包括（　　　　）。

　　A. 同轴电缆接入　　B. 无线接入　　　　C. 光纤接入　　　　D. 有线接入

三、判断题

1. 光分多路复用是一种多路复用技术。　　　　　　　　　　　　　　（　　　）

2. 时分复用属于频带传输。　　　　　　　　　　　　　　　　　　　（　　　）

3. 多路复用技术实际上是使一条物理信道变为多条逻辑信道。　　　　（　　　）

4. 码分复用技术是按频率的不同将信道分割成了多个子信道，为了保证各子信道中所传输的信号互不干扰，相邻子信道的频谱之间留有一定的频率间隔，每个子信道传输一个用户的信号。　　　　　　　　　　　　　　　　　　　　　　　　　（　　　）

四、填空题

1. 信道复用技术有_____、_____、_____和_____。

2. 在发送端使用_____，让各路信号合起来使用一个信道进行通信。

3. 在接收端使用_____，把合起来的信息分别送到相应的终点。

4. _____技术的所有用户在同样的时间内占据着不同的带宽资源。

5. _____技术常用于载波电话系统、电视等。

五、简答题

1. 什么是多路复用的基本原理?
2. 常见的信道复用技术有哪几种?

2.4 数据交换技术

学习目标

➤ 理解数据交换技术的工作特点。

➤ 明晰数据交换技术的工作原理。

➤ 熟练掌握数据交换技术分类。

➤ 能够区分不同数据交换类型的典型应用和优缺点。

内容梳理

知识概要

数据交换技术(Data Switching Techniques)是指在两个或多个数据终端设备(DTE)之间,建立数据通信的暂时互连通路的各种技术。

交换技术通常有:电路交换、报文交换、分组交换、信元交换。

1. 电路交换

电路交换(Circuit Switching)也称为线路交换。即在两个工作站之间建立实际的物理连接,一旦通信线路建立,这对端点就独占该条物理通道,直至通信线路被取消。

2. 报文交换

报文交换采取"存储–转发"(Store-and-Forward)的方式,不需要在通信的两个节点之间建立专用的物理线路。每一个节点接收整个报文（信息+地址），检查目标节点地址，然后根据网络中的交通情况在适当的时候转发到下一个节点。经过多次的存储、转发，最后到达目标节点。

3. 分组交换

分组交换也称包交换，仍采用"存储–转发"的传输方式，将一个长报文先分割为若干个较短的分组，然后把这些分组（携带源、目的地址和编号信息）逐个地发送出去。分组交换还可以分为两种不同的方式：数据报和虚电路。数据报传输是一种面向无连接的传输方式；虚电路传输是一种面向连接的传输方式。

4. 信元交换

异步传输模式（Asynchronous Transfer Mode，ATM）是一种信元交换和多路复用技术，是一种面向连接的交换技术。它采用信元（Cell）作为传输单位，信元具有固定长度，总共53字节，前5个字节是信元头（Header），其余48个字节是数据段。信元交换技术是一种快速分组交换技术，它综合吸取了分组交换高效率和电路交换高速率的优点。

应知应会

1. 电路交换

电路交换其通信过程需要经历三个阶段：电路建立阶段、数据传输阶段和拆除（释放）电路连接阶段。以电路交换的典型应用——公用电话交换网为例，电路交换的三个阶段如图2-7所示。

1）电路建立阶段。在通信双方开始传输数据之前，必须建立一条端到端的物理线路。首先，由发送数据的一方发出连接请求，沿途经过的中间节点负责建立电路连接，并向下一个节点转发连接请求，直到连接请求到达接收方。接收方如果同意建立连接，则沿原路返回一个应答，请求通信的发送方接收到应答后就建立了一个连接。建立连接的过程实际上就是电路资源的分配过程，就是在收发双方之间分配了一定的带宽资源，所以这个连接也称为物理连接。

2）数据传输阶段。成功建立了电路连接后，双方就可以开始传输数据。该线路是被双方独占的，数据传输过程中不需要进行路径选择，数据在每个中间节点上没有停留，直接向前传递，因此电路交换的传输延迟最短，一般没有阻塞问题，除非有意外的线路或节点故障使电路中断。而且电路交换是全双工的，数据可以在已经建立好的物理线路上进行双向传输。

需要注意的是，一旦建立好电路连接后，即使双方没有数据传输，该线路也被双方占用，不能再被其他站点使用。这是因为电路交换系统属于资源预分配系统，一旦分配好了资源，不管有没有数据在传输，都不能再被其他站点使用。这也正是电路交换的一个缺点：会造成带宽资源的浪费。

3）拆除（释放）电路连接阶段。数据传输结束后，应该尽快拆除连接以释放占用的带宽资源。通信的任何一方都可以发出拆除连接的请求信号，拆除信号沿途经过各个中间节点，一直到达通信的另一方。释放电路连接后，带宽资源就可以分配给其他需要的站点。

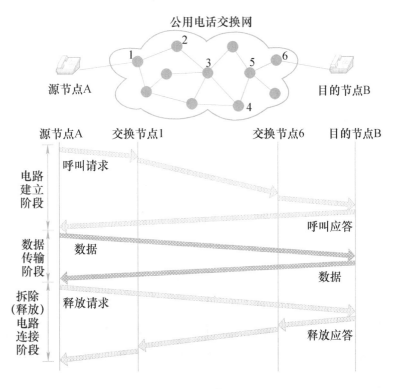

图2-7 电路交换的三个阶段

电路交换的优点是有专用的信道（通信速率较高），数据传输迅速、可靠、不会丢失、有序，通信实时性强，时延很少，电路交换适用于数据传输量大、可靠性要求较高的情况。

电路交换的缺点是当建立了连接而双方之间暂时没有数据传输时，会造成带宽资源浪费，信道不共享，数据通信效率低，且系统不具有存储数据的能力。

2. 报文交换

报文交换相对于电路交换，优点是不需要为通信双方预先建立一条专用的通信线路，不存在连接建立时延，用户可随时发送报文，线路效率高，节点可实现报文的差错控制及码制转换。

缺点是由于数据进入交换节点后要经历存储、转发的过程，这会引起转发时延（包括接收报文、检验正确性、排队、发送时间等），而且网络的通信量愈大，造成的时延就愈大，因此报文交换的实时性差，不适合传送实时或交互式业务的数据。由于报文长度没有限制，而每个中间节点都要完整地接收传来的整个报文，当输出线路不空闲时，还可能要存储几个完整报文等待转发，这对各交换节点的存储量有较高要求。

报文交换典型应用：电子邮件系统（E-mail）、电报。

3. 分组交换

（1）分组交换的优点

1）限制分组的最大长度，降低了节点所需的存储量。

2）分组长度较短，在传输出错时，检错容易并且重发花费的时间较少，因而提高交换速度。

3）各分组可以独立路由，选择最佳路径。

（2）分组交换的缺点

1）分组在各节点存储转发时需要排队，这就会造成一定的时延。

2）分组必须携带的首部（里面有必不可少的控制信息）也造成了一定的开销。

分组在网络中传输，还可以分为两种不同的方式：数据报和虚电路。数据报传输是一种面向无连接的传输方式；虚电路传输是一种面向连接的传输方式。

（3）数据报方式

数据报方式，每个分组自身携带有足够的信息（完整的地址信息），它的传送是被单独处理的。

数据报分组交换的特点如下：

1）事先无须建立连接，提供的是一种无连接的服务。

2）同一报文的不同分组可以由不同的传输路径通过网络。

3）同一报文的不同分组到达目的节点时可能出现乱序、重复与丢失现象。

4）每一个分组在传输过程中都必须带有目的地址与源地址，增大了传输开销。

5）数据报方式报文传输延迟较大，适用于突发性通信，不适用于长报文、会话式通信。

（4）虚电路方式

虚电路方式试图将数据报方式和电路交换方式结合起来，发挥两者的优点。虚电路交换的数据传输过程与电路交换方式类似，也属于面向连接的服务。这种方式要求发送端和接收端之间在开始传输数据分组之前通过通信网络建立一条固定的逻辑通路（而不是物理线路），一旦连接建立，用户发送的分组将沿这条逻辑通路按顺序通过到达终点，这样每个交换节点就不必再为各数据包做路径选择判断。当用户不需要发送和接收数据时，可以释放这种连接。这种传输数据的逻辑通路就称为"虚电路"。

虚电路交换的通信过程包括虚电路建立、数据传输和虚电路拆除三个阶段。

虚电路分组交换的特点如下：

1）报文分组不必带目的地址、源地址等辅助信息，只需携带虚电路标识号。

2）不会出现分组丢失、重复、紊乱的现象，有质量保证。

3）分组通过虚电路上的每个节点时，节点只需要做差错检测，不需要做路径选择。

4）同一条物理线路上可以建立多条虚电路。

5）适用于实时数据的传送。

（5）典型应用

分组交换的一个典型应用为银行系统在线式信用卡（POS机）的验证。

4. 信元交换

（1）ATM模型

1）三个功能层：ATM物理层、ATM层和ATM适配层。

2）功能层的作用如下：

ATM物理层：利用通信线路的比特流传送功能，实现ATM信元流的传送。控制数据位在物理介质上的发送和接收，负责跟踪ATM信号边界，将ATM信元封装成数据帧。

ATM层：负责建立虚连接并通过ATM网络传送ATM信元。

ATM适配层：主要任务是在上层协议处理所产生的数据单元和ATM信元之间，建立一种转换关系，同时还要完成数据包的分段和组装。

（2）典型应用

1）对带宽要求高和对服务质量要求高的应用。

2）广域网主干线。

典型例题

【例1】（单项选择题）关于数据报交换，以下说法正确的是（　　　）。

  A．事先须建立连接

  B．先发出的分组一定先到达目的地址

  C．不同的分组必须沿同一路径到达目的节点

  D．每个分组都必须携带完整的目的地址

【解析】本题考查数据报交换的特点。数据报分组交换的特点如下：

1）事先无须建立连接，提供的是一种无连接的服务，因此A选项错误。

2）同一报文的不同分组到达目的节点时可能出现乱序、重复或丢失现象，网络本身不负责可靠性问题，需要端系统的高层协议软件解决，因此B选项错误，先发出的分组不一定先到达目的地址。

3）同一报文的不同分组可能经由不同的传输路径通过网络，因此C选项错误。

4）每一个数据报分组都必须带有源节点和目的节点的完整地址，增大了传输开销。

【答案】D

【例2】（单项选择题）以下不是虚电路交换的三个阶段的是（　　　）。

  A．虚电路建立 B．数据传输 C．虚电路拆除 D．报文存储

【解析】本题考查虚电路交换的通信过程。虚电路交换的通信过程包括虚电路建立、数据传输和虚电路拆除三个阶段。

【答案】D

【例3】（单项选择题）电子邮件系统采用的交换技术是（　　　）。

  A．电路交换 B．分组交换 C．报文交换 D．信息交换

【解析】本题考查报文交换典型应用。报文交换典型应用：电子邮件系统（E-mail）、电报。

【答案】C

知识测评

一、单项选择题

1．下列交换方式中，其系统没有存储数据能力的是（　　　）。

A. 数据报方式　　　　　　　　　　　B. 虚电路方式

C. 电路交换方式　　　　　　　　　　D. 报文交换方式

2. 以下交换方式中,传递时延最小的是(　　　)。

A. 电路交换　　　B. 报文交换　　　C. 分组交换　　　D. 信元交换

3. ATM采用固定长度的信息交换单元,信元的长度为(　　　)。

A. 43B　　　　　B. 5B　　　　　C. 48B　　　　　D. 53B

4. 电话系统是采用电路交换来实现数据交换的,该交换技术的特点是(　　　)。

A. 通信无损耗　　　　　　　　　　B. 其信道可以共享

C. 时延短　　　　　　　　　　　　D. 可以把一个报文发送到多个目的节点中

5. 以下关于虚电路分组交换的说法,正确的是(　　　)。

A. 网络节点要为每个分组做出路由选择　B. 使所有分组按顺序到达目的系统

C. 在整个传送过程中,不需建立虚电路　D. 每个分组自身携带有足够的地址信息

6. 虚电路交换的数据传输过程与电路交换方式类似,也是属于面向连接的服务,以下通信过程可以省去的是(　　　)。

A. 建立逻辑连接　　B. 结束本次连接　　C. 传输数据　　D. 建立物理连接

7. 数据交换技术不包括(　　　)。

A. 电路交换　　　B. 报文交换　　　C. 分组交换　　　D. 信息交换

8. 下列交换方式能最有效地使用网络带宽的是(　　　)。

A. 电路交换　　　B. 信息交换　　　C. 报文交换　　　D. 各种方法都一样

9. 与电路交换相比,报文交换最大的优点是(　　　)。

A. 能差错控制及码制转换　　　　　B. 不能实现链路共享

C. 能满足实时应用要求　　　　　　D. 系统需有存储功能

10. 以下说法正确的是(　　　)。

A. IP电话使用报文交换技术　　　　B. 电报使用电路交换技术

C. 专线电话使用电路交换技术　　　D. 电子邮件系统使用分组交换技术

11. 世界上最早的分组交换网是(　　　)。

A. APRANET　　B. BITNET　　C. NSFNET　　D. CSNET

二、多项选择题

1. 以下说法正确的是(　　　)。

A. 公用电话交换网(PSTN)使用的是电路交换技术

B. 局域网中的以太网采用的是信元交换技术

C. 世界上现有的公用数据网大多采用分组交换技术

D. 广域网主干线采用信元交换技术

2. 下面关于ATM的说法正确的是（　　　）。

    A. 是一种面向连接的交换技术

    B. 吸取了分组交换高效率和电路交换高速率的优点

    C. ATM适配层主要负责建立虚连接并通过ATM网络传送ATM信元

    D. ATM适配层完成数据包的分段和组装

3. ATM模型的三个功能层分别是（　　　）。

    A. ATM物理层　　　B. ATM层　　　　　C. ATM连接层　　　D. ATM适配层

4. 以下关于数据交换技术的说法，正确的有（　　　）。

    A. 电路交换要求在通信的双方之间建立起一条实际的物理通路，一旦通信线路建立，这对端点就独占该条物理通道，直至通信线路被取消

    B. 报文交换不需要建立专门的物理通路，多个用户的数据可以共享一条线路

    C. 报文交换能满足实时或交互式的通信要求

    D. 报文交换将一个大报文分割成分组，并以分组为单位进行存储转发，在接收端再将各分组重新组装成一个完整的报文

5. 采用"存储-转发"方式的交换技术有（　　　）。

    A. 电路交换技术　　　　　　　　　　B. 报文交换技术

    C. 虚电路交换技术　　　　　　　　　D. 数据报交换技术

三、判断题

1. 报文交换在数据传送之前必须建立一条完全的通路。　　　　　　　　（　　）

2. 数据报交换的线路利用率低于电路交换。　　　　　　　　　　　　（　　）

3. 报文交换、数据报交换、虚电路交换都是"存储-转发"方式。　　　（　　）

4. 数据报交换是单个分组传送到相邻节点。　　　　　　　　　　　　（　　）

5. 虚电路交换是整个报文的比特流连续地从源点直达终点，好像在一个管道中传送。

                                           （　　）

四、填空题

1. 虚电路在传输数据分组之前，必须建立一条从发送端到接收端的＿＿＿＿。

2. 信元主要包含＿＿＿＿和＿＿＿＿两部分组成，其中前者的大小为＿＿＿字节；后者的大小为＿＿＿字节。

3. 电话广泛采用的是＿＿＿交换技术。

4. 分组存储转发交换方式，又可以分为＿＿＿、＿＿＿。

5. 数据交换技术按占用信道的方式划分，可分为＿＿＿和＿＿＿。

五、简答题

1. 报文交换与电路交换对比，有什么优点、缺点？

2. 什么是分组交换？它有什么优点？

学习目标

➢ 理解数据出现差错的原因。

➢ 理解数据传输的差错校验方式。

➢ 掌握奇偶校验方法。

➢ 掌握循环冗余校验码方法。

➢ 实现纠错的模式化、规范化。

内容梳理

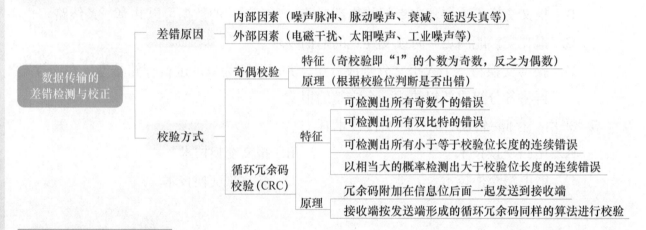

知识概要

差错控制，在数字通信中利用编码方法对传输中产生的差错进行控制，以提高数字消息传输的准确性。为了确保无差错地传输，数字通信系统必须具有检错和纠错的功能。

数据传输中出现差错有多种原因，一般分成内部因素和外部因素。内部因素有噪声脉冲、脉动噪声、衰减、延迟失真等；外部因素有电磁干扰、太阳噪声、工业噪声等。

常用的校验方式有奇偶校验和循环冗余码校验。

1. 奇偶校验

奇偶校验是一种校验代码传输正确性的方法。根据被传输的一组二进制代码的数位中"1"的个数是奇数或偶数来进行校验。采用奇数的称为奇校验，反之就称为偶校验。采用何种校验是事先规定好的，通常设置校验位，用它约定代码中"1"的个数为奇数或偶数。采用奇偶校验时，若其中两位同时发生跳变，则会发生没有检测出错误的情况，奇偶校验如图2-8所示。

2. 循环冗余码校验

循环冗余码（Cyclic Redundancy Code, CRC）又称为多项式码。CRC的工作方法是在发送端产生一个冗余码，附加在信息位后面一起发送到接收端，接收端收到的信息按发送端形成循环冗余码同样的算法进行校验，如果发现错误，则通知发送端重发。这种编码对随机差错和突发差错均能进行严格的检查，循环冗余码校验如图2-9所示。

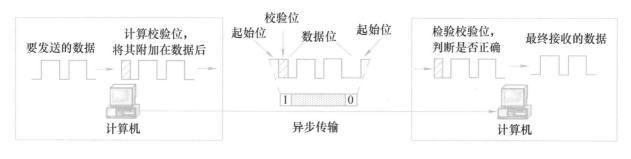

图2-8 奇偶校验

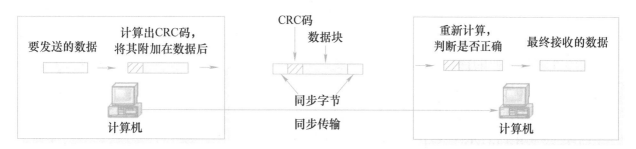

图2-9 循环冗余码校验

应知应会

循环冗余码（CRC）利用除法（模2除法）及余数的原理来作差错检测。在发送端，将要发送的原始数据比特序列当作一个多项式$K(X)$的系数，发送时双方预先约定一个生成多项式$G(X)$，生成多项式的最高次幂即为循环冗余码的位数，冗余码位数为r，因此冗余码（CRC码）为$R(X)=X^r \times K(X)/ G(X)$，把冗余码附加到原始数据多项式之后一同发送到接收端，即要发送的码字为$T(X)=X^r \times K(X)+R(X)$。

接收端用接收到的数据除以同样的$G(X)$，若余数为0，则表示接收的数据正确，若余数不为0，则表明数据在传输的过程中出错，CRC工作原理如图2-10所示。

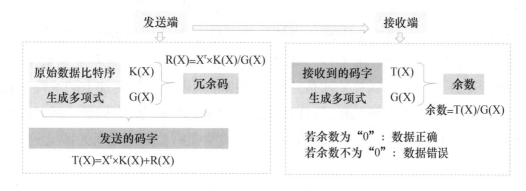

图2-10 CRC工作原理

例题：待传输的原始数据比特序列为110011，生成多项式$G(X)=X^4+X$，求要传送的码字以及冗余码。

1）原始数据序列可表示为多项式$K(X)=X^5 + X^4 + X+ 1$，生成多项式$G(X)$的最高次幂为4，即循环冗余码的位数r=4。

因此冗余码（CRC码）为

$$R(X)=X^4 \times K(X)/ G(X)$$
$$=X^4 \times (X^5 + X^4 + X+ 1)/(X^4+X)$$
$$=(X^9 + X^8 + X^5+ X^4)/(X^4+X)$$

通过模2除法计算得知：冗余码为1010，即$R(X)=X^3+X$。

2）要发送的码字：

$$T(X)=X^r \times K(X)+R(X)$$
$$=X^4 \times (X^5 + X^4 + X+ 1)+(X^3+X)$$
$$=X^9 + X^8 + X^5 + X^4+X^3+X$$

即要发送的码字为1100111010。

循环冗余校验码的检错能力有以下特点：

1）可检测出所有奇数个的错误。

2）可检测出所有双比特的错误。

3）可检测出所有小于等于校验位长度的连续错误。

4）以相当大的概率检测出大于校验位长度的连续错误。

典型例题

【例1】（单项选择题）CRC的工作方法是在发送端产生一个（   ），附加在信息位后面一起发送到接收端。

    A. 冗余码　　　　　B. 奇偶校验码　　　C. 序列码　　　　　D. 生成码

【解析】本题考查CRC工作方法。CRC的工作方法是在发送端产生一个冗余码，附加在信息位后面一起发送到接收端。

【答案】A

【例2】（判断题）采用奇偶校验时，若其中两位同时发生跳变，可以检测出错误的情况。（   ）

【解析】本题考查奇偶校验原理。奇校验就是让原有数据序列中（包括要加上的一位）1的个数为奇数。如1000110（0），必须添0，这样原来有3个1已经是奇数了，所以添上0之后1的个数还是奇数。偶校验就是让原有数据序列中（包括要加上的一位）1的个数为偶数。如1000110（1）必须加1，这样原来有3个1要想1的个数为偶数，就只能添1了。采用奇偶校验时，若其中两位同时发生跳变，则会发生没有检测出错误的情况。

【答案】错误

知识测评

一、单项选择题

1. 差错控制编码可分为（   ）。

    A. 检错码和纠错码　　　　　　　　　　B. 归零编码和不归零编码

C. 曼彻斯特编码和差分曼彻斯特编码　　D. 奇偶校验码和CRC码

2. 奇偶校验码是一种（　　　）。

　　A. 非归零码　　　　B. 曼彻斯特码　　　C. 检错码　　　　D. 纠错码

3. 以下为检错码的是（　　　）。

　　A. 非归零码　　　B. 曼彻斯特码　　　C. 奇偶校验码　　　D. 循环冗余码

4. 循环冗余码校验的生成多项式$G(X)=X^6+X^4+X^2+1$，则对应的冗余码位数是（　　　）。

　　A. 7　　　　　　　B. 1　　　　　　　C. 12　　　　　　　D. 6

5. 在循环冗余码中，生成多项式的二进制序列为10110，则该生成多项式是（　　　）。

　　A. $X^4+X^2+X^1$　　　B. X^4+X^2+1　　　C. $X^5+X^3+X^2$　　　D. X^5+X^3+1

6. 在奇校验中，原始数据序列为1000111，那么其校验位应该为（　　　）。

　　A. 0　　　　　　　B. 1　　　　　　　C. 2　　　　　　　D. 11

7. 为了确保无差错地传输，数据传输过程中必须具有检错和纠错的功能。常用的校验方式有（　　　）。

　　A. 归零编码　　　　　　　　　　　B. 奇偶校验

　　C. 差分曼彻斯特编码　　　　　　　D. CRC

二、多项选择题

1. 以下关于循环冗余校验码的说法正确的是（　　　　）。

　　A. 可检测出所有偶数个的错误

　　B. 可检测出所有双比特的错误

　　C. 可检测出所有小于等于校验位长度的连续错误

　　D. 以相当大的概率检测出小于校验位长度的连续错误

2. 以下（　　　）是数据传输中出现差错的原因。

　　A. 噪声脉冲　　　B. 传输速率　　　C. 衰减　　　　D. 延迟失真

3. 采用奇偶校验时，原始数据序列为8位。若其中（　　　）位同时发生跳变，则会发生没有检测出错误的情况。

　　A. 1　　　　　　B. 2　　　　　　C. 3　　　　　D. 4

三、判断题

1. 数字通信中，任何一位出错对传输结果都没什么影响。　　　　　　　　　（　　）

2. 数字通信系统需要差错控制技术来保证计算机通信中数据传输的正确性。　（　　）

3. 电磁干扰、太阳噪声能使数据在传输中出现差错。　　　　　　　　　　（　　）

4. 任何通信线路上，都不存在噪声和干扰信号。　　　　　　　　　　　　（　　）

5. 循环冗余码中，如果发现错误，则能纠正错误的码。　　　　　　　　　（　　）

四、填空题

1. 传输差错可以分为两类，一类是随机差错，另一类是_____差错。

2. 偶检验码是一种常用的检错码，其校验规则是：在原信息位附加一个检验位，将其值置为"0"或"1"，使整个数据码中"1"的个数成为_____。

3. 字符A的ASCII码从高位到低位依次为"1000001"，若采用偶校验，在原始数据序列的最后添加校验位，则输出字符为_____。

4. 在奇校验中，原始数据序列为1000111，那么其校验位应该为_____。

五、简答题

1. 已知原始数据序列为10101，生成多项式$G(X)=X^3+X^1$，求冗余码和要发送的码字。

2. 检错码和纠错码有何不同？各有何优缺点？

2.6 单元测试

单元2　单元检测卷　卷I

一、单项选择题

1. （　　）用来表示网络速度，是信道中最高频率上限与最低频率下限之差。
   A. 宽带　　　　　　B. 信道带宽　　　　C. 信道容量　　　　D. 信道速率

2. 传输速率的单位为bit/s是指（　　）。
   A. 每秒传输多少比特　　　　　　　　B. 每秒传输多少公里
   C. 每秒传输多少字节　　　　　　　　D. 每秒传输多少数据

3. 在数据通信系统中，用来衡量可靠性指标的是（　　）。
   A. 误码率　　　　　B. 吞吐量　　　　　C. 带宽　　　　　　D. 传输速率

4. （　　）是信息的载体。
   A. 数据　　　　　　B. 信号　　　　　　C. 信道　　　　　　D. 信元

5. 以下组成的集合不是信息的是（　　）。
   A. 符号　　　　　　B. 数字　　　　　　C. 语音　　　　　　D. 字母

6. 以下（　　）的功能是为了完成数据信号的变换。
   A. 数据通信设备　　B. 数据终端设备　　C. 输入输出控制器　D. 计算机

7. 关于信道，（　　）与其他的分类标准不一样。
   A. 有线信道　　　　B. 无线信道　　　　C. 卫星信道　　　　D. 模拟信道

8. 半双工通信的特点是（　　）。
   A. 只能发送　　　　　　　　　　　　B. 能同时发送和接收
   C. 能发送和接收，但必须交替进行　　D. 只能接收

9. 以下传输方式中，需事先发送一个同步字节用于接收方进行同步检测的是（　　）。
   A. 串行传输　　　　B. 异步传输　　　　C. 同步传输　　　　D. 并行传输

10. 以下（　　）编码过程为采样、量化、编码。
    A. 曼彻斯特编码　　　　　　　　　　B. PCM

C. 单极性不归零码　　　　　　　　D. 差分曼彻斯特编码

11. 靠不同的编码来区分各路原始信号的是（　　　）。

    A. 频分多路复用　B. 时分多路复用　C. 码分多路复用　D. 波分多路复用

12. （　　　）可用于模拟传输系统，每个频率是一条信道。

    A. FDM　　　　　B. CDM　　　　　C. SDTM　　　　D. WDM

13. 在光通信领域，采用（　　　）技术。

    A. 码分复用　　　B. 频分复用　　　C. 时分复用　　　D. 波分复用

14. 有线电视中，采用（　　　）技术进行传输频道。

    A. 频分复用　　　B. 码分多址　　　C. 时分复用　　　D. 波分复用

15. ATM采用固定长度的信息交换单元，其信元头的长度为（　　　）。

    A. 43字节　　　　B. 5字节　　　　C. 48字节　　　　D. 53字节

16. 以下关于虚电路分组交换的说法，错误的是（　　　）。

    A. 有质量保证　　　　　　　　　　B. 在整个传送过程中，需建立虚电路

    C. 每个分组只携带虚电路标识号　　D. 不能实时传送

17. 以下不是虚电路交换通信过程的是（　　　）。

    A. 建立物理连接　B. 结束本次连接　C. 传输数据　　　D. 建立逻辑连接

18. 以下不是ATM模型的三个功能层的是（　　　）。

    A. ATM物理层　　B. ATM层　　　　C. ATM连接层　　D. ATM适配层

19. 下列不是采用"存储-转发"方式的交换技术是（　　　）。

    A. 电路交换技术　B. 报文交换技术　C. 虚电路交换技术　D. 数据报交换技术

20. 以下关于报文交换技术的说法，错误的是（　　　）。

    A. 采用"存储-转发"方式

    B. 独占线路

    C. 实现报文的差错控制及码制转换

    D. 报文中除包括用户要传送的信息外，还有源地址和目的地址等信息

二、判断题

1. 信息是数据的内容和解释，信息是对客观事物属性和特性的描述。　　（　　　）

2. 计算机网络传送中的每一位二进制称为码字。　　　　　　　　　　（　　　）

3. 全双工通信只有一个传输通道。　　　　　　　　　　　　　　　　（　　　）

4. 并行通信是数据逐位依次在一条信道上传输。　　　　　　　　　　（　　　）

5. 有线电视中，采用时分复用技术进行传输频道。　　　　　　　　　（　　　）

6. 波分复用技术可以满足通信需求量的迅速增长和多媒体通信。　　　（　　　）

7. 蜂窝移动通信使用码分复用技术。　　　　　　　　　　　　　　　（　　　）

8. 时分复用技术需要用到调制解调技术。　　　　　　　　　　　　　（　　　）

9. 频分复用技术的不同信号的频率各不相同，在一个信道内并行传输。（　　　）

10. 数据交换技术包括电路交换、报文交换、分组交换和信息交换。　（　　　）

11. 电子邮件系统使用分组交换技术。 （ ）

12. ATM适配层主要负责跟踪ATM信号边界，将ATM信元封装成数据帧。 （ ）

13. 电路交换的通信过程需要经历三个阶段：电路建立阶段、数据传输阶段和释放电路连接阶段。 （ ）

14. 数据报交换技术提供的是一种面向连接的服务。 （ ）

15. 虚电路在数据传输之前需建立一条从发送端到接收端的物理通路。 （ ）

16. 分组交换中，分组在各节点存储转发时不需要排队。 （ ）

17. 循环冗余码可以检测出所有偶数个的错误。 （ ）

18. 奇偶校验码可以检测出所有小于等于校验位长度的连续错误。 （ ）

19. 延迟失真可以导致数据传输时出现差错。 （ ）

20. 采用奇偶校验时，原始数据序列为10位。若其中2位同时发生跳变，则会发生没有检测出错误的情况。 （ ）

三、填空题

1. 信号是数据在传输过程中的表示形式。信号可分为_____和_____。

2. 将模拟数据信号转换成数字信号的过程称为_____。

3. 调制是载波信号的三要素（幅度、频率、相位）中一个或是几个随原始数字信号变化而变化，因此调制方法可分为_____、_____和_____。

4. 计算机内的数据总线是_____传输。

5. 多路复用技术，是为了_____和_____。

6. APRANET是最早的_____交换网。

7. 广域网主干线采用_____交换技术。

8. 数据报交换属于_____交换。

9. 差错控制编码可分为_____和_____。

10. CRC的工作方法是在发送端产生一个_____，附加在信息位后面一起发送到接收端。

单元2 单元检测卷 卷Ⅱ

一、单项选择题

1. 关于信道容量，下列说法错误的是（ ）。

A. 信息的传输能力越大，信道容量越大 B. 信道容量用信息速率来表示

C. 信道所能提供的传输信息的最大能力 D. 以兆赫为单位的信道带宽

2. 已知信号在信道上的传播速率为6×10^8m/s，该信道长度为4800m，则其单程的传播时延为（ ）ms。

A. 8 B. 16 C. 160 D. 80

3. 若信道的距离为300km，而信号传播速度是$2×10^7$m/s，数据块长度为10^3bit，数据发送速率为10^5bit/s，则发送时延是（　　　）ms。

    A. 15   B. 10   C. 3000   D. 0.05

4. 已知某数据的传输速率为3000bit/s，采用8电平传输，则其波特率为（　　　）。

    A. 375Baud   B. 1000Baud   C. 9000Baud   D. 24000Baud

5. 已知某信道的频率范围为600～7800Hz，则该信道的带宽为（　　　）。

    A. 7200Hz   B. 7800Hz   C. 8400Hz   D. 15600Hz

6. 以下通信场景中，可以同时单向传送数据的是（　　　）。

    A. 电话   B. 广播

    C. 高清电视节目中的互动点播   D. 对讲机

7. 以下（　　　）的情况，在传输前需要进行编码优化。

    A. 数字数据在数字信道上   B. 数字数据在模拟信道上

    C. 模拟数据在数字信道上   D. 模拟数据在模拟信道上

8. 以下方法中，（　　　）是利用改变载波信号的频率来传递信息。

    A. ASK   B. PSK   C. PCM   D. FSK

9. 主机与键盘之间的通信的传输方法为（　　　）。

    A. 同步传输   B. 基带传输   C. 异步传输   D. 频带传输

10. 在低速的网络中，一般采用（　　　）的数字信号编码。

    A. 双相位编码   B. 单极性不归零码 C. 全宽码   D. 双极性不归零码

11. 数字传输系统，利用（　　　）。

    A. 时分复用技术 B. 频分复用技术 C. 波分复用技术 D. 码分复用技术

12. 下列交换方式中，需建立实际的物理连接是（　　　）。

    A. 数据报方式   B. 虚电路方式   C. 电路交换方式 D. 报文交换方式

13. 以下交换方式中，不会出现分组丢失、重复、紊乱现象，有质量保证的是（　　　）。

    A. 电路交换   B. 报文交换   C. 虚电路交换   D. 数据报交换

14. 公用电话交换网采用的交换技术特点是（　　　）。

    A. 实时性强   B. 其信道可以共享

    C. 时延很大   D. 可以把一个报文发送到多个目的节点中

15. 循环冗余码校验的生成多项式$G(X)=X^8+X^7+X^4$，则对应的冗余码位数是（　　　）。

    A. 9   B. 8   C. 3   D. 4

16. 在循环冗余码中，生成多项式的二进制序列为111011，则生成多项式是（　　　）。

    A. $X^5+X^4+X^3+X$ B. $X^6+X^5+X^4+X^2+X$

    C. $X^5+X^4+X^3+X+1$ D. $X^6+X^5+X^4+X^2+1$

17. 以下关于分组交换的说法，错误的是（　　　）。

    A. 传输交换的是分组数据，该分组的长度受限制

B. 每个分组需加上地址信息

C. 各分组可以独立路由，选择最佳路径

D. 分组交换是面向连接的

二、多项选择题

1. 以下是数字信号的是（　　　）。

    A. 计算机数据　　　B. 数字电视　　　　C. 数码相机　　　　D. 电磁波

2. 在下列说法中错误的是（　　　）。

    A. 宽带传输可实现声音、文字和图像的一体化传输

    B. 宽带传输的距离比基带传输近

    C. 频带信号是信源发出的、没有经过调制的原始电信号

    D. 频带传输系统中需要安装调制器和解调器

3. 以下是检错码的有（　　　）。

    A. 非归零码　　　　B. 曼彻斯特码　　　C. 奇偶校验　　　　D. 循环冗余码校验

三、判断题

1. 同步传输一次只传输一个字符。　　　　　　　　　　　　　　　　　　　　（　　）

2. 曼彻斯特编码与不归零码相比，曼彻斯特编码需要双倍的传输带宽，这是因为每个码元的中间均发生跳变。　　　　　　　　　　　　　　　　　　　　　　　（　　）

3. "100Base-T"中的100是指信号的传输率为100bit/s。　　　　　　　　（　　）

4. 复用器是让各路信号合起来使用一个信道。　　　　　　　　　　　　　　（　　）

5. 载波电话系统使用的是频分复用技术。　　　　　　　　　　　　　　　　（　　）

6. 与电路交换相比，报文交换线路利用率高。　　　　　　　　　　　　　　（　　）

7. IP电话使用报文交换技术。　　　　　　　　　　　　　　　　　　　　　（　　）

8. 电报使用报文交换技术。　　　　　　　　　　　　　　　　　　　　　　（　　）

9. 奇偶校验码中，如果发现错误，只能检查到该码出错了，不能纠正错误的码。（　　）

10. 偶校验是使整个数据码中的0的个数为偶数。　　　　　　　　　　　　　（　　）

四、填空题

1. 若信宿接收到10 000 000个码元，发现有3个码元出错，那么误码率为_____。

2. 专线电话使用_____交换技术。

3. 字符H的ASCII码从高位到低位依次为1001000，若采用奇数校验，在原始数据序列的最后添加校验位，则输出字符为_____。

4. 在偶校验中，原始数据序列为1110010101，那么其校验位应该为_____。

5. 局域网中的以太网采用_____交换技术。

五、简答题

1. 虚电路交换的通信过程是什么？什么是虚电路分组交换的特点？

2. 数字数据的模拟传输的实现需要进行调制与解调，调制的原理是什么？

单元3
计算机网络体系结构

网络体系结构是指通信系统的整体设计，它为网络硬件、软件、协议、存取控制和拓扑提供标准。计算机网络将一个很庞大的世界关联成了一个整体，让这个世界变得很小。通过计算机网络，原来不认识的人可能认识了，原来不懂的问题现在也明白了，人与人之间可以通过计算机网络进行交流和沟通。科学技术催生了网络的成长，网络也促进了科学技术的进步，推动了创新发展，可谓是相辅相成。网络的出现促进了生活方式的转变，社会也对网络的发展提出了更加严格的要求，网络在社会促进中不断发展。

3.1 网络协议和网络体系结构

学习目标

➢ 理解网络协议的概念。
➢ 理解网络体系结构的概念。
➢ 理解实体、对等实体、协议、协议数据单元、接口、接口数据单元之间的关系。
➢ 掌握网络协议三要素概念和工作原理。
➢ 掌握构建网络体系结构框架。

内容梳理

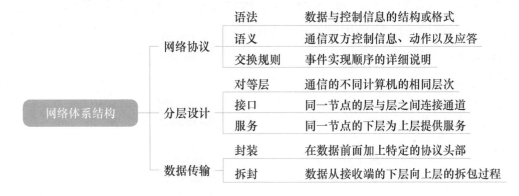

		语法	数据与控制信息的结构或格式
	网络协议	语义	通信双方控制信息、动作以及应答
		交换规则	事件实现顺序的详细说明
网络体系结构	分层设计	对等层	通信的不同计算机的相同层次
		接口	同一节点的层与层之间连接通道
		服务	同一节点的下层为上层提供服务
	数据传输	封装	在数据前面加上特定的协议头部
		拆封	数据从接收端的下层向上层的拆包过程

知识概要

计算机网络体系结构相当复杂，且具有一定的程序性和系统性，它可以被认为是一个具有一定的系统性、复杂性以及其他特征的独立系统，而计算机网络体系结构的一个重要特征就是过程性。计算机网络和分布系统中，互相通信的对等实体间交换信息时所必须遵守的规则的集合构成了网络协议。计算机之间相互通信的层次，以及各层中的协议和层次之间接口的集合构成了网络体系结构。

1. 网络协议的概念

网络协议也称网络通信协议，是计算机网络中为进行数据通信而制定的通信双方共同遵守的规则、标准或约定的集合。网络通信协议主要由语法、语义、时序三个部分组成，称为协议三要素。

1）语法。用于确定协议元素的格式，即数据与控制信息的结构或格式。

2）语义。用于确定协议元素的类型，即需要发出何种控制信息，完成何种动作以及做出何种响应。

3）时序。规定了信息交流的次序，用于确定通信速度的匹配和时序，即事件实现顺序的详细说明。

通信协议三要素实际上规定了通信的双方彼此之间怎样交流、交流什么及交互顺序等问题，人们形象地描述为：语法——怎么讲？语义——讲什么？时序——何时讲？

2. 网络体系结构的概念

网络体系结构是网络层次结构模型与各层协议的集合。网络体系结构是为了完成计算机间的协同工作，把计算机间互联的功能划分成具有明确定义的层次，规定了同层次进程通信的协议及相邻层之间的接口服务，下层为上层服务。

网络体系结构是抽象的，而体系结构的实现是具体的、能够运行的软件和硬件。计算机网络的层次结构采用垂直分层模型表示。

（1）网络体系结构各层次关系

1）以功能作为划分层次的基础，且每层功能明确，相互独立。

2）第N-1层为第N层提供服务。

3）第N层的实体实现自身功能的同时，直接使用第N-1层的服务，并通过第N-1层间接使用第N-1层以下各层的服务。

4）各层仅在相邻层有接口，且所提供的具体实现对上一层完全屏蔽。

（2）计算机网络体系结构采用分层模型的优点

1）各层功能相互独立。

2）灵活性好。

3）各层对上层屏蔽下层的差异性。

4）易于实现和维护。

5）便于理解，有助于标准化。

应知应会

1）网络体系结构是层次和协议的集合。

2）网络协议是通信双方在通信中必须遵守的规则，用来描述进程之间信息交换过程的一种术语。

3）协议三要素：语法、语义和交换规则（时序、定时）。①语法：规定数据与控制信息的结构和格式。②语义：规定通信双方要发出何种控制信息、完成何种动作以及做出何种应答。③交换规则：规定事件实现顺序的详细说明。

4）分层设计原则明确了每层的功能，层数不宜太多也不能太少。网络中进行通信的每一个节点都具有相同的分层结构，不同节点的相同层次具有相同的功能，不同节点的相同层次通信使用相同的协议。协议是对等层通信时遵守的规则，是水平的。通信节点之间的对等层，指的是通信的不同计算机的相同层次。同一节点之间的层与层之间通过接口提供服务，并且是下层为上层提供服务。

5）数据传输的过程：①数据从发送端的最高层开始，自上而下逐层封装。②到达发送端的最底层，经过物理介质到达目的端。③目的端将接收到的数据自下而上逐层拆封。④由最高层将数据交给目标进程。

6）封装：在数据前面加上特定的协议头部。

7）层次和协议的关系：每层可能有若干个协议，一个协议只属于一个层次。

8）协议数据单元（PDU）：对等层之间交换的信息报文。

9）网络服务：计算机网络提供的服务可以分为两种，即面向连接服务（TCP）和无连接服务（UDP）。

典型例题

【例1】（单项选择题）为网络数据交换而制定的规则、约定与标准的集合称为（　　）。

    A. 网络规则　　　　B. 网络协议　　　　C. 网络标准　　　　D. 网络安全

【解析】本题主要考查学生对网络协议的理解。为网络数据交换而制定的规则、约定与标准的集合称为网络协议。

【答案】B

【例2】（单项选择题）网络协议三要素组成不包括（　　）。

    A. 语感　　　　　　B. 时序　　　　　　C. 语法　　　　　　D. 语义

【解析】本题主要考查网络协议的三要素。网络协议三要素是语法、语义、时序（同步）。

【答案】A

【例3】（多项选择题）网络通信协议的层次结构有（　　）特征。

    A. 每一层都规定有明确的任务和接口标准

    B. 除最底层外，每一层都向上一层提供服务，上一层是下一层的用户

    C. 用户的应用程序在应用层

    D. 物理层线路在第二层，是提供服务的基础

    E. 上一层只需要知道下层提供什么样的服务，不需要知道下层服务是如何实现的

【解析】网络体系结构分层的优点：各层之间是独立的，某一层可以使用下一层提供的服务而不需要知道服务是如何实现的；灵活性好，相邻层有接口，且所提供的具体实现对上一层

单元3　计算机网络体系结构

完全屏蔽；当某一层发生变化时，只要其接口关系不变，则这层以上或以下均不受影响。

【答案】 ABCE

一、单项选择题

1. 联网计算机在相互通信时必须遵循统一的（   ）。

     A. 软件规范   B. 网络协议   C. 路由算法   D. 安全规范

2. （   ）是指为网络数据交换而制定的规则、约定与通信标准。

     A. 接口   B. 层次   C. 体系结构   D. 网络协议

3. 协议是在两实体间控制数据交换的规则的集合。不是协议的组成成分有（   ）。

     A. 语法   B. 语义   C. 时序   D. 格式

4. 计算机网络的层次结构采用（   ）模型表示。

     A. 垂直分层   B. 水平分层   C. 平行排列   D. 图形结构

5. 在计算机网络体系结构中，要采用分层结构的理由是（   ）。

     A. 可以简化计算机网络的实现

     B. 各层功能相对独立，各层因技术进步而做的改动不会影响到其他层，从而保持
        体系结构的稳定性

     C. 比模块结构好

     D. 只允许每层和其上、下相邻层发生联系

6. 不同通信节点上的同一层实体称为（   ）。

     A. 对应实体   B. 相应实体   C. 相等实体   D. 对等实体

7. 以下关于网络体系结构的描述中，错误的是（   ）。

     A. 网络体系结构是抽象的，而实现是具体的

     B. 层次结构的各层之间相对独立

     C. 网络体系结构对实现所规定功能的硬件和软件有明确的定义

     D. 当任何一层发生变化时，只要接口保持不变，其他各层均不受影响

8. 以下关于网络协议的描述中，错误的是（   ）。

     A. 为保证网络中节点之间有条不紊地交换数据，需要制定一套网络协议

     B. 网络协议的语义规定了用户数据下控制信息的结构和格式

     C. 层次结构是网络协议最有效的组织方式

     D. OSI参考模型将网络协议划分为7个层次

9. 计算机网络中，分层方法和协议的集合称为计算机网络的（   ）。

     A. 组成结构   B. 体系结构   C. 拓扑结构   D. 模型结构

10. 如果定义某协议报文第一个字节取值为4时表示第4版本，则该定义属于协议规范
的（   ）范畴。

     A. 语法   B. 时序   C. 编码   D. 语义

二、多项选择题

1. 关于网络体系结构的分层原则，下列说法正确的有（　　　　）。

    A. 各层功能明确，相互独立

    B. 上层为下层服务

    C. 下层所提供的具体实现对上一层完全屏蔽

    D. 直接的数据传送仅在最低层实现

2. OSI模型抽象出来的服务原语的类型有（　　　　）。

    A. 请求　　　　　　　B. 指示　　　　　　　C. 响应　　　　　　　D. 确认

三、判断题

1. 计算机网络体系结构是层次和协议的集合。（　　）
2. 计算机网络体系结构的层次分得越多越细则网络系统越容易实现。（　　）
3. 国际标准化组织ISO是在1977年成立的。（　　）
4. TCP/IP模型和OSI参考模型都采用了分层体系结构。（　　）
5. 要访问Internet一定要安装TCP/IP。（　　）

四、填空题

1. OSI/RM的中文名称是_____。
2. 网络协议的三个基本要素分别是语法、语义和_____。
3. _____称为网络体系结构。
4. 把众多计算机有机连接起来要遵循规定的约定和规则，即_____。
5. 网络体系结构把计算机间互联的功能分成具有明确定义的层次，其中_____为_____服务。

五、简答题

1. 为什么要定义网络体系结构?
2. 简述为什么要对计算机网络进行分层，以及分层的一般原则。

3.2　OSI参考模型

学习目标

➢ 理解OSI参考模型数据传输过程。

➢ 掌握网络体系结构标准化建设历程。

➢ 熟练掌握OSI参考模型的层次划分原则。

➢ 掌握OSI参考模型七层的功能及其关系。

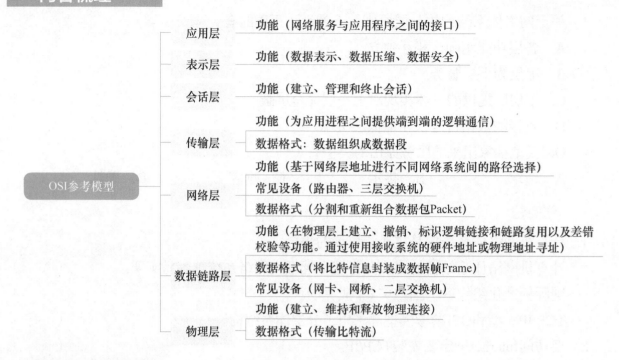

应用层 —— 功能（网络服务与应用程序之间的接口）

表示层 —— 功能（数据表示、数据压缩、数据安全）

会话层 —— 功能（建立、管理和终止会话）

传输层 —— 功能（为应用进程之间提供端到端的逻辑通信）
　　　　　 数据格式：数据组织成数据段

网络层 —— 功能（基于网络层地址进行不同网络系统间的路径选择）
　　　　　 常见设备（路由器、三层交换机）
　　　　　 数据格式（分割和重新组合数据包Packet）

数据链路层 —— 功能（在物理层上建立、撤销、标识逻辑链接和链路复用以及差错校验等功能。通过使用接收系统的硬件地址或物理地址寻址）
　　　　　　　 数据格式（将比特信息封装成数据帧Frame）
　　　　　　　 常见设备（网卡、网桥、二层交换机）

物理层 —— 功能（建立、维持和释放物理连接）
　　　　　 数据格式（传输比特流）

OSI参考模型

知识概要

开放系统互联参考模型（OSI）是国际标准化组织（ISO）和国际电报电话咨询委员会（CCITT）联合制定的开放系统互联参考模型，为开放式互联信息系统提供了一种功能结构的框架。

OSI参考模型将整个网络的功能划分为七层，在七层模型中，每一层都提供一个特殊的网络功能。从网络功能的角度观察，下面四层（物理层、数据链路层、网络层和传输层）主要提供数据传输和交换功能，即以节点到节点之间的通信为主；其中第四层作为上下两部分的桥梁，是整个网络体系结构中最为关键的部分；而上三层（会话层、表示层和应用层）则以提供用户与应用程序之间的信息和数据处理功能为主。简言之，下四层主要完成通信子网的功能，上三层主要完成资源子网的功能。

1. 网络体系结构标准化建设经历了两个阶段

1）第一阶段：各计算机制造厂商网络结构标准化；其缺点是一个公司的网络体系结构只在本公司范围内有效。

2）第二阶段：国际网络体系结构标准化，开放系统互联/参考模型（OSI/RM）；任何两个遵守OSI/RM的系统都可以进行互联。

2. 理解OSI参考模型的层次划分原则

1）网络中所有节点都划分为相同的层次结构。

2）不同节点的相同层次都有相同的功能。

3）同一节点内相邻层之间通过接口进行通信。

4）不同节点的对等层之间通过协议进行通信。

5）相邻层之间，下层为上层提供服务，同时上层使用下层提供的服务。

3. OSI参考模型七层功能及其关系

OSI参考模型是一种层次结构，它将整个网络的功能划分为七层，从低层到高层分别为：物理层、数据链路层、网络层、传输层、会话层、表示层和应用层。

1）OSI参考模型七层结构示意图如图3-1所示。

七层模型	各层的解释	数据单元
应用层	为应用程序提供服务；协议有：HTTP、FTP、TFTP、SMTP、SNMP、DNS、Telnet、HTTPS、POP3、DHCP	APDU
表示层	数据格式转化、加密；格式有：JPEG、ASCII、DECOIC、加密格式等	PPDU
会话层	建立、管理和维护会话	SPDU
传输层	管理端到端的连接；协议有：TCP、UDP	报
网络层	IP地址和路由选择；协议有：ICMP、IGMP、IP（IPV4、IPV6）、ARP、RARP	包
数据链路层	建立逻辑连接、进行硬件地址寻址、差错校验等功能	帧
物理层	建立、维护、释放物理连接	bit

图3-1　OSI参考模型七层结构示意图

2）OSI参考模型各层功能。

①物理层。物理层的数据单元是比特（bit），它向下直接与传输介质相连接，向上服务于数据链路层，其任务是实现物理上连接系统间的信息传输。其主要功能是物理连接的建立、维持和释放，利用传输介质为数据链路层提供连接。

物理层屏蔽了具体的通信介质、通信设备和通信方式的差异，为数据链路层提供服务。物理层的基本功能是负责实际或原始的数据"位"传送，目的是在数据终端设备（DTE）和数据通信设备（DCE）之间提供透明的比特流传输。

物理层的四个特性：物理特性（机械特性）、电气特性、功能特性、规程特性。

物理特性：规定了物理连接时所使用可接插连接器的形状和尺寸等。

电气特性：规定了物理连接上传输二进制比特流时线路上的信号电平高低、阻抗及传输速率与距离限制。

功能特性：规定了物理接口上各条信号线的功能分配和确切定义。

规程特性：定义了信号线进行二进制比特流传输时的一组操作过程，包括各信号线的工作规则和时序。

②数据链路层。数据链路层的数据单元是帧，它的任务是以物理层为基础，为网络层提供透明的、正确的和有效的传输线路，通过数据链路协议，实现对二进制数据正确、可靠的传输。数据链路的建立、拆除，数据的检错、纠错是数据链路层的基本任务，数据链路层将本质上不可靠的传输介质变成可靠的传输通路提供给网络层。

在IEEE 802.3协议中，数据链路层分成两个子层：逻辑链路控制子层（LLC）和介质访问控制子层（MAC）。

数据链路层主要功能：帧的封装与分解、链路管理、流量控制与顺序控制、差错控制、同步、透明传输和寻址、区分数据和控制信息等。

数据链路层的设备有网卡、网桥和二层交换机等。

③ 网络层。网络层的数据单元是数据包，它是OSI模型的第三层，负责向传输层提供服务，同时负责将网络地址翻译成对应的物理地址，它的主要任务是选择合适的路由，使得发送方发出的分组能够准确无误地按照地址找到目的站点。网络层的主要功能是路由选择、流量控制、拥塞控制、传输确认、中断、差错及故障的恢复等。常见的设备有路由器、三层交换机。

网络层提供的服务有无连接和面向连接两种类型，也称为数据报服务和虚电路服务。路由选择指网络中的节点根据通信网络的情况，按照一定的策略，选择一条可用的传输路由，把信息发往目标。路由既可以选用网络中固定的静态路由表，也可以根据当前网络的负载状况，灵活为每一个分组决定路由。

网络层关系到通信子网的运行控制，是通信子网中最复杂、关键的一层。

④ 传输层。传输层也称为运输层，一般由通信子网以外的主机完成这一部分功能，是唯一负责源端到目的端对数据传输和控制的一层。

传输层的数据单元是数据报，它是资源子网与通信子网的界面和桥梁。传输层下面三层（属于通信子网）面向数据通信，上面三层（属于资源子网）面向数据处理，是负责数据传输的最高一层；传输层位于高层和低层中间，起承上启下的作用。传输层的主要功能是接收由会话层来的数据，将其分成较小的信息单位，经通信子网实现两主机间端到端通信；提供建立、终止传输连接，实现相应服务；向高层提供可靠的透明数据传送，具有差错控制、流量控制及故障恢复功能。传输层的设备是网关。

传输层的两个主要作用：一是负责可靠的端到端通信，二是向会话层提供独立于网络的传输服务。

⑤ 会话层。会话是指在两个会话用户之间为交换信息而按照某种规则建立的一次暂时的连接。会话层具体实施服务请求者与服务提供者之间的通信，属于进程间通信的范畴。

会话层不参与具体的数据传输，但它对数据传输进行控制和管理，也对数据交换进行管理。会话层的主要功能是使应用建立并维持会话，对会话进行管理和同步，以及会话过程中的重新同步。

⑥ 表示层。表示层的作用是屏蔽不同计算机在信息表示方面的差异。

表示层为应用层服务，主要处理不同系统被传送数据的表示问题，解释所交换数据的意义，进行数据压缩、各种变换（如代码、格式转换等）。表示层的主要功能是语法转换、传送语法的选择和表示层内对等实体间的建立连接、传送、释放等。

⑦ 应用层。应用层在OSI参考模型的顶层，直接面向用户，是计算机网络与最终用户的界面。提供完成特定网络功能服务所需要的各种应用协议。应用层的功能由相应的协议

管理，并非由计算机上运行的实际应用软件组成，而是由向应用程序提供访问网络资源的应用程序接口API组成。

应知应会

1）OSI参考模型的基本概念。为了实现不同厂商生产的计算机系统之间以及不同网络之间的数据通信，国际标准化组织（ISO）对各类计算机网络体系结构进行了研究，提出了一个网络体系结构模型作为国际标准，称为开放互联/参考模型，也称为OSI模型。

2）OSI参考模型七层功能结构。从低层到高层分别为物理层、数据链路层、网络层、传输层、会话层、表示层和应用层。

3）OSI/RM（开放系统互联参考模型）。①应用层面向用户提供服务，最低层物理层，连接通信媒体实现数据传输。②上层通过接口向下层提出服务请求，下层通过接口向上层提供服务。③除物理层以外，其他层不直接通信。④只有物理层之间才通过传输介质进行真正的数据通信。

4）OSI的特点。①每层的对应实体之间都通过各自的协议进行通信。②各计算机系统都有相同的层次结构。③不同系统的相应层次有相同的功能。④同一系统的各层之间通过接口联系。

典型例题

【例1】（单项选择题）OSI参考模型从高到低依次是应用层、表示层、会话层、（　　　）、网络层、数据链路层和物理层。

A. 传送层　　　　B. 传输层　　　　C. 网输层　　　　D. 利用层

【解析】OSI参考模型从高到低依次是应用层、表示层、会话层、传输层、网络层、数据链路层、物理层。

【答案】B

【例2】（单项选择题）交换机工作在OSI参考模型的（　　　）。

A. 物理层　　　　B. 网络层　　　　C. 数据链路层　　　　D. 传输层

【解析】交换机工作在OSI参考模型的数据链路层设备，通常讲的交换机一般是指二层交换机，而三层交换机是工作在网络层的设备，具有路由功能。

【答案】C

知识测评

一、单项选择题

1. 在OSI参考模型中低层和高层之间的连接层是（　　　）。

A. 物理层　　　　B. 数据链路层　　　C. 传输层　　　　D. 会话层

2. 在OSI参考模型中，最复杂、最关键的一层是（　　　）。

A. 物理层　　　　B. 数据链路层　　　C. 网络层　　　　D. 传输层

3. （　　　）位于OSI模型的最低层。

A. 物理层　　　　B. 数据链路层　　　C. 表示层　　　　D. 应用层

4. 物理层的特性包括机械特性、功能特性、规程特性和（　　　　）。

    A. 物理特性　　　　B. 电气特性　　　　C. 链路特性　　　　D. 应用特性

5. 下列设备中工作在物理层的是（　　　　）。

    A. 路由器　　　　B. 网卡　　　　C. Modem　　　　D. 交换机

6. 网卡、交换机等物理设备工作在（　　　　）。

    A. 物理层　　　　B. 数据链路层　　　　C. 网络层　　　　D. 传输层

二、多项选择题

1. 在OSI参考模型中，工作在数据链路层的设备有（　　　　）。

    A. 网卡　　　　B. 网桥　　　　C. 交换机　　　　D. 中继器

    E. 集线器

2. OSI参考模型七层协议中，属于资源子网的有（　　　　）。

    A. 应用层　　　　B. 物理层　　　　C. 会话层　　　　D. 表示层

    E. 网络层

3. 在OSI参考模型中，以下不属于网络层的功能有（　　　　）。

    A. 确保数据的传送正确无误　　　　B. 在信息上传输比特流

    C. 纠错和流量控制　　　　D. 路由选择

    E. 拥塞控制

4. 关于网络体系结构的分层原则，下列说法错误的有（　　　　）。

    A. 各层功能明确，相互独立　　　　B. 上层为下层服务

    C. 高层必须知道低层的具体实现　　　　D. 直接的数据传送仅在最低层实现

    E. 相邻层之间通过接口传输数据

5. 下列属于通信子网的有（　　　　）。

    A. 数据链路层　　　　B. 物理层　　　　C. 会话层　　　　D. 表示层

    E. 网络层

三、判断题

1. 在OSI参考模型中，相邻层之间通过协议进行通信。　　　　　　　　　　（　　　）

2. OSI参考模型中，传输层是最重要和复杂的一层。　　　　　　　　　　（　　　）

3. 在OSI参考模型中，修改本层的功能将对相邻的层产生影响。　　　　　（　　　）

4. 数据的压缩、解压、加密、解密都是在会话层完成的。　　　　　　　　（　　　）

5. 计算机网络体系结构是层次和协议的集合。　　　　　　　　　　　　　（　　　）

四、填空题

1. 数据链路层传送信息的单位是_____。

2. 网络层产品中最常见的是路由器和_____。

3. _____是资源子网与通信子网的接口和桥梁。

4. _____位于OSI模型面向信息处理的高三层的最下层。

5. 表示层如同应用程序和_____之间的翻译官，主要解决用户信息的语法表示问题。

五、简答题

1. 什么是OSI参考模型？各层的主要功能是什么？
2. 简述网络体系结构分层的优点。

3.3 TCP/IP参考模型

学习目标

➢ 理解TCP/IP特性、规程特性及其功能特性。

➢ 掌握TCP/IP与OSI参考模型的层次对应关系。

➢ 熟悉TCP/IP数据流传输过程。

➢ 实现结构化思维习惯，提高学习效率。

内容梳理

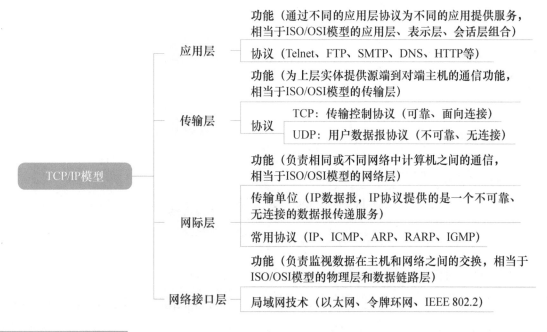

知识概要

　　TCP/IP即传输控制协议/网际协议，源于美国国防部的ARPANET，其目的是让不同的计算机可以在同一种网络环境中运行，现已成为Internet的通信协议。目前，TCP/IP泛指以TCP/IP为基础的一个协议簇，能够在多个不同网络间实现信息传输的协议簇。TCP/IP不仅仅指的是TCP和IP两个协议，而是指一个由FTP、SMTP、TCP、UDP、IP等协议构成的协议簇，只是因为在TCP/IP中TCP和IP最具代表性，所以被称为TCP/IP。

1. TCP/IP及其功能

TCP/IP体系结构采用分层结构，对应开放系统互连OSI模型的层次结构，可分为四层：网络接口层、网际层、传输层和应用层，如图3-2所示。

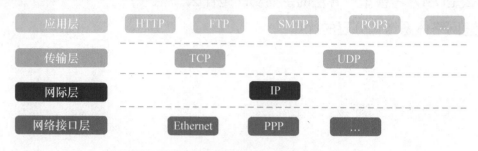

图3-2　TCP/IP参考模型四层结构示意图

2. TCP/IP的数据流传输过程

TCP/IP的数据流示意图展示了HTTP应用数据在主机间传输的过程，首先自上而下、宏观地来看数据在分层网络模型里的流转，如图3-3所示。

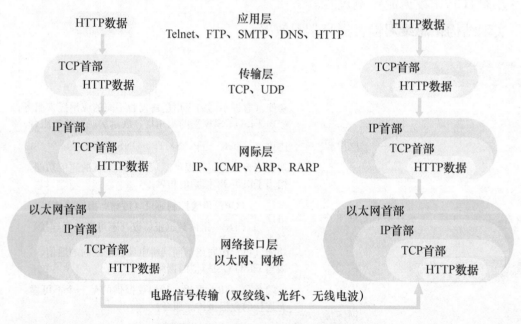

图3-3　TCP/IP的数据流示意图

1）应用层的"HTTP数据"是实际需要被传输的数据。

2）"HTTP数据"被下发到传输层，并添加上TCP首部成为传输层的PDU（Protocol Data Unit，协议数据单元），称作数据段（Segment）。

3）数据段再被下发到网际层，添加了IP首部后成为网络层的PDU，称作数据包（Packet）。

4）数据包再被下发到数据链路层添加了以太网首部后得到的PDU被称为数据帧（Frame）。

5）数据帧最后被下发到物理层，以0、1电信号（比特数据位）的形式在物理介质中传输。

3. TCP/IP与OSI参考模型的层次对应关系

TCP/IP和OSI模型的共同之处是都采用了分层结构的概念，但两者在层次结构、名称定义、功能细节等方面存在较大的差异，见表3-1。

表3-1　TCP/IP与OSI参考模型的层次对应关系比较

OSI模型结构	TCP/IP模型结构	TCP/IP模型各层的作用	TCP/IP模型协议
应用层	应用层	用户调用、访问网络的应用程序，如，FTP、HTTP、SMTP、Telnet等各种协议与应用程序	Telnet、FTP、SMTP、DNS、HTTP、NNTP等
表示层			
会话层			
传输层	传输层	管理网络节点间的连接	TCP、UDP
网络层	网际层	将数据放入IP包	IP、ICMP、ARP、RARP、IGMP
数据链路层	网络接口层	在网络介质上传输包	以太网、令牌环网、IEEE 802.2
物理层			

应知应会

1）TCP/IP模型概述。TCP/IP模型是在实践中逐渐形成的，它具有更高效率的四层结构，即网络接口层、网际层、传输层和应用层，是实际意义上的网络模型结构。

2）TCP/IP模型各层的作用。

① 网络接口层。网络接入层的功能对应于OSI参考模型中的物理层和数据链路层，它负责管理数据在主机和网络之间的交换。事实上，TCP/IP并未真正描述这一层的实现，而是由各网络使用自己的物理层和数据链路层协议，与TCP/IP的网络接入层进行连接，因此具体的实现方法将随着网络类型的不同而有所差异。

② 网际层（网际互联层）。网际互联层对应OSI参考模型的网络层，主要负责相同或不同网络中计算机之间的通信。在网际互联层，IP提供的是一个不可靠、无连接的数据报传递服务。该协议实现两个基本功能：寻址和分段。根据数据报报头中的目的地址将数据传送到目的地址，在这个过程中IP负责选择传送路线。除了IP外，该层另外两个主要协议是互联网组管理协议（IGMP）和互联网控制报文协议（ICMP）。

③ 传输层。该层对应于OSI参考模型的传输层，为上层实体提供源端到对端主机的通信功能。传输层定义了两个主要协议：传输控制协议（TCP）和用户数据报协议（UDP）。其中面向连接的TCP保证了数据传输的可靠性，面向无连接的UDP能够实现数据包简单、快速地传输。

④ 应用层。TCP/IP模型将OSI参考模型中的会话层、表示层和应用层的功能合并到一个应用层实现，通过不同的应用层协议为不同的应用提供服务。

3）TCP/IP模型各层的协议。

① 网络接口层：以太网、令牌环网、IEEE 802.2。

② 网际层：IP、ICMP、ARP、RARP、IGMP。

③ 传输层：TCP、UDP。

④ 应用层：Telnet、FTP、SMTP、DNS、HTTP、NNTP。

4）TCP/IP与OSI参考模型的层次对应关系。

TCP/IP的网络接口层对应OSI参考模型的物理层、数据链路层。

TCP/IP的应用层对应OSI参考模型的会话层、表示层、应用层。

典型例题

【例1】（单项选择题）TCP/IP模型中的四层分别是（　　）。

    A. 应用层、传输层、网际层、网络接口层

    B. 应用层、传输层、数据链路层、网络接口层

    C. 应用层、传输层、网际层、物理层

    D. 应用层、网际层、传输层、网络接口层

【解析】TCP/IP参考模型中，四层分别是应用层、传输层、网际层、网络接口层。

【答案】A

【例2】（单项选择题）（　　）是传输层的协议之一。

    A. UTP   B. TCP   C. TPC   D. TPP

【解析】TCP/IP模型中传输层的两个协议分别是：TCP、UDP。

【答案】B

【例3】（单项选择题）TCP/IP中应用层之间的通信是由（　　）负责处理的。

    A. 应用层   B. 网际层   C. 传输层   D. 物理层

【解析】传输层与OSI模型的传输层相对应，它在IP上面，确保所有传送到某个系统的数据正确无误地到达该系统。

【答案】C

知识测评

一、单项选择题

1. TCP/IP参考模型共（　　）层。

    A. 三   B. 四   C. 五   D. 七

2. TCP/IP参考模型的最高层是（　　）。

    A. 应用层   B. 数据链路层   C. 网际层   D. 传输层

3. TCP/IP参考模型中传输层的PDU称为（　　）。

    A. 数据包   B. 数据块   C. 数据段   D. 数据帧

4. 数据帧最后被下发到物理层，以（　　）的形式在物理介质中传输。

    A. 数据帧   B. 数据段   C. 数据包   D. 比特流

5. TCP/IP参考模型的最高层与OSI模型上的（　　）层相对应。

    A. 一   B. 二   C. 三   D. 四

二、多项选择题

1. （　　　　）不是传输层的协议。

   A. IP　　　　　　　B. ICMP　　　　　　　C. TCP　　　　　　　D. RIP

   E. HTTP

2. TCP/IP参考模型中，不属于网际层的协议有（　　　　）。

   A. FTP　　　　　　B. ARP　　　　　　　C. PDP　　　　　　　D. IP

   E. POP

3. TCP/IP与OSI参考模型共同点有（　　　　）。

   A. 都采用了层次模型结构

   B. 都提供了面向连接和无连接两种通信服务机制

   C. 层次一样

   D. 实际市场应用相同

   E. 两者的服务、接口和协议都区分的很清楚

三、判断题

1. 网络互联要解决的是异构网络系统的通信问题。　　　　　　　　　　　（　　　）
2. TCP/IP就是指TCP和IP两种协议。　　　　　　　　　　　　　　　　（　　　）
3. TCP/IP对特定的网络硬件不独立。　　　　　　　　　　　　　　　　（　　　）
4. 在TCP/IP模型中的应用层，与OSI模型的应用层相对应。　　　　　　（　　　）

四、填空题

1. TCP/IP目的是向高层_____低层物理网络技术的细节。
2. 网际层负责管理_____之间的数据交换。
3. _____是网络传输的最小数据单位。

五、简答题

简述TCP/IP的特点。

3.4 常用网络协议

学习目标

➢ 理解网络通信过程及安全保护问题。

➢ 掌握IP、TCP、HTTP、FTP、Telnet、SMTP、POP3、DNS、DHCP、ARP和RARP等协议作用与功能及其应用场合。

➢ 掌握TCP/IP连接"三次握手"的建立过程。

➢ 掌握面向连接与无连接的工作原理。

➢ 实现网络安全思维的重构。

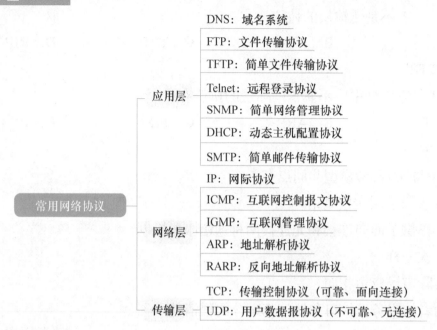

应用层
- DNS：域名系统
- FTP：文件传输协议
- TFTP：简单文件传输协议
- Telnet：远程登录协议
- SNMP：简单网络管理协议
- DHCP：动态主机配置协议
- SMTP：简单邮件传输协议

常用网络协议

网络层
- IP：网际协议
- ICMP：互联网控制报文协议
- IGMP：互联网管理协议
- ARP：地址解析协议
- RARP：反向地址解析协议

传输层
- TCP：传输控制协议（可靠、面向连接）
- UDP：用户数据报协议（不可靠、无连接）

知识概要

TCP/IP应用得最多，只有TCP/IP允许与Internet进行完全连接。最常用的五种网络协议分别是：HTTP、POP3、SMTP、FTP和DNS。

1. TCP/IP模型中常用的协议

1）IP：IP又称网际协议，是TCP/IP的"心脏"，也是网络层中最重要的协议，提供不可靠的、无连接的数据报传递服务，使用IP地址确定收发端，提供端到端的"数据报"传递，用来为网络传输提供通信地址，保证准确找到接收数据的计算机。该协议规定了计算机在Internet上通信时必须遵守的基本规则，以确保路由的正确选择和报文的正确传输。IP数据包中含有发送它的主机的地址（源地址）和接收它的主机的地址（目的地址）。

2）TCP：传输控制协议，提供面向连接的可靠数据传输服务，用来管理网络通信的质量，保证网络传输中不发送错误信息。通过提供校验位，为每个字节分配序列号，提供确认与重传机制，确保数据可靠传输。TCP将数据包排序并进行错误检查，同时实现虚拟电路间的连接。

3）HTTP：超文本传输协议，是客户端浏览器与Web服务器之间的应用层通信协议，用来访问WWW服务器上以HTML（超文本标记语言）编写的页面，所有的WWW文件都必须遵守这个标准。默认的端口号是80。

4）FTP：文件传输协议，为文件的传输提供途径，允许数据从一台主机传输到另一台主机，也可以从FTP服务器上传和下载文件，采用客户端/服务器模式。常用的有三种类型的上传下载方式：传统的FTP命令行、浏览器和FTP下载工具（如Cute FTP、Flash FXP）。默认端口号是21。

5）Telnet：远程登录协议，是Internet远程登录服务的标准协议，为用户提供了本地计算机远程登录主机运行应用程序工作的能力，默认端口号是23。

6）SMTP：简单邮件传输协议，控制邮件传输的规则以及邮件的中转方式。默认端口号是25。

7）POP3：是Post Office Protocol 3的简称，即邮局协议的第3个版本，它规定怎样将个人计算机连接到Internet的邮件服务器和下载电子邮件的电子协议。默认端口号是110。

8）DNS：域名解析协议，实现域名与IP地址之间的转换，是互联网的一项服务。将域名和IP地址的相互映射作为一个分布式数据库，使人们更方便地访问互联网。

9）DHCP：动态主机配置协议，主要作用是集中管理、分配IP地址，使网络环境中的主机动态地获得IP地址、子网掩码、网关地址、DNS服务器地址等信息，并能够提升地址的使用率。

10）ARP和RARP：在互联的网络中，任何一次从IP层（即网络层）以及上层次发出的数据传输都是用IP地址进行标识的，由于物理网络本身不认识地址，因此必须将IP地址映射成物理地址，才能把数据发往目的地。ARP的作用就是将主机和目的主机的IP地址转化为物理地址，RARP的作用是将物理地址转化为IP地址。

2. TCP/IP连接"三次握手"的建立过程

TCP/IP连接的客户端和服务器端通信建立连接的过程可简单表述为"三次握手"（建立连接的阶段）和"四次挥手"（释放连接阶段）。TCP三次握手会话建立过程如图3-4所示。

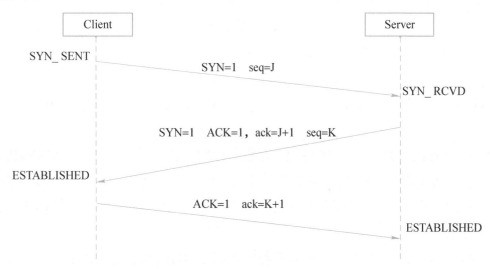

图3-4　TCP三次握手示意图

第一次握手：Client将标志位SYN置为1，随机产生一个值seq=J，并将该数据包发送给Server，Client进入SYN_SENT状态，等待Server确认。

第二次握手：Server收到数据包后由标志位SYN=1知道Client请求建立连接，Server将标志位SYN和ACK都置为1，ack=J+1，随机产生一个值seq=K，并将该数据包发送给Client以确认连接请求，Server进入SYN_RCVD状态。

第三次握手：Client收到确认后，检查ACK是否为J+1，ACK是否为1，如果正确则将标志位ACK置为1，ack=K+1，并将该数据包发送给Server。Server检查ack是否为K+1，ACK是否为1，如果正确则连接建立成功，Client和Server进入ESTABLISHED状态，完成三次握手，随后Client与Server之间可以开始传输数据了。

建立一个连接需要三次握手，而终止一个连接要经过四次握手。

应知应会

1）协议数据单元（PDU）：两台计算机通过TCP/IP进行数据传输时，不同节点的对等层的数据称为协议数据单元。

2）服务数据单元（SDU）：两台计算机通过TCP/IP进行数据传输时，同一节点的相邻层传输的数据称为数据单元。

3）段（Segment）：在传输层的协议数据单元称为段。

4）数据报（Datagram）：在网络层的协议数据单元称为数据报。

5）帧（Frame）：在链路层的协议数据单元称为帧。

6）网际互联层常用协议的中文名称及其功能。

网络层中含有四个重要的协议：互联网协议（IP）、互联网控制报文协议（ICMP）、地址转换协议（ARP）和反向地址转换协议（RARR）。

网络层的功能主要由IP来提供。除了提供端到端的分组分发功能外，IP还提供了很多扩充功能。例如，为了克服数据链路层对数据帧大小的限制，网络层提供了数据分块和重组功能，这使得较大的IP数据报能以较小的分组在网上传输。

网络层的另一个重要服务是在互相独立的局域网上建立互联网络，即网际网。网间的报文来往根据它的目的IP地址，通过路由器传到另一网络。

7）传输层常用协议的中文名称及其功能如下。

TCP/IP这一层提供了两个主要的协议：传输控制协议（TCP）和用户数据报协议（UDP）。

①传输控制协议（TCP）：TCP提供的是一种可靠的数据流服务。当网际传输系统受差错数据干扰、或基础网络故障、或网络负荷太重而不能正常工作时，就需要通过其他协议来保证通信的可靠。TCP对应于OSI模型的运输层，它在IP的基础上，提供端到端的面向连接的可靠传输。

②用户数据报协议（UDP）：用户数据报协议是对IP协议组的扩充，它增加了一种机制，发送方使用这种机制可以区分一台计算机上的多个接收者。每个UDP报文除了包含某用户进程发送的数据外，还有报文目的端口的编号和报文源端口的编号，从而使UDP软件可以把报文递送给相应的接收者，然后接收者要发出一个应答。由于UDP的这种扩充，使得在两个用户进程之间递送数据报成为可能。UDP是依靠IP来传送报文的，因而它的服务和IP一样是不可靠的。这种服务不用确认、不对报文排序，也不进行流量控制，使UDP报文可能会出现丢失、重复、失序等现象。

8）应用层常用协议的中文名称及其功能。TCP/IP的上三层与OSI参考模型有较大区别，也没有非常明确的层次划分。其中FTP、Telnet、SMTP、DNS是几个在各种不同机型上广泛实现的协议，TCP/IP中还定义了许多别的高层协议。

9）TCP/IP连接"三次握手"的建立过程。

典型例题

【例1】（单项选择题）TCP是（   ）。

    A. 网际协议   B. 邮件协议   C. 文件传输协议   D. 传输控制协议

【解析】TCP/IP参考模型中，TCP的中文名称为传输控制协议。

【答案】D

【例2】（单项选择题）FTP为用户提供的主要服务是（   ）。

    A. 文件上传与下载   B. 发布Web网站

    C. 电子邮件的发送与接收   D. 文件新闻组的传输

【解析】FTP中文名称为文件传输协议，实现客户机和服务器之间的文件上传与下载。

【答案】A

【例3】（单项选择题）UDP的中文名称是（   ）。

    A. 传输数据报协议   B. 用户数据报协议

    C. 网际协议   D. 地址解析协议

【解析】UDP的中文名称是用户数据报协议，是一个无连接、不可靠的协议，主要用于不需要TCP的顺序控制和流量控制功能，而由自己完成这些功能的应用程序。

【答案】B

知识测评

一、单项选择题

1. TCP/IP采用分层体系结构，可分为（   ）、网际层、传输层和应用层。

    A. 物理层   B. 网络层   C. 数据链路层   D. 网络接口层

2. TCP/IP参考模型中，传输层的主要协议有（   ）。

    A. IP和TCP   B. UDP和TCP   C. IP和HTTP   D. IP和ICMP

3. 互联网上许多复杂的网络和不同类型的计算机之间能够互相通信的基础是（   ）。

    A. OSI   B. ATM   C. TCP/IP   D. SMTP

4. 下列选项中属于TCP/IP体系结构中网际层的协议是（   ）。

    A. IP   B. TCP   C. POP3   D. RIP

5. 能将MAC地址转换成IP地址的协议是（   ）。

    A. ARP   B. RARP   C. UDP   D. ICMP

6. IP是无连接的协议，其信息传输方式是（   ）。

    A. 点到点   B. 广播   C. 数据报   D. 虚电路

7. 下列选项中，地址解析协议是（   ）。

    A. ARP   B. RARP   C. UDP   D. ICMP

8. 通信双方建立TCP连接的过程需要（   ）。

    A. 一次握手   B. 二次握手   C. 三次握手   D. 四次握手

9. 负责电子邮件传输的应用层协议是（   ）。

    A. IP   B. FTP   C. PPP   D. SMTP

10. IGMP是互联网协议家族中的一个（   ）。

    A. 多播协议   B. 组播协议   C. 单播协议   D. 路由协议

二、多项选择题

1. TCP/IP参考模型中，网际层的协议有（   ）。

    A. IP   B. ARP   C. RARP   D. SNMP

    E. ICMP

2. TCP与UDP相比较，具有（   ）特点。

    A. 可靠   B. 无连接   C. 有序   D. 拥塞避免

    E. 消耗带宽更多

3. TCP的应用层相对应OSI参考模型的（   ）。

    A. 应用层   B. 传输层   C. 会话层   D. 表法层

    E. 网络层

4. TCP/IP参考模型中，应用层的协议有（   ）。

    A. HTTP   B. TCP   C. UDP   D. DNS

    E. DHCP

5. 网络接口层的作用是（   ）。

    A. 负责管理设备和网络之间的数据交换   B. 通过网络向外发送数据

    C. 接收和处理来自网络的数据   D. 抽取IP数据报向IP层传送

    E. 确保数据正确无误地传送

三、判断题

1. 网际层的作用是在众多的选项内选择一条传输路线。   （   ）

2. IP是提供可靠、无连接的数据报传递服务。   （   ）

3. ARP是TCP/IP中一个重要的协议，作用是将IP地址转换为物理地址。 （   ）

4. 在TCP/IP模型中，TCP工作在网际层。   （   ）

5. DHCP能动态分配IP地址、网关地址，但并不能提升地址的使用率。 （   ）

四、填空题

1. 网络互联要解决的是_____系统的通信问题。

2. 自动为客户机分配IP地址等参数，可以使用的协议是_____。

3. 在TCP/IP的协议簇中，用户在本地机上对远程机执行文件读取操作的采用的协议是_____。

4. 在TCP/IP的协议簇中，传输层的_____提供了一种可靠的数据流服务。

5. OSI参考模型中的物理层和数据链路层对应于TCP/IP模型的_____。

五、简答题

1. 简述TCP与UDP的不同点。

2. 举出OSI参考模型和TCP/IP参考模型的共同点及不同点。

3.5 IP地址

学习目标

➢ 理解IP地址的含义。

➢ 熟练掌握IP地址的分类。

➢ 认识特殊的IP地址及其作用。

➢ 能够快速识别地址类别。

➢ 能够区分IPv4与IPv6的地址格式。

内容梳理

知识概要

IP（Internet Protocol，网际互联协议）是TCP/IP体系中的网络层协议。设计IP的目的是提高网络的可扩展性，解决互联网问题，实现大规模、异构网络的互联互通；分割顶层网络应用和底层网络技术之间的耦合关系，以利于两者的独立发展。为了解决IPv4网络地址资源不足的问题和推动互联网新的应用与发展，互联网工程任务组（IETF）开发了互联网协议第6版（IPv6），替代IPv4的下一代IP。IPv6不仅能解决网络地址资源数量的问题，也解决了多种接入设备连入互联网的障碍。2022年3月，中国网信办、国家发展改革委、工信部、教育部、科技部等12部门联合印发《IPv6 技术创新和融合应用试点名单》，加快推动IPv6关键技术创新、应用创新、服务创新和管理创新。

1. IP地址的含义

给每一个连接在Internet上的主机分配一个在全世界范围内唯一的32位无符号二进制数（分4个字节），俗称IPv4，为了方便用户的理解和记忆，通常采用点分十进制标记法，将4字节的二进制数值转换成4个十进制数值，每个数值小于等于255，数值中间用"."隔开；IPv6则由128位二进制数组成。

IP地址 = 网络号+主机号，网络号标志主机所连接到的网络，即网络的编号；主机号标志网络内的不同计算机，即计算机的编号。

2. IP地址的分类

1）A类IP地址：规定A类第1位（最高位）必须是0，能够表示的网络号为126个（2^7-2，网络地址为0表示本地网络，127保留作为诊断用），可以分配给主机的地址范围是1.0.0.1～126.255.255.254，默认子网掩码为255.0.0.0，前1个字节（8位）为网络号，后3个字节（24位）为主机号。每个网络号包含的主机数为$2^{24}-2$个。A类IP地址适用于大规模的网络。

2）B类IP地址：规定最高位为10，能够表示的网络号有$2^{14} = 16384$个，地址范围为128.0.0.0～191.255.255.255，能够使用的有效的地址范围是128.0.0.1～191.255.255.254，默认子网掩码为255.255.0.0，前2个字节（16位）为网络号，后2个字节（16位）为主机号，能够表示$2^{16}-2$（全0全1的主机号地址不可分配，作为保留地址）台主机，提供给中等规模的网络使用，如129.26.24.10。

3）C类IP地址：规定最高位为110，最大的网络数为2^{21}，C类地址范围是192.0.0.0～223.255.255.255，默认子网掩码为255.255.255.0，前3个字节（24位）为网络号，后1个字节（8位）为主机号，能够表示2^8-2（全0全1的主机号地址不可分配，作为保留地址）台主机，提供给小型的网络使用。

4）D类IP地址：规定最高位为1110，地址范围为224.0.0.0～239.255.255.255，是多播（组播）地址。

5）E类：是保留地址。该类IP地址的最前面为"1111"，所以地址的网络号取值于240～255之间。

127.0.0.1等效于localhost或本机IP，一般用于测试使用，例如：ping 127.0.0.1来测试本机TCP/IP是否正常。http://127.0.0.1：8080 等效 http://localhost：8080 。网络号的第一个8位

计算机网络技术基础教程

不能全为0；IP地址不能以127为开头，该类地址用于回路测试；在网络中只能为计算机配置A、B、C三类IP地址，而不能配置D、E两类地址。

3. 特殊的IP地址

1）直接（定向）广播地址，主机号全为1，表示网络中的所有主机，如192.168.100.255是C类地址中的一个广播地址，将信息发送到网络地址为192.168.100.0的所有主机。

2）有限广播地址：255.255.255.255，表示全网广播地址（本地网络广播）。

3）网络地址，网络号+全0的主机号。主机地址全为0的地址被称为网络地址，如192.168.100.0、172.16.0.0等。

4）回送地址，以127开头的地址，测试TCP/IP安装是否正确，用于测试本地网络是否正常。

5）表示任意的网络或主机：0.0.0.0。

6）本地（私有）地址，用于本地内部网络使用，不能在公用网络使用。总共分为三类：

A类：10.0.0.0～10.255.255.255；

B类：172.16.0.0～172.31.255.255；

C类：192.168.0.0～192.168.255.255。

4. IPv6地址

IPv6采用长度为128位（二进制）地址，而IPv4地址仅有32位，因此，IPv6解决了IP地址资源不足的问题。

IPv4地址用点分十进制数表示，IPv6地址用冒号十六进制表示。

1）基本表现形式：IPv6的128位地址格式是由8个字节组成，每个字节有4个十六进制数，节与节之间用冒号"："分隔，例如201A：9981：0DEF：67DE：680D：8EEA：2114：051A。

2）缩略形式：如果基本表现形式有部分地址段为0，可以将冒号十六进制格式中相邻的连续0进行压缩，用双冒号"：："进行表示，例如201A：0000：0000：0000：680D：8EEA：2114：051A，可表示为201A：：680D：8EEA：2114：051A。

应知应会

1）IP地址的作用：IP地址是网络互联层的逻辑地址，用于标识主机在网络中的位置。Internet上的主机通过IP地址来标识，一个数据报在网络中传输时，用IP地址标识数据报的源地址和目的地址。

2）IP地址的结构及表示方法：IPv4地址由32位二进制组成；IP地址由网络ID（网络地址、网络号）和主机ID（主机地址、主机号）两部分组成；IPv4地址一般采用点分十进制数来表示，每一组十进制数之间用"."隔开。

3）IP地址的分类：IP地址可分为A、B、C、D、E五类，可分配给用户使用的是前三类地址，D类地址称为多播地址，E类地址保留使用。

4）特殊IP地址：

①网络地址（网络号）：主机位全为0的地址表示该网络本身，称为网络地址或网络号，不能分配给主机。

②有限广播地址或本地网广播地址：255.255.255.255，这个地址指本网段内的所有主机，用于在本网内部广播。

③回送地址：任何一个以数字127开头的IP地址（127.*.*.*）都称为回送地址，最常见是127.0.0.1，也常用localhost表示。

④私有地址：私有地址属于非注册地址，专门为组织机构内部使用。

A类：10.0.0.0～10.255.255.255；

B类：172.16.0.0～172.31.255.255；

C类：192.168.0.0～192.168.255.255。

典型例题

【例1】下列（　　　）是有限广播地址。

　　A. 127.0.0.1　　　　B. 255.255.255.255　　C. 10.0.0.1　　　　D. 192.168.10.255

【解析】255.255.255.255也称为有限广播地址，用于本地网络内广播，这种广播形式无须知道目标网络地址。

【答案】B

【例2】下列（　　　）不属于私有地址。

　　A. 10.1.2.100　　　　B. 172.16.100.100　　C. 192.168.100.255　　D. 172.32.200.200

【解析】在IP地址中专门保留了三个区域作为私有地址，分别是10.0.0.0～10.255.255.255、172.16.0.0～172.31.255.255以及192.168.0.0～192.168.255.255。

【答案】D

【例3】192.168.100.255代表的是（　　　）。

　　A. 主机地址　　　　B. 网络地址　　　　C. 组播地址　　　　D. 广播地址

【解析】IP地址192.168.100.255是一个C类地址，其主机号为255，因此是一个广播地址。

【答案】D

知识测评

一、单项选择题

1. IPv4地址由一组（　　　）位二进制数字组成。

　　A. 16　　　　　　B. 32　　　　　　C. 64　　　　　　D. 128

2. A类地址用（　　　）个字节表示网络号。

　　A. 1　　　　　　B. 2　　　　　　C. 3　　　　　　D. 4

3. C类地址的第一个字节取值范围为（　　　）。

　　A. 0～255　　　　B. 192～224　　　C. 191～223　　　D. 192～250

4. C类地址每个网络包含的最大主机数为（　　　　）。

    A.　128　　　　　　B.　255　　　　　　C.　256　　　　　　D.　254

5. 下列表示全网广播地址的是（　　　　）。

    A.　128.0.0.1　　　　B.　0.0.0.0　　　　C.　255.255.255.255　　D.　127.0.0.1

6. 以下IP地址合法的是（　　　　）。

    A.　192.268.10.0　　　　　　　　　　B.　131.10.100.100

    C.　192.200.117.255　　　　　　　　D.　110.200.200.256

7. IP地址172.16.255.255属于（　　　　）。

    A.　主机地址　　　B.　广播地址　　　C.　回送地址　　　　D.　网络地址

8. 以下关于IP地址的叙述正确的是（　　　　）。

    A.　IP地址是32位十进制数

    B.　IP地址就是主机名

    C.　IP地址是网际层中识别主机的逻辑地址

    D.　IP地址只有用IPv4来表示

9. 下列MAC地址不正确的是（　　　　）。

    A.　40–06–88–12–AA–BB　　　　　　B.　33–0A–1B–BB–6C–DD

    C.　28–1G–00–33–55–66　　　　　　D.　11–2B–3C–4A–5B–6C

10. 以下地址中属于私有地址的是（　　　　）。

    A.　10.10.10.10　　　　　　　　　　B.　172.33.255.255

    C.　192.168.256.255　　　　　　　　D.　255.255.255.255

二、多项选择题

1. 以下属于私有IP地址的有（　　　　）。

    A.　172.32.255.255　　　　　　　　B.　192.168.100.255

    C.　193.100.100.10　　　　　　　　D.　10.1.1.1

    E.　200.10.10.10

2. 以下是广播地址的有（　　　　）。

    A.　192.168.1.255　　B.　172.16.1.255　　C.　10.1.1.255　　D.　172.16.255.255

    E.　192.168.100.255

3. 关于IP地址，以下说法中正确的是（　　　　）。

    A.　C类地址一般分配给小型的局域网使用

    B.　B类地址的网络号占用两个字节

    C.　网络ID不能以数字0或127开头

    D.　主机ID不能使用全0或全1

    E.　A类地址一般用于大规模网络

4. 以下IPv6地址合法的有（　　　　）。

    A. CDCD：：1111

    B. ABAB：ABEG

    C. CDCD：910A：：4567：0001：6532

    D. CDEF：2340：AAAA：BBBB：CCCC：DDDD：11111：2222

    E. 9999：KKKK

5. 下列IP地址为广播地址的是（　　　　）。

    A. 192.168.100.255　　　　　　　　B. 172.16.100.255

    C. 172.17.255.255　　　　　　　　　D. 192.168.10.254

    E. 10.255.255.255

三、判断题

1. IPv6版本的IP地址是126位二进制数。　　　　　　　　　　　　　　（　　　）

2. IP地址的主机部分全为1，则表示网络地址。　　　　　　　　　　　（　　　）

3. IP地址共分为5类，每类的地址用户都可以使用。　　　　　　　　　（　　　）

4. IP地址192.168.10.100/24，其中24代表的是子网掩码。　　　　　　　（　　　）

5. 用户随便指定一个合法IP地址都能将计算机连入网络。　　　　　　　（　　　）

四、填空题

1. IP地址的主机部分若全为0，则表示_____地址。

2. B类IP地址的范围是_____。

3. 如果主机的IP地址为202.100.10.38，子网掩码为255.255.255.0，那么该主机所在的网络地址是_____。

4. IP地址按位减去网络号即可得到_____。

5. D类IP地址第一个字节取值范围是_____。

五、简答题

1. 什么是私有地址，私有地址分为哪几类？

2. 请列举4种以上的特殊IP地址。

3.6　子网配置

学习目标

➢ 理解子网的概念及作用。

➢ 认识什么是子网掩码。

➢ 熟练掌握子网掩码的划分方法及技巧。

内容梳理

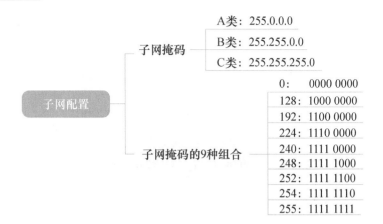

```
                                    A类：255.0.0.0
                    子网掩码 ──────  B类：255.255.0.0
                                    C类：255.255.255.0

         子网配置                   0：    0000 0000
                                    128：  1000 0000
                                    192：  1100 0000
                                    224：  1110 0000
                   子网掩码的9种组合  240：  1111 0000
                                    248：  1111 1000
                                    252：  1111 1100
                                    254：  1111 1110
                                    255：  1111 1111
```

知识概要

子网技术就是将网络分段，即分成许多子网，这样可以隔离各子网之间的通信量。子网技术最主要的用途在于对同一个IP下的主机进行子网的划分，从而使各个子网内的主机在逻辑上相互隔离开，最终使其不能互通。它主要是通过设置子网掩码来实现，即是通过子网掩码来确定各个子网内的主机数量。

1. 子网的概念及作用

由于Internet迅猛发展，IP地址空间不够用的矛盾越来越突出，为了缓解这种矛盾，提出了子网的概念。把主机地址中的一部分主机位借给网络位（在实际应用中，对IP地址中的主机号进行再次划分，将其划分成子网号和主机号两部分）。增加IP地址的灵活性，但是会减少有效的IP地址。子网划分示意如图3-5所示。

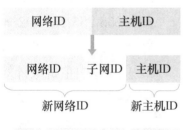

图3-5　子网划分示意图

2. 子网掩码

子网掩码是一种用来指明一个IP地址的哪些位标识的是主机所在的子网，哪些位标识的是主机的位掩码。子网掩码不能单独存在，它必须结合IP地址一起使用。子网掩码只有一个作用，就是将某个IP地址划分成网络地址和主机地址两部分。子网掩码是一个32位地址，用于屏蔽IP地址的一部分以区别网络标识和主机标识。IP地址中的网络号在子网掩码中用"1"表示，IP地址中的主机号在子网掩码中用"0"表示。它的主要作用有两个，一是用于屏蔽IP地址的一部分以区别网络标识和主机标识，二是用于将一个大的IP网络划分为若干小的子网络，见表3-2。

表3-2　A、B、C三类IP地址的默认子网掩码表

类　别	IP地址范围	子网掩码	主机数
A	1.0.0.0～126.255.255.255	255.0.0.0	$2^{24}-2$
B	128.0.0.0～191.255.255.255	255.255.0.0	$2^{16}-2$
C	192.0.0.0～223.255.255.255	255.255.255.0	$2^{8}-2$

单元3 计算机网络体系结构

93

例如，192.168.100.2/30 得出IP为192.168.10.1，子网掩码为255.255.255.252，网络地址算法如下：将32位的子网掩码与IP地址进行二进制逻辑"与"（AND）运算。

192.168.100.2   11000000 10101000 01100100 00000010

    AND

255.255.255.252   11111111 11111111 11111111 11111100

    网络地址   11000000 10101000 01100100 00000000

主机地址算法如下：将子网掩码取反（转换为二进制后，由原本的"1"变成"0"，或由原来的"0"变成"1"）后与IP地址进行二进制逻辑"与"（AND）运算。

192.168.100.2   11000000 10101000 01100100 00000010

    AND

255.255.255.252   00000000 00000000 00000000 00000011

    （取反）

    主机地址   00000000 00000000 00000000 00000010

3．子网掩码划分

（1）可划分子网数计算公式

可划分子网数 = 2^n（n为借位组中"1"的个数）

如：255.255.255.192→11111111.11111111.11111111.11000000

结果：$2^2 = 4$，所以255.255.255.255.192可将网络划分为4个网段。

（2）可容纳主机数计算公式

可容纳主机数 = $2^n - 2$（借位组中"0"的个数）

如：255.255.255.128→11111111.11111111.11111111.10000000

结果：$2^7 = 128$，所以 255.255.255.255.128每个网段最多可容纳126台主机。

应知应会

1）子网：IP地址的结构是由网络ID和主机ID组成的，通过保持网络号不变，将IP的主机号部分进一步划分为子网号和主机号，把一个包含大量主机的网络划分成许多较小的网络，每个小的网络就是一个子网。

2）子网掩码的分类：

A类：255.0.0.0

B类：255.255.0.0

C类：255.255.255.0

3）划分子网的方法：划分子网要兼顾子网的数量及子网中主机的最大数量。

①可容纳主机数 = $2^n - 2$（借位组中"0"的个数）

②可划分子网数 = 2^n（n为借位组中"1"的个数）

4）子网掩码与IP地址相与得到网络地址，子网掩码取反与IP地址相与得到主机地址。

典型例题

【例1】（单项选择题）网络地址可以通过IP地址和子网掩码做逐位（　　　）运算获取。

　　A. 或　　　　　　　B. 与　　　　　　　C. 异　　　　　　　D. 加法

【解析】网络地址可以通过IP地址和子网掩码做逐位"与"运算获取。

【答案】B

【例2】（单项选择题）以下与IP地址192.168.0.1/22不在同一网络的IP地址是（　　　）。

　　A. 192.168.0.100　　B. 192.168.0.255　　C. 192.168.3.254　　D. 192.168.4.1

【解析】与IP地址192.168.0.1/22在同一网络的IP地址范围是192.168.0.0~192.168.3.255，所以192.168.4.1不与192.168.0.1/22在同一网络中。

【答案】D

【例3】（单项选择题）一个C类IP地址，在同一网络中能支持的主机台数最多为（　　　）。

　　A. 254　　　　　　　B. 255　　　　　　　C. 256　　　　　　　D. 1024

【解析】一个C类IP地址，在同一网络中能支持的主机台数最多为254个。

【答案】A

知识测评

一、单项选择题

1. 以下子网掩码中合格的是（　　　）。
　　A. 10110110　　　　B. 00001100　　　　C. 11000000　　　　D. 10000001

2. 网络地址是子网掩码和IP地址进行（　　　）运算的结果。
　　A. 或　　　　　　　B. 与　　　　　　　C. 异　　　　　　　D. 与或

3. B类地址默认的子网掩码是（　　　）。
　　A. 11111111 11111111 00000000 00000000
　　B. 11111111 11111111 11111111 00000000
　　C. 11111111 00000000 11111111 00000000
　　D. 11111111 00000000 00000000 11111111

4. C类网络中，若子网掩码为255.255.255.252，则这个网络中可划分子网数为（　　　）。
　　A. 64　　　　　　　B. 128　　　　　　　C. 120　　　　　　　D. 60

5. 子网掩码为255.255.0.0，下列与其不在同一网段中的地址是（　　　）。
　　A. 172.25.10.1　　B. 172.25.100.11　　C. 172.25.200.1　　D. 172.15.10.10

6. C类地址的子网掩码为255.255.255.248，则每个子网内可用主机地址数为（　　　）。
　　A. 14　　　　　　　B. 8　　　　　　　　C. 6　　　　　　　　D. 4

7. 三个网段192.168.1.0/24、192.168.2.0/24、192.168.3.0/24能够汇聚成（　　　）。
　　A. 192.168.0.0/22　　　　　　　　　　B. 192.168.1.0/22

C. 192.168.2.0/22 D. 192.168.3.0/22

8. 某公司IP申请到一个C类网络，由于有地理位置上的考虑必须将其切割成14个子网，子网掩码要设为（ ）。

    A. 255.255.255.224   B. 255.255.255.192

    C. 255.255.255.254   D. 255.285.255.240

9. 没有任何子网划分的IP地址125.3.10.100的网络地址是（ ）。

    A. 125.0.0.0   B. 125.3.0.0   C. 125.3.10.0   D. 0.0.0.0

10. 在一个子网掩码为255.255.255.240的网络中，下列合法的网络地址是（ ）。

    A. 192.168.10.15   B. 192.168.10.16

    C. 192.168.10.17   D. 192.168.10.18

二、多项选择题

1. 以下是合法的子网掩码的有（ ）。

    A. 255.255.255.0   B. 255.55.0.0   C. 255.0.0.0   D. 255.255.252.0

    E. 255.255.100.0

2. 以下IP地址是表示网络地址的有（ ）。

    A. 192.168.1.0/24   B. 192.168.1.0/22   C. 192.168.0.0/22   D. 172.16.1.0/16

    E. 255.255.255.252

3. 以下IP地址中，处于同一网络的IP地址的有（ ）。

    A. 192.168.1.1/22   B. 192.168.2.1/22   C. 192.168.3.1/22   D. 192.168.4.1/22

    E. 192.168.5.1/22

4. 三级IP地址的组成包括（ ）。

    A. 网络号   B. 区域号   C. 子网号   D. 主机号

    E. 地址号

5. 下列IP地址为广播地址的是（ ）。

    A. 192.168.1.255 /22   B. 192.168.2.255 /22

    C. 192.168.3.255 /22   D. 192.168.4.255 /22

    E. 192.168.7.255 /22

三、判断题

1. 访问外网数据不需要设置网关。   （ ）

2. 子网掩码是由1和0组成，1与0可以自由组合，不需要连续。   （ ）

3. 在实际应用中，如果网络号相同，通过交换机就可以互相访问。   （ ）

4. IP地址202.100.25.98/28，所在的网络地址是202.100.25.96。   （ ）

5. 一个IP地址划分子网后，划分的子网越多，每个子网中的可用IP数也越多。 （ ）

四、填空题

1. IP地址的主机部分若全为1，则表示_____地址。

2. A类IP地址的范围是_____。

3. 如果主机的IP地址为202.100.10.38，子网掩码为255.255.252.0，那么该主机所在的网络地址是_____。

4. 基于每类IP的网络进一步分成更小的网络的过程，称为_____。

5. C类网络中，若子网掩码为255.255.255.248，则每个子网中最多容纳的主机数为_____。

五、简答题

1. 某公司有6个部门，每个部门有30台计算机，公司申请了一个地址块是202.50.10.0/24的网络，求规划后的子网掩码。

2. 根据192.168.10.34/25，写出其所属的IP地址类别、子网掩码、网络号、主机号及该网段可用IP地址的范围。

3.7 单元测试

单元检测卷　试卷I

一、单项选择题

1. 在中继系统中，中继器处于（　　）。
   A. 物理层　　　　　B. 数据链路层　　　C. 网络层　　　　　D. 高层

2. 在OSI模型中，第N层和其上的N+1层的关系是（　　）。
   A. N层为N+1层服务
   B. N+1层将从N层接收的信息增加了一个头
   C. N层利用N+1层提供的服务
   D. N层对N+1层没有任何作用

3. IP地址是一个32位的二进制，它通常采用点分（　　）。
   A. 二进制数表示　B. 八进制数表示　C. 十进制数表示　D. 十六进制数表示

4. 若IP主机地址是192.168.5.121，则它的默认子网掩码是（　　）。
   A. 255.255.255.0　B. 255.0.0.0　　　C. 255.255.0.0　　　D. 255.255.255.127

5. 以下属于C类地址的是（　　）。
   A. 101.78.65.3　　B. 3.3.3.3　　　　C. 197.234.111.123　D. 23.34.45.56

6. 以下选项中合法的IP地址是（　　）。
   A. 210.2.223　　　　　　　　　　　B. 115.123.20.245
   C. 101.3.305.77　　　　　　　　　　D. 202, 38, 64, 4

7. DNS的作用是（　　）。
   A. 用来将端口翻译成IP地址　　　　B. 用来将域名翻译成IP地址
   C. 用来将IP地址翻译成硬件地址　　D. 用来将MAC翻译成IP地址

8. IP地址127.0.0.1是一个（　　　）地址。

    A. A类　　　　　　　B. B类　　　　　　　C. C类　　　　　　　D. 测试

9. 在OSI模型中，其主要功能是在通信子网中实现路由选择的是（　　　）。

    A. 物理层　　　　　B. 数据链路层　　　C. 网络层　　　　　D. 传输层

10. TCP/IP的四层分别是（　　　）。

    A. 网络接口层、网络互联层、传输层、应用层

    B. 物理层、网络层、传输层、应用层

    C. 网络接口层、网络互联层、网络层、传输层

    D. 数据链路层、网络层、传输层、应用层

11. 下列不属于应用层协议的是（　　　）。

    A. FTP　　　　　　B. HTTP　　　　　　C. DNS　　　　　　D. IP

12. IPv4的地址是（　　　）位。

    A. 16　　　　　　　B. 32　　　　　　　C. 64　　　　　　　D. 128

13. 在OSI参考模型中，物理层是指（　　　）。

    A. 物理设备　　　　B. 物理媒体　　　　C. 物理信道　　　　D. 物理连接

14. 一台主机的IP地址为202.113.224.68，子网掩码为255.255.255.0，那么这台主机的主机号为（　　　）。

    A. 64　　　　　　　B. 60　　　　　　　C. 8　　　　　　　D. 68

15. 高层互联是指传输层及其以上各层协议不同的网络之间的互联。实现高层互联的设备是（　　　）。

    A. 中继器　　　　　B. 网桥　　　　　　C. 路由器　　　　　D. 网关

16. 默认情况之下23端口提供的服务的是（　　　）。

    A. FTP　　　　　　B. Telnet　　　　　C. SSH　　　　　　D. Web

17. 在TCP/IP协议簇中，UDP工作在（　　　）。

    A. 应用层　　　　　B. 传输层　　　　　C. 网络互联层　　　D. 网络接口层

18. 文件传输使用的协议是（　　　）。

    A. SMTP　　　　　B. FTP　　　　　　C. SNMP　　　　　D. Telnet

19. 网络协议组成部分为（　　　）。

    A. 数据格式、编码、信号电平　　　　　B. 数据格式、控制信息、速度匹配

    C. 语法、语义、定时关系　　　　　　　D. 编码、控制信息、定时关系

20. 在TCP/IP体系结构中，与OSI参考模型的网络层对应的是（　　　）。

    A. 网络接口层　　　B. 网络互联层　　　C. 传输层　　　　　D. 应用层

二、多项选择题

1. 下面选项中数据链路层的主要功能有（　　　）。

    A. 提供对物理层的控制　　　　　　　　B. 差错控制

    C. 流量控制　　　　　　　　　　　　　D. 决定传输报文的最佳路由

    E. 提供端到端的可靠的传输

2. 网络层的功能包括（　　　　）。

    A. 拥塞控制   B. 路由选择   C. 差错控制   D. 流量控制

    E. 提供物理链接

3. 下列关于IP的定义正确的是（　　　　）。

    A. 是传输层协议

    B. 和TCP一样，都是面向连接的协议

    C. 是网际层协议

    D. 是面向无连接的协议，可能会使数据丢失

    E. 对数据包进行相应的寻址和路由

4. TCP/IP模型中定义的层次结构中包含（　　　　）。

    A. 传输层   B. 应用层   C. 物理层   D. 网络层

    E. 用户层

5. 下列协议属于应用层的是（　　　　）。

    A. ICMP   B. SMTP   C. Telnet   D. FTP

    E. DHCP

三、判断题

1. Internet的应用最成熟的模型是ISO参考模型。   （　　）

2. DNS是一种树形结构的域名空间。   （　　）

3. 网卡实现了OSI开放系统七层模型中的网络层的功能。   （　　）

4. 要访问Internet一定要安装TCP/IP。   （　　）

5. 网络协议的三个要素是语法、语义和时序。   （　　）

6. ARP用于实现从主机名到IP地址的转换。   （　　）

7. TCP/IP模型和OSI参考模型都采用了分层体系结构。   （　　）

8. UDP和TCP是传输层的两个重要协议。   （　　）

9. TCP/IP是Internet的核心，利用TCP/IP可以方便地实现多个网络的无缝连接。

    （　　）

10. 数据链路层是TCP/IP的一部分。   （　　）

四、填空题

1. TCP是_____（可靠/不可靠）的。

2. FTP的含义是_____。

3. B类网中能够容纳最大的主机地址数是_____。

4. UDP是指_____协议，TCP是指_____协议。

5. 把众多计算机有机连接起来要遵循的约定和规则是_____。

6. 如果节点IP地址为128.202.10.38，子网掩码为255.255.255.0，那么该节点所在子网的网络地址是_____。

7. IPv4地址由_____位的二进制数组成。

8. ISO/OSI参考模型从低到高依次是物理层、数据链路层、网络层、_____、会话层、表示层和应用层。

9. 网络协议由语法、_____和时序三要素组成。

10. FTP服务的默认端口号是_____。

五、简答题

1. 请写出OSI参考模型各层名称及单位和网络设备。

2. 某部门为了方便管理，通过子网划分，将IP地址192.168.110.0划分成15个子网，求：划分后的子网掩码及每个子网最多的主机数。

单元检测卷　试卷Ⅱ

一、单项选择题

1. 网络适配器运行在OSI参考模型的（　　　）。
   A. 物理层　　　　　B. 数据链路层　　　　C. 网络层　　　　　D. 高层

2. 在OSI模型中，第N层和其上的N-1层的关系是（　　　）。
   A. N层为N-1层服务
   B. N-1层将从N层接收的信息增加了一个头
   C. N层和N-1层互不提供服务
   D. N层对N-1层没有任何作用

3. MAC地址有48位，它通常采用（　　　）。
   A. 二进制数表示　　B. 八进制数表示　　C. 十进制数表示　　D. 十六进制数表示

4. 若IP主机地址是191.168.5.121，则它的默认子网掩码是（　　　）。
   A. 255.255.255.0　　B. 255.0.0.0　　　　C. 255.255.0.0　　　D. 255.255.255.128

5. 以下不属于C类地址的是（　　　）。
   A. 192.1.1.1　　　B. 191.1.1.1　　　C. 197.234.111.123　　D. 223.34.45.56

6. 以下选项中（　　　）是不合法的子网掩码。
   A. 255.255.0.0　　B. 192.0.0.0　　　C. 255.255.255.128　　D. 255.255.100.0

7. ARP的作用是（　　　）。
   A. 用来将端口翻译成IP地址　　　　　B. 用来将域名翻译成IP地址
   C. 用来将IP地址翻译成硬件地址　　　D. 用来将MAC翻译成IP地址

8. IP地址202.100.100.100是一个（　　　）。
   A. 广播地址　　　　B. 主机地址　　　　C. 网络地址　　　　D. 测试地址

9. 在OSI模型中，其主要功能是实现通信子网中的端到端的透明传输的是（　　　）。
   A. 物理层　　　　　B. 数据链路层　　　C. 网络　　　　　　D. 传输层

10. TCP/IP的网络接口层对应OSI参考模型的（　　　）。
    A. 网络层　　　　　　　　　　　　　B. 物理层、数据链路层
    C. 物理层、数据链路层、网络层　　　D. 物理层、数据链路层、网络层、传输层

11. 下列不属于网际层协议的是（　　　）。

    A. TCP　　　　　　B. ICMP　　　　　　C. ARP　　　　　　D. IP

12. IPv6的地址是（　　　）位。

    A. 16　　　　　　B. 32　　　　　　C. 64　　　　　　D. 128

13. 数据链路层的数据块称为（　　　）。

    A. 信息　　　　　　B. 报文　　　　　　C. 帧　　　　　　D. 比特流

14. 一台主机的IP地址为202.113.224.68，子网掩码为255.255.0.0，那么这台主机的网络号为（　　　）。

    A. 202.113　　　　B. 224.68　　　　C. 68　　　　D. 202.113.224

15. IP中的"无连接"指的是（　　　）。

    A. 数据通信双方在通信时不需要建立连接

    B. 数据通信双方在通信之前不需要事先建立连接

    C. 数据通信双方在通信时进行无线连接

    D. 数据通信双方停止相互之间的连接

16. 下面提供FTP服务的默认TCP端口号是（　　　）。

    A. 21　　　　　　B. 25　　　　　　C. 23　　　　　　D. 80

17. 在TCP/IP协议簇中，IP工作在（　　　）。

    A. 应用层　　　　B. 传输层　　　　C. 网络互联层　　　　D. 网络接口层

18. 邮件传输使用的是（　　　）。

    A. SMTP　　　　　B. FTP　　　　　C. SNMP　　　　　D. Telnet

19. 以下地址是私有地址的是（　　　）。

    A. 100.1.2.100　　B. 172.31.33.50　　C. 191.168.10.255　　D. 172.10.5.5

20. 在OSI参考模型中，与TCP/IP体系结构的应用层对应的是（　　　）。

    A. 应用层　　　　　　　　　　　　B. 应用层、表示层

    C. 应用层、表示层、会话层　　　　D. 应用层、表示层、会话层、传输层

二、多项选择题

1. 在交换机中创建VLAN的优点有（　　　）。

    A. 有效减少广播包　　　　　　　B. 灵活创建虚拟工作组

    C. 提高安全性　　　　　　　　　D. 增加广播包

    E. 以上都不是

2. 以下不是网络层的功能有（　　　）。

    A. 确保数据的正确传输　　　　　B. 确定数据包的转发和路由选择

    C. 差错控制　　　　　　　　　　D. 流量控制

    E. 调制和解调

3. 下列关于UDP的定义正确的是（　　　）。

    A. 是传输层协议　　　　　　　　B. 和IP一样，都是面向无连接的协议

C. 是网际层协议　　　　　　　　　　D. 传输效率较高

E. 对数据包进行相应的寻址和路由

4. 以下IP地址中，表示广播地址的有（　　　　）。

A. 172.16.10.255　　B. 172.16.255.255　　C. 192.168.10.255　　D. 192.168.255.255

E. 10.10.255.255

5. 下列协议不属于应用层的是（　　　　）。

A. ICMP　　　　　　B. SMTP　　　　　　C. Telnet　　　　　　D. FTP

E. DHCP

三、判断题

1. IPv6是为解决IP地址匮乏而设计的。　　　　　　　　　　　　　　　　（　　　）

2. IP地址又称为物理地址。　　　　　　　　　　　　　　　　　　　　　（　　　）

3. 路由器实现OSI开放系统七层模型中的网络层的功能。　　　　　　　　（　　　）

4. IP地址与域名相互映射使用的NDS协议。　　　　　　　　　　　　　　（　　　）

5. 在局域网中，一般都使用私有IP地址。　　　　　　　　　　　　　　　（　　　）

6. RARP用于实现从主机名到IP地址的转换。　　　　　　　　　　　　　（　　　）

7. RIP也称为路由信息协议，支持的跳跃数为15。　　　　　　　　　　　（　　　）

8. IP和TCP是传输层的两个重要协议。　　　　　　　　　　　　　　　　（　　　）

9. DHCP是动态主机配置协议，可能提升地址的使用效率。　　　　　　　（　　　）

10. NMP也称网络管理协议，是互联网家族中的一个组播协议。　　　　　（　　　）

四、填空题

1. B类地址第一个字节的取值范围是_____。

2. 网络地址是由网络地址+_____。

3. 本地（私有）地址，用于本地网络内部组网使用，_____（能/不能）在互联网上使用。

4. 划分子网的方法是从_____借用若干位作为子网号。

5. 把IP地址与子网掩码按位_____运算得到网络号_____。

6. 不同的VALN间进行相互通信时，_____（需要/不需要）路由支持。

7. 域名地址与IP地址转换的协议是_____。

8. TFTP也称为_____。

9. 检查网络和不通的指令是_____。

10. 数据的压缩、解压、加密、解密是在_____层完成的。

五、简答题

1. 在校园网中，通过子网划分，给某个处室分配的IP地址块是192.168.20.0/28，则该IP地址块最多给多少台计算机提供IP地址？

2. 写出IP地址172.16.3.55/16的网络号、主机号，默认子网掩码及该网段的网络地址和广播地址。

单元4
计算机网络设备

网络设备是用来将各类服务器、计算机、应用终端等节点相互连接，构成信息通信网络的专用硬件设备，包括信息网络设备、通信网络设备、网络安全设备等。常见网络设备有交换机、路由器、防火墙、网桥、集线器、网关、VPN服务器、网络接口卡（NIC）、无线接入点（WAP）、调制解调器、5G基站、光端机、光纤收发器、光纤等。广义上，接入网络的设备都可以称作网络设备，比如，网络计算机、网络打印机、网络摄像头、远程终端单元（RTU）、智能手机等。

4.1 传输介质

学习目标

> 理解双绞线的基本工作原理。
> 熟悉不同传输介质的种类及特点。
> 能够准确写出T568A和T568B的线序。
> 熟练掌握网络连接直连线和交叉线的制作。
> 掌握光纤熔接的技术及熔接技巧。

内容梳理

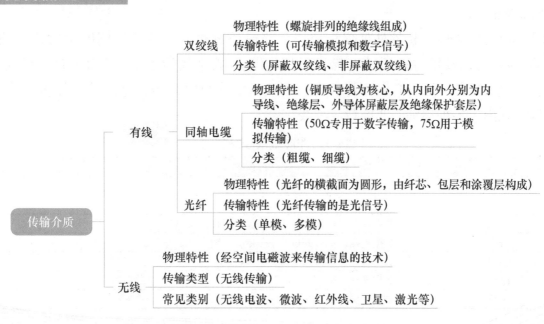

传输介质是指在网络中传输信息的载体，常用的传输介质分为有线传输介质和无线传输介质两大类。不同的传输介质，其特性也各不相同，它们不同的特性对网络中数据通信质量和通信速度有较大影响。有线传输介质是指在两个通信设备之间实现物理连接的部分，它能将信号从一方传输到另一方，有线传输介质主要有双绞线、同轴电缆和光纤，双绞线和同轴电缆传输电信号，光纤传输光信号。无线传输介质主要有无线电波、红外线、微波、卫星和激光等。

1. 双绞线

1）结构。双绞线（Twisted Pair，TP）是综合布线工程中最常用的一种传输介质。双绞线由两根绝缘铜导线相互缠绕而成，把两根绝缘的铜导线按一定密度互相绞在一起，可降低信号干扰的程度，每一根导线在传输中辐射的电波也会被另一根导线上发出的电波抵消。把一对或多对双绞线放在一个绝缘套管中便成了双绞线电缆，如在局域网中常用的5类、6类、7类双绞线就是由4对铜导线组成的。双绞线具有直径小、重量轻、易弯曲、易安装、阻燃性、独立性和灵活性等优点，因此在计算机网络布线中应用极为广泛。当然由于其存在传输距离短、传输速率较慢等问题，所以还需要与其他传输介质配合使用。双绞线在传输过程中既可传输模拟信号也可传输数字信号，可以用于点对点连接，也可用于多点连接。双绞线结构如图4-1所示。

图4-1　双绞线结构

2）分类。双绞线按结构分为非屏蔽双绞线（Unshielded Twisted Pair，UTP）和屏蔽双绞线（Shielded Twisted Pair，STP）。屏蔽双绞线通过在双绞线外加上一层金属屏蔽层，可有效地降低电磁干扰，具有更高的传输性能，但价格也更高。

3）区别。屏蔽双绞线电缆的外层由铝箔包裹，可以减少辐射，但不能完全消除辐射。屏蔽双绞线价格相对较高，安装时要比非屏蔽双绞线电缆困难。类似于同轴电缆，它必须配有支持屏蔽功能的特殊连接器和相应的安装技术，但它有较高的传输速率，100m内可达到155Mbit/s。

非屏蔽双绞线电缆由多对双绞线和一个塑料外皮构成。计算机网络中常使用的是3类、5类、超5类以及目前的6类非屏蔽双绞线电缆。3类双绞线适用于大部分计算机局域网络，而5、6类双绞线利用增加缠绕密度、高质量绝缘材料，极大地改善了传输介质的性质。表4-1列出了各种类别的非屏蔽双绞线。

表4-1　非屏蔽双绞线类别

类　别	说　明
1类	电话连接，不适合传输数据
2类	数据连接，≤4 Mbit/s——令牌环网
3类	数据连接，≤10 Mbit/s——以太网10Base-T
4类	数据连接，≤16 Mbit/s——令牌环网
5类	数据连接，≤100 Mbit/s——以太网
超5类	数据连接，≤1 Gbit/s——以太网
6类	数据连接，≥1 Gbit/s——以太网

4）RJ-45接线标准。双绞线中有8条线缆，线缆两端针脚引线的排列有两种类型：直通线和交叉线。"针脚引线"是指电缆中使用的彩色线缆与RJ-45接口特定位置的针脚关系，针脚引线有T568A和T568B两种标准，见表4-2和表4-3。

表4-2　EIA/TIA 568A接线标准

RJ-45线槽	1	2	3	4	5	6	7	8
颜　色	白绿	绿	白橙	蓝	白蓝	橙	白棕	棕

表4-3　EIA/TIA 568B接线标准

RJ-45线槽	1	2	3	4	5	6	7	8
颜　色	白橙	橙	白绿	蓝	白蓝	绿	白棕	棕

5）跳线种类。①交叉线（也称反接线）：两端分别使用不同的接线标准，一端是T568A、另一端是T568B，用于连接相同或相似类型的设备，如交换机和交换机、计算机和路由器。A-B端接交叉线线序为：A1-B3，A2-B6，A3-B1，A4-B4，A5-B5，A6-B2，A7-B7，A8-B8。②直通线（也称正接线）：两端线序一致，用于连接不同类型的设备。比如路由器和交换机、计算机和交换机。A-B端接直通线线序为：A1-B1，A2-B2，A3-B3，A4-B4，A5-B5，A6-6，A7-B7，A8-B8。

2. 同轴电缆

1）结构。同轴电缆以一条铜质导线为核心，从内向外分别为内导线、绝缘层、外导体屏蔽层及绝缘保护套层。常用的同轴电缆有50Ω及75Ω两种型号，50Ω同轴电缆用于数字信号传输，75Ω同轴电缆最初用于模拟信号传输，目前较常用于传输数字信号。同轴电缆比双绞线的抗干扰屏蔽能力强，可实现更远距离上的高速数据传输。同轴电缆的外导体屏蔽层设计使其具有高传输带宽和低噪声干扰的特性。通常，网络中的传输带宽由电缆材质、长度、信号信噪比等因素决定，现代线缆可达到近1GHz带宽的传输性能。同轴电缆过去被广泛应用于电话网络中的远距离通信，但目前更多的是使用光纤作为远距离通信介质。同轴电缆在有线电视和城域网中具有广泛的应用。同轴电缆结构如图4-2所示。

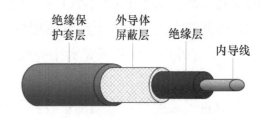

图4-2　同轴电缆结构

2）分类。同轴电缆可分为两种基本类型，基带同轴电缆和宽带同轴电缆。基带同轴电缆根据其直径大小可以分为：粗同轴电缆与细同轴电缆。

3）主要特征。①粗同轴电缆，一段的传输距离为500m（最大为2500m）；细同轴电缆，一段的传输距离为185m（最大为925m）。②细同轴电缆造价便宜，抗干扰能力强，但可靠性差。③粗同轴电缆造价较贵，但可靠性高，抗干扰能力强。④细同轴电缆安装容易，粗同轴电缆安装比较困难。两者维护与扩展均比较困难。

3. 光纤

1）结构。光纤是光导纤维的简称，光纤的横截面为圆形，由纤芯、包层和涂覆层构成。光纤的中心为玻璃纤维制成的纤芯，通常多模光纤纤芯的直径为50μm，约为一根头发的直径，而单模光纤纤芯的直径为8～10μm。光纤的构造接近同轴电缆，但与同轴电缆不同的是，光纤中没有附加网状屏蔽层。光纤结构如图4-3所示。

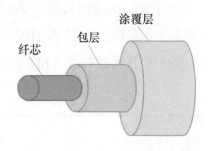

图4-3 光纤结构

2）分类。光纤按传输模式可以分为：单模光纤、多模光纤。①单模光纤：只传输一种模式的光，光信号沿轴路径直线传输；它适用于大容量、长距离的通信。②多模光纤：可以传输多种模式的光，光信号在光纤壁之间波浪式反射；传输距离较近，适用于建筑内。

3）主要特征。①传输频带宽，速率高。②传输损耗低，传输距离远。③抗干扰能力强。④误码率低，可靠性高。⑤抗化学能力强，机械强度低。⑥保密性好。

4. 无线传输介质

在计算机网络中，无线传输可以突破有线网的限制，利用空间电磁波实现站点之间的通信，且能为广大用户提供移动通信。最常用的无线传输介质有：无线电波、微波、红外线和激光等。

1）无线电波。无线电波是指在自由空间（包括空气和真空）传播的射频频段的电磁波。无线电技术是通过无线电波传播声音或其他信号的技术。

无线电技术的原理在于，导体中电流强弱的改变会产生无线电波。利用这一现象，通过调制可将信息加载于无线电波之上。电波通过空间传播到达收信端，电波引起的电磁场变化会在导体中产生电流。通过解调将信息从电流变化中提取出来，就达到了信息传递的目的。

2）微波。微波是指频率为300MHz～300GHz的电磁波，是无线电波中一个有限频带的简称，即波长在1m（不含1m）到1mm之间的电磁波，是分米波、厘米波、毫米波的统称。微波频率比一般的无线电波频率高，通常也称为"超高频电磁波"。

3）红外线。红外线是太阳光线中众多不可见光线中的一种，由德国科学家霍胥尔于1800年发现，又称为红外热辐射，他将太阳光用三棱镜分解开，在各种不同颜色的色带位置上放置了温度计，试图测量各种颜色的光的加热效应。结果发现，位于红光外侧的那支温度计升温最快，因此得到结论：在太阳光谱中，红光的外侧必定存在看不见的光线，这就是红外线。太阳光谱上红外线的波长大于可见光线，为0.75～1000μm。红外线可分为三部分，即近红外线，波长为0.75～1.50μm；中红外线，波长为1.50～6.0μm；远红外线，波长为6.0～1000μm。

应知应会

1. 双绞线制作步骤

1）剥线，用压线钳的剥线口剥开双绞线最外层保护套2cm左右。

2）理线，将绞在一起的4对8根线分开，按照双绞线制作标准排序理直。

3）剪线，用压线钳的剪刀口剪齐线端。

4）插线，将排列好的各条芯线同时插入RJ-45水晶头底部。

5）压线，将RJ-45水晶头插入压线钳的压线槽中，用力压下压线钳的手柄。

6）测线，使用网线测试仪对网线进行测试。

2. 光纤熔接技术

光纤熔接的方法一般有熔接、活动连接和机械连接三种。在实际工程中基本采用熔接法，因为熔接法的接点损耗小，反射损耗大，可靠性高。

（1）光纤熔接时应该遵循的原则

芯数相同时，要遵循同束管内的对应色光纤；芯数不同时，按顺序先熔接大芯数再熔接小芯数；常见的光纤有层绞式、骨架式和中心束管式，纤芯的颜色按顺序分为蓝、橘、绿、棕、灰、白、红、黑、黄、紫、粉、青。多芯光纤把不同颜色的光纤放在同一束管中成为一组，因此一根光纤内里可能有好几个束管，其中红色束管看作光纤的第一束管，顺时针依次为绿、白1、白2、白3等。

（2）光纤的熔接过程

1）剥开光纤，将光纤固定到接续盒内。在固定多束管层式光纤时由于要分层盘纤，各个束管应依序放置，以免缠绞。将光纤穿入接续盒，固定钢丝时一定要压紧，不能有松动，否则有可能造成光纤打滚折断纤芯。注意不要伤到束管，开剥长度取1m左右，用卫生纸将油膏擦拭干净。

2）将光纤穿过热缩管。将不同束管、不同颜色的光纤分开，穿过热缩套管。剥去涂抹层的光纤很脆弱，使用热缩套管可以保护光纤接头。

3）打开熔接机电源，选择合适的熔接方式。熔接机的供电有直流电和交流电两种，要根据供电电流的种类来合理开关。每次使用熔接机前，应使熔接机在熔接环境中放置至少15min。根据光纤类型设置熔接参数、预放电时间及主放电时间等。如没有特殊情况，一般选择用自动熔接程序。熔接机使用中和使用后要及时去除其中的粉尘和光纤碎末。

4）制作光纤端面。光纤端面制作的好坏将直接影响接续质量，所以在熔接前一定要做好合格的端面。

5）清洁裸纤。将棉花撕成表面平整的小块，蘸少许酒精，夹住已经剥开的光纤，顺光纤轴向擦拭，用力要适度，每次要使用棉花的不同部位和层面，这样可以提高棉花利用率。

6）切割裸纤。首先清洁切刀并调整切刀位置，切刀的摆放要平稳；切割时，动作要自然、平稳、勿重、勿轻，避免断纤、斜角、毛刺及裂痕等不良端面产生。

7）放置光纤。将光纤放在熔接机的V形槽中，轻轻地压上光纤压板和光纤夹具，根据光纤切割长度设置光纤在压板中的位置，关上防风罩，按熔接键即可自动完成熔接；熔接机显示屏上会显示估算的损耗值。

8）移出光纤。熔接完成后可移出光纤，并按需测试光纤线路有无故障。完成之后，小心翼翼移出光纤。

典型例题

【例1】（单项选择题）下列可以表示双绞线类别的是（   ）。

    A. 宽带和基带   B. 模拟和数字   C. 基带和频带   D. 屏蔽和非屏蔽

【解析】本题主要考查双绞线的分类。双绞线可分为屏蔽双绞线（STP）和非屏蔽双绞线（UTP）。

【答案】D

【例2】（多项选择题）在制作双绞线的过程中需要用到的有（   ）。

    A. 老虎钳   B. 水晶头   C. 网线钳   D. 测线仪

    E. 螺丝刀

【解析】本题主要考查双绞线的制作与连接方法，制作工具包括双绞线、RJ-45水晶头、压线钳和测线仪。

【答案】BCD

【例3】（判断题）局域网内不能使用光纤作为传输设备。（   ）

【解析】本题主要考查光纤的应用场景。光纤既可以在广域网中使用也可以在局域网中使用。

【答案】错误

知识测评

一、单项选择题

1. 下列采用 RJ-45 接头作为连接器件的传输介质是（   ）。

    A. 闭路线   B. 电话线   C. 双绞线   D. 音频线

2. 在10Base-T网络中，数据传输速率及每段的最大长度分别为（   ）。

    A. 100Mbit/s，200m   B. 10Mbit/s，100m

    C. 200Mbit/s，200m   D. 200Mbit/s，100m

3. 要将两台交换机通过双绞线直接相连，那么双绞线的接法应该是（   ）。

    A. T568A-T568B   B. T568A-T568A

    C. T568B-T568B   D. 任意接法都行

4. 下列传输介质中，抗干扰能力最强的是（   ）。

    A. 同轴电缆   B. 双绞线   C. 光纤   D. 微波

5. 在计算机网络中，下列传输介质中属于有线传输介质的是（   ）。

    A. 微波   B. 红外线   C. 双绞线   D. 激光

6. 学校楼宇间距大于300m时进行布线，最适宜采用的传输介质是（   ）。

    A. 细缆   B. 粗缆   C. 双绞线   D. 光纤

7. 双绞线制作ElA/TIA 568A的标准线序是（　　　）。

    A. 白绿、绿、白橙、蓝、白蓝、橙、白棕、棕

    B. 白橙、橙、白绿、蓝、白蓝、绿、白棕、棕

    C. 橙、白橙、绿、白蓝、蓝、白绿、白棕、棕

    D. 绿、白绿、橙、白蓝、蓝、白橙、白棕、棕

8. 在双绞线中增加屏蔽层可以减少（　　　）。

    A. 信号衰减　　　　B. 电磁干扰　　　　C. 物理损坏　　　　D. 电缆阻抗

9. 下列属于无线传输介质的是（　　　）。

    A. 双绞线　　　　B. 光纤　　　　C. 同轴电缆　　　　D. 微波

10. 双绞线的绝缘铜导线按一定密度绞在一起的目的是（　　　）。

    A. 增大抗拉强度　　　　　　　　B. 提高抗干扰能力

    C. 提高传输速率　　　　　　　　D. 增加传输的距离

二、多项选择题

1. 千兆以太网可以使用的传输介质有（　　　）。

    A. 2类双绞线　　　　B. 光纤　　　　C. 超5类双绞线　　　　D. 3类双绞线

    E. 6类双绞线

2. 以下属于光纤特点的是（　　　）。

    A. 传输频带宽　　　　B. 传输距离远　　　　C. 稳定性差　　　　D. 质地较坚硬

    E. 抗干扰能力强

3. 有关双绞线标准10Base-5和100Base-T的描述中，正确的是（　　　）。

    A. "10"表示传输速率　　　　　　　　B. "5"表示单段距离最大为500m

    C. "Base"表示宽带传输　　　　　　　D. "T"表示介质类型为非屏蔽双绞线

    E. "100"表示最多可连接100个网络

4. 局域网常用的有线传输介质包括（　　　）。

    A. 双绞线　　　　B. 光纤　　　　C. 微波　　　　D. 红外线

    E. 同轴电缆

5. 以下两种设备的连接采用直连线的是（　　　）。

    A. 交换机-计算机　　　　　　　　B. 交换机-路由器

    C. 计算机-计算机　　　　　　　　D. 计算机-路由器

    E. 交换机-交换机

三、判断题

1. 光纤是网络中传输速率最高的传输介质。　　　　　　　　　　　　　　（　　　）

2. 使用网卡实现双机互联时，使用的双绞线是交叉线。　　　　　　　　　（　　　）

3. 传输速率要求达到100Mbit/s时，可采用的双绞线是5类线。　　　　　（　　　）

4. 细同轴电缆单段最长185m，最大传输距离可达925m。　　　　　　　　（　　　）

5. 双绞线按传输特性分为7类，其中7类线的传输速率最快。　　　　　　　（　　　）

四、填空题

1. 用5类双绞线制作一根交叉线，一端采用的是EIA/TIA 568A标准，另一端采用的是EIA/TIA_____标准。

2. 计算机网络的传输介质分为无线传输介质和_____。

3. 光纤可以分为单模光纤和_____光纤。

4. 制作双绞线过程包括剥、理、剪、插、压和_____。

5. 双绞线有两种连接法，即交叉线与_____。

五、简答题

1. 请按顺序简要写出制作一根双绞线的步骤（提示：最后一步是测线）。

2. 网络传输介质分为哪两类？分别举例说明这两种类型的常用传输介质。

4.2 常用网络设备

学习目标

➤ 熟练掌握常见网络设备的应用。

➤ 能够准确描述交换机的主要功能并掌握其基本应用。

➤ 能够准确描述路由器的主要功能并掌握其基本应用。

➤ 能够准确描述中继器、集线器、网桥的主要功能并掌握其基本应用。

内容梳理

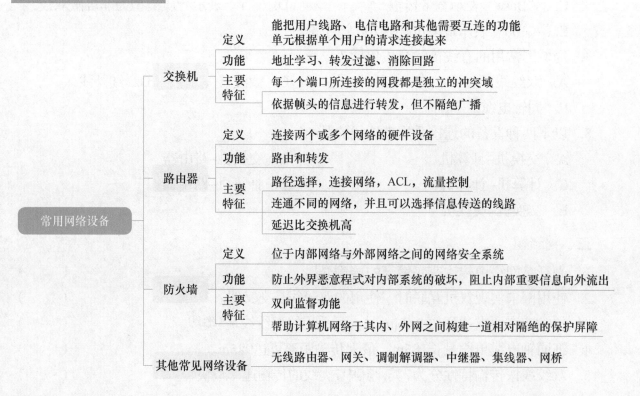

1. 网络适配器

1）定义。网络适配器（Network Interface Card，NIC）又称网卡或网络接口卡，将其插入主机扩展槽，就可与计算机相连。它是主机和网络的接口，用于协调主机与网络间数据、指令或信息的发送与接收。在发送方，把主机产生的串行数字信号转换成能通过传输媒介传输的比特流；在接收方，把通过传输媒介接收的比特流重组为本地设备可以处理的数据。由于其拥有MAC地址，因此属于OSI模型的第二层。

2）功能。网络适配器的主要功能包括数据的封装与解封、链路管理（CSMA/CD）和编码与译码。①数据的封装与解封。发送时将上一层传递来的数据加上首部和尾部，构成以太网的帧；接收时将以太网的帧剥去首部和尾部，然后送交上一层。②链路管理。主要是通过CSMA/CD（带有冲突检测的载波监听多路访问）协议来实现。③数据编码与译码。即曼彻斯特编码与译码，其中曼彻斯特码又称数字双向码、相位编码（PE），是一种常用的二元码线路编码方式，在物理层用来编码一个同步位流的时钟和数据。在通信技术中，用来表示所要发送比特流中的数据与定时信号所结合起来的代码；常用在以太网通信、列车总线控制、工业总线等领域。

3）物理地址（MAC地址）。每一个网卡都有一个被称为 MAC 地址的独一无二的48位二进制数，它被写在卡上的一块ROM中，在网络上的每一个计算机都必须拥有一个独一无二的MAC地址。它通常用12位十六进制来表示，如12-3F-45-01-B1-A3。

4）网卡分类。按总线类型分类：ISA总线型网卡、PCI总线型网卡、PCMCIA网卡；按接口分类：RJ-45网卡、BNC接口网卡、AUI接口网卡、光纤网卡、无线网卡等；按网络类型分类：以太网卡、令牌环网卡和ATM网卡。

2. 交换机

1）定义：交换机（Switch）也称为多端口网桥。交换机能把用户线路、电信电路和（或）其他需要互连的功能单元根据单个用户的请求连接起来。交换机处于数据链路层，常用于星形拓扑结构。在数据链路层中只能隔离冲突域，无法隔离广播域，交换机的每一个端口都是冲突域。

2）功能：交换机的主要功能包括地址学习、转发过滤和消除回路；目前交换机还具备了一些新的功能，如对VLAN（虚拟局域网）的支持、对链路汇聚的支持，甚至有的还具有防火墙的功能。

地址学习：以太网交换机了解每一端口相连设备的MAC地址，并将地址与端口的映射存放在MAC地址表中。

转发过滤：当一个数据帧的目的地址在MAC地址表存在时，它被转发到连接目的节点的端口而不是所有端口。

消除回路：当交换机包括一个冗余回路时，以太网交换机可以通过生成树协议（Spanning Tree Protocol，STP）避免回路的产生，同时允许存在后备路径。

3）工作原理：交换机通过MAC地址表查找目的MAC地址与端口的映射关系，然后把数据帧通过映射端口发送出去；若MAC地址表无法找到目的MAC地址的映射关系，将广播数据帧。

3. 路由器

1）定义。路由器（Router）是连接两个或多个网络的硬件设备，在网络间起网关的作用，是读取每一个数据包中的地址然后决定如何传送的专用智能性的网络设备。它能够理解不同的协议，例如某个局域网使用的以太网协议，互联网使用的TCP/IP，因此路由器通常用于连接两个异种网络，并使之相互通信。

2）功能。①进行基于IP地址的寻址和数据转发。②不同通信协议的转换，主要用于局域网和广域网，实现异种网络互联。③分割子网，可根据用户管理和安全要求把一个大网分割成若干个子网；合理地使用路由器分割网络，可有效地隔离广播域，提高网络的带宽利用率。④根据不同网络最大数据传输单元（MTU）的要求，对IP数据包分片调整大小，重新分组后进行传输。⑤路由器是多个网络间的交汇点，网间的信息流量都要经过路由器，因此可以在路由器上进行信息流的监控和管理，是一个集中实施访问控制的地点，对分组进行过滤，阻止非法的数据通过，起到"包过滤防火墙"的作用，实现一定程度的网络安全维护。⑥速率适配，不同接口具有不同的速率，路由器可以利用自己的缓冲区队列等能力实现对不同速率网络的适配。

3）工作原理。当一个数据包被路由器接收时，路由器会检查数据的IP地址，并判断这个数据包是用于它自己的网络还是其他网络。如果路由器判断这个数据包用于它自己，则会接收；如果不是用于它自己，则会拒绝。

4）路由选择。路由器一般有多个网络接口，包括局域网的网络接口和广域网的网络接口，每个网络接口连接不同的网络，是一个网状拓扑结构，这就为源主机通过网络到目的主机的数据传输提供了多条路径。路由选择就是从这些路径中寻找一条将数据包从源主机发送到目的主机的最佳传输路径的过程。图4-4为路由选择过程。

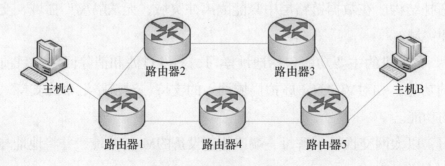

图4-4　路由选择过程

主机A向主机B发送数据时的路径选择和数据转发工作流程：①主机A将欲发送的数据（包括B的地址）发送给路由器1。②路由器1收到主机A的数据包以后，先从数据包中取出主机B的地址，再根据路由表从多条路径中计算出发往主机B的最短路径，这里假设该路径为主机A→路由器1→路由器4→路由器5→主机B，并将数据包转发给路由器4。③路由器4重复路由器1的工作，并将数据包转发给路由器5。④路由器5取出主机B的地址，发现主机B就在该路由器所连接的网络上，就将该数据包发往主机B。

5）路由协议。路由器的路径选择是根据其中的路由表来进行的，每个路由器都有一个路由表，路由器按照一定的路由算法建立并维护路由表，路由表中定义了从该路由器到目的主机的下一个路由器的路径。所以路由选择是通过在当前路由器的路由表中找出对应于该数据包目的地址的下一个路由器来实现的。

路由协议是指路由选择协议，是实现路由选择算法的协议。网络互联中常用的路由协议有RIP、OSPF、BGP等。开放式最短路由优先OSPF协议是IETF定义的一种基于链路状态的内部网关路由协议。RIP是一种基于距离矢量算法的路由协议，存在收敛慢、易产生路由环路、可扩展性差等问题，目前已逐渐被OSPF取代。

由此可见，路由器的主要工作就是为经过其中的每个数据帧寻找一条最佳传输路径，并将该数据有效地传送到目的站点；选择最佳路径的策略，即路由算法是路由器的关键所在。为了完成这项工作，在路由器中保存着各种传输路径的相关数据——路由表（Routing Table），供路由选择时使用。路由表中保存着子网的标志信息、网上路由器的个数和下一个路由器的名字等内容。路由表可以是由系统管理员固定设置好的，也可以由系统动态修改，可以由路由器自动调整，也可以由主机控制。

静态路由：由系统管理员事先设置好固定的路由称为静态（Static）路由，一般是在系统安装时就根据网络的配置情况预先设定的，它不会因网络结构的改变而改变。

动态路由：动态（Dynamic）路由是路由器根据网络系统的运行情况而自动调整的路由。路由器根据路由选择协议（Routing Protocol）提供的功能，自动学习和记忆网络运行情况，在需要时自动计算数据传输的最佳路径。

4. 防火墙

1）定义：防火墙（Firewall）是指设置在不同网络或安全域之间的一系列部件的组合，是位于内部网络与外部网络之间的网络安全系统。

2）功能：防火墙有双向监督功能，可以防止外界恶意程式对内部系统的破坏，或者阻止内部重要信息向外流出。防火墙帮助计算机网络于其内、外网之间构建一道相对隔绝的保护屏障。

5. 无线路由器

1）定义：无线路由器是带有无线覆盖功能的路由器。

2）功能：实现网络互联，数据处理和网络管理三项基本能力。

6. 网关

1）定义：网关（Gateway）又称网间连接器或协议转换器。网关就是一个网络连接到另一个网络的"关口"。网关在传输层上用于实现网络互联，是最复杂的网络互联设备，仅用于两个高层协议不同的网络互联。

从一个房间走到另一个房间，必然要经过一扇门；同样，从一个网络向另一个网络发送信息，也必须经过一道"关口"，这道关口就是网关。顾名思义，网关（Gateway）就是一个网络连接到另一个网络的"关口"。

2）功能：网关是一种充当转换重任的计算机系统或设备。在使用不同的通信协议、数据格式或语言，甚至体系结构完全不同的两种系统之间，网关是一个翻译器。与网桥只是简单地传达信息不同，网关对收到的信息要重新打包，以适应目的系统的需求。同时，网关也可以提供过滤和安全功能。大多数网关运行在OSI七层协议的顶层——应用层。

在没有路由器的情况下，两个网络之间是不能进行TCP/IP通信的，即使是两个网络连接在同一台交换机（或集线器）上，TCP/IP也会根据子网掩码（255.255.255.0）判定两个网络中的主机处在不同的网络里，而要实现这两个网络之间的通信，则必须通过网关。

对默认网关，其意思是一台主机如果找不到可用的网关，就把数据包发给默认指定的网关，由这个网关来处理数据包。现在主机使用的网关一般指的是默认网关，所以只有设置好网关的IP地址，TCP/IP才能实现不同网络之间的相互通信。

7. 调制解调器

1）定义：调制解调器（Modulator/Demodulator，Modem）是指在往铜线或电话拨号连接的传输中，使用载波编码数字信号的设备。Modem可以双向通信，因为每个Modem都包含输出数据编码和输入数据解码的电路。

2）功能：所谓调制，就是把数字信号转换成电话线上传输的模拟信号；解调，即把模拟信号转换成数字信号。

3）分类：外置式和内置式。

4）工作原理：在发送端，将计算机串行口产生的数字信号调制成可以通过电话线传输的模拟信号；在接收端，调制解调器把输入计算机的模拟信号转换成相应的数字信号。

8. 中继器

1）定义：中继器（Repeater，RP）是连接网络线路的一种装置，常用于两个网络节点之间物理信号的双向转发工作。它完成物理线路连接，对衰减的信号进行放大，保持与原数据相同。它用于连接同一个网络或多个网段，常用于总线型网络，属于物理层，与高层协议无关。在以太网标准中只允许5个网段，最多使用4个中继器，3个终端。

2）功能：对接收到的信号进行再生和发送，从而增加信号传输的距离。

3）特点：由中继器连接起来的两端必须采用相同的介质访问控制协议（只识别物理层数据格式）。

4）工作原理：当电信号在传输介质传输时，电信号随着电缆长度的增加而减弱，导致信号失真，中继器会对衰减的信号进行放大处理，使得传输的数据和原数据相同，从而解决了信号失真的问题。

9. 集线器

1）定义：集线器（Hub）是指将多条以太网双绞线或光纤集合连接在同一段物理介质下的设备。从某种角度来说，可以将集线器看成"多端口的中继器"。集线器工作在物理层，常常作为星形网络拓扑结构的中心节点。单一网段共享介质的以太网（集线器上的所有端口共享同一个带宽）的数据传输均采用CSMA/CD方式。

2）功能：对接收的信号进行再次整形放大，以扩大网络的传输距离，同时把所有节点集中在以它为中心的节点上。

3）工作原理：首先是节点发信号到线路，集线器接收该信号，因信号在电缆传输中有衰减，集线器接收信号后将衰减的信号整形放大，最后集线器将放大的信号广播转发给其他所有端口。

4）分类：有5口、8口、12口、16口、24口、48口，其中常用24口集线器。还可以分为10Mbit/s、100Mbit/s、10/100Mbit/s自适应集线器。

10. 网桥

1）定义：网桥是根据物理地址过滤和转发数据包的连接设备，它工作于OSI模型的数据链路层。

2）功能：计算机网络中网桥的主要功能是根据目标的MAC地址阻止或转发数据，隔离冲突域（转发过滤）。

3）工作原理：当网桥收到一个数据帧后，首先将它传送到数据链路层进行差错校验，然后送至物理层，通过物理层传输机制再传送到另一个子网上，在转发数据帧之前，网桥对数据帧的格式和内容不做或只做很少的修改。

4）特点：①网桥能够连接两个采用不同数据链路层协议、不同传输介质、不同传输速率与不同拓扑结构的网络。②网桥以接收、存储、地址过滤与转发的方式实现互联的网络之间的通信。③网桥需要互联的网络在数据链路层以上采用相同的协议。④网桥可以分隔两个网络之间的广播通信量，有利于改善互联网络的性能与安全性。

应知应会

1. 路由器的优点

1）路由器就像是双层的立交桥，各个方向的车辆都能畅通无阻。

2）路由可以给局域网计算机自动分配IP地址，实现虚拟拨号。

3）对于复杂的网络拓扑结构，路由器可提供负载共享和最优路径选择。

4）能更好地处理多媒体。

5）隔离不需要的通信量。

6）节省局域网的频宽。

7）减少主机负担。

2. 交换机的工作原理

1）交换机根据收到数据帧中的源MAC地址建立该地址同交换机端口的映射，并将其写入MAC地址表中。

2）交换机将数据帧中的目的MAC地址同已建立的MAC地址表进行比较，以决定由哪个端口进行转发。

3）如数据帧中的目的MAC地址不在MAC地址表中，则向所有端口转发。这一过程称为泛洪（Flooding）。

4）广播帧和组播帧向所有的端口转发。

3. 交换机与集线器区别

1）集线器属于物理层设备，交换机属于数据链路层设备。集线器只是对数据的传输起到同步、放大和整形的作用，对于数据传输中的短帧、碎片等无法进行有效的处理，不能保证数据传输的完整性和正确性；而交换机不但可以对数据的传输做到同步、放大和整形，而且可以过滤短帧、碎片等问题。

2）集线器是一种广播模式，集线器的某个端口工作的时候，其他所有端口都能够收听到信息，容易产生广播风暴，当网络较大时，网络性能会受到很大影响；而交换机就能够避免这种现象，当交换机工作的时候，只有发出请求的端口与目的端口之间相互响应而不影响其他端口，因此交换机能够隔离冲突域并有效地抑制广播风暴的产生。

3）集线器不管有多少个端口，所有端口都共享一条带宽，在同一时刻只能有两个端口传送数据，其他端口只能等待，同时集线器只能工作在半双工模式下；交换机每个端口都有一条独占的带宽，当两个端口工作时不影响其他端口的工作，同时交换机不仅可以工作在半双工模式下，还可以工作在全双工模式下。

4. 路由器和交换机的区别

交换机工作在OSI参考模型的第二层即数据链路层，而路由器工作在OSI参考模型的第三层即网络层；交换机利用物理地址即MAC地址来确定转发数据的目的地址，而路由器则利用不同网络的ID号即IP地址来确定数据转发的地址；交换机只能分割冲突域，不能分割广播域，而路由器可以分割广播域且路由器提供了防火墙功能。路由器仅转发特定地址的数据包，不传送那些不支持路由协议的数据包和未知网络的数据包。

典型例题

【例1】（单项选择题）具有路由器的功能和交换机性能的设备是（　　　　）。

　　A. 集线器　　　　　B. 网桥　　　　　　C. 二层交换机　　　D. 三层交换机

【解析】本题考查三层交换机的知识。三层交换机具有路由器的功能和交换机性能。

【答案】D

【例2】（单项选择题）下列MAC地址正确的是（   ）。

    A. 54-18-56-88-16
        B. 21-10-4C-66-53

    C. 00-06-5E-4C-A5-B0
        D. 10-16-7B-5C-21-2H

【解析】本题考查网卡的地址格式。网卡地址通常用12位十六进制数来表示，十六进制数的数码用0-9，A-F。

【答案】C

【例3】（判断题）在计算机网络中，路由器可以实现局域网与广域网的连接。（   ）

【解析】本题考查路由器的知识。路由器可以用于实现局域网与广域网的连接。

【答案】正确

知识测评

一、单项选择题

1. 路由器的英文名称是（   ）。

    A. DCE
        B. DTE
        C. Router
        D. Modem

2. 工作在OSI参考模型网络层的网络设备是（   ）。

    A. 集线器
        B. 中继器
        C. 路由器
        D. 交换机

3. 网卡的MAC地址用十六进制数表示，其位数是（   ）。

    A. 12位
        B. 32位
        C. 64位
        D. 128位

4. 防火墙的作用是（   ）。

    A. 防止网络信息丢失
        B. 防止对网络的非法访问

    C. 防止网络失火
        D. 防止网络中断

5. 下列关于路由器的描述中不正确的是（   ）。

    A. 至少有两个网络接口
        B. 用于网络之间的连接

    C. 主要功能是路由选择
        D. 在OSI参考模型的数据链路层

6. 一台12口100Mbit/s的以太网交换机的总宽带是（   ）。

    A. 5Mbit/s
        B. 24Mbit/s
        C. 1200Mbit/s
        D. 2400Mbit/s

7. 企业网要与Internet互联，必须用到的网络设备是（   ）。

    A. 中继器
        B. 调制解调器
        C. 交换器
        D. 路由器

8. 以下不属于交换机功能的是（   ）。

    A. 地址学习
        B. 路由转发
        C. 信号过滤
        D. 消除回路

9. 以下属于调制解调器在OSI参考模型中的工作层次是（   ）。

    A. 物理层
        B. 数据链路层
        C. 网络层
        D. 传输层

10. 下列设备中，用于延长线缆传输距离的是（   ）。

    A. 交换机
        B. 中继器
        C. 路由器
        D. 网关

二、多项选择题

1. 以下属于路由器的主要功能的是（　　　　　）。

 A. 网络管理　　　　　B. 路由选择　　　　　C. 数据包的转发　　D. 分组过滤

 E. 流量控制

2. 计算机网络中具有路径选择功能和判断网络地址的设备有（　　　　　）。

 A. 路由器　　　　　　B. 集线器　　　　　　C. 三层交换机　　　D. 网关

 E. 二层交换机

3. 下列关于防火墙功能描述中正确的是（　　　　　）。

 A. 防止火势蔓延　　B. 阻挡攻击　　　　　C. 入侵检测　　　　　D. 屏蔽垃圾信息

 E. 访问权限控制

4. 以下属于网络适配器功能的是（　　　　　）。

 A. 数据的封装与解封　　　　　　　B. 链路管理

 C. 编码与译码　　　　　　　　　　D. 数据缓存

 E. 路径选择

5. 下列关于路由器和交换机的异同描述正确的是（　　　　　）。

 A. 两者工作层次不同　　　　　　　B. 两者数据转发所依据的对象不同

 C. 两者都可以分割广播域　　　　　D. 路由器提供了防火墙功能

 E. 交换机提供路由选择功能

三、判断题

1. 交换机是大型网络中常用的设备，不适用于局域网。　　　　　　　　（　　　）

2. 网卡的MAC地址是48位二进制数。　　　　　　　　　　　　　　　（　　　）

3. 交换机工作在OSI参考模型的网络层。　　　　　　　　　　　　　　（　　　）

4. 把模拟信号转换成数字信号的过程称为调制。　　　　　　　　　　　（　　　）

5. 中继器可以为接入交换机的任意两个节点提供独享的信号通道。　　　（　　　）

四、填空题

1. 网卡地址也称为_____地址。

2. 交换机采用的连接方式是堆叠和_____。

3. 按照网络覆盖范围分，交换机分为局域网交换机和_____换机。

4. 路由器最主要的功能是_____。

5. 路由表包括静态路由表和_____。

五、简答题

1. 请说明中继器、交换机和路由器各自的主要功能，以及它们分别工作在网络体系结构的哪一层。

2. 简述路由器的主要功能。

4.3 Cisco Packet Tracer入门

学习目标

➤ 了解Packet Tracer基本概述。

➤ 能够熟练使用Packet Tracer。

➤ 能够正确使用VLAN划分技术。

➤ 能够熟练掌握静态路由配置方法。

➤ 能够熟悉掌握防火墙的配置方法。

内容梳理

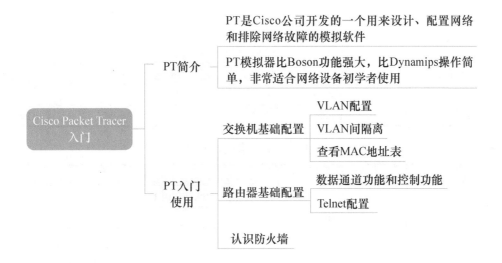

知识概要

1. Packet Tracer简介

Packet Tracer（简称PT）是由Cisco公司发布的一个辅助学习工具，为网络课程的初学者设计、配置网络和排除网络故障提供了网络模拟软件。用户可以在软件的图形用户界面上直接使用拖拽方法建立网络拓扑，并可提供数据包在网络中行进的详细处理过程，观察网络实时运行情况。Packet Tracer模拟器软件比Boson功能强大，比Dynamips操作简单，非常适合网络设备初学者使用。

2. 交换机基础配置

1）VLAN概述。VLAN（Virtual Local Area Network，虚拟局域网）可将局域网设备从逻辑上划分成一个个网段。VLAN技术的出现，使得管理员可以根据实际应用需求，把同一物理局域网内的不同用户逻辑地划分成不同的广播域，每一个VLAN都包含一组有着相同需求的计算机工作站，与物理上形成的LAN有着相同的属性。VLAN技术主要应用于交换机和路由器中，目前主流应用还是在交换机之中。

2）交换机的基本配置与管理。交换机的管理方式基本分为两种：带内管理和带外管理。通过交换机的Console端口管理交换机属于带外管理，这种管理方式不占用交换机的网络端口，第一次配置交换机必须利用Console端口进行配置；通过Telnet、拨号等方式属于带内管理。

3）交换机VLAN配置案例。

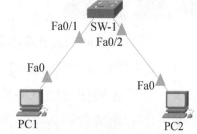

图4-5　VLAN配置

【实验环境】实验设备包含1台2960交换机，2台计算机和2条直连线。在交换机SW-1中，创建VLAN 10和VLAN 20，PC1配置地址192.168.10.1/24，PC2配置地址192.168.10.2/24，实现VLAN间隔离，同时查看MAC地址表，VLAN配置如图4-5所示，设备接口连接表见表4-4，设备接口地址表见表4-5，设备配置内容见表4-6，配置测试信息见表4-7。

【设备信息】

表4-4　设备接口连接表

设 备 名 称	接　　口	设 备 名 称	接　　口
SW-1	Fa0/1	PC1	Fa0
SW-2	Fa0/2	PC2	Fa0

表4-5　设备接口地址表

设 备 名 称	接　　口	网 络 地 址	网 关 地 址
PC1	NIC	192.168.10.1/24	
PC2	NIC	192.168.10.2/24	

【配置信息】

表4-6　设备配置内容

设 备 名 称	配 置 信 息
SW-1	Switch>enable Switch#configure terminal Switch(config)#hostname SW-1 SW-1(config)#vlan 10 SW-1(config-vlan)#vlan 20 SW-1(config-vlan)#exit SW-1(config)#interface fastEthernet 0/1 SW-1(config-if)#switchport mode access SW-1(config-if)#switchport access vlan 10 SW-1(config-if)#exit SW-1(config)#interface fastEthernet 0/2 SW-1(config-if)#switchport mode access SW-1(config-if)#switchport access vlan 20
PC1	C:\>ipconfig IPv4 Address...................: 192.168.10.1 Subnet Mask...................: 255.255.255.0
PC2	C:\>ipconfig IPv4 Address...................: 192.168.10.2 Subnet Mask...................: 255.255.255.0

表4-7　配置测试信息

测 试 项 目	测 试 结 果
PC1与PC2的连通性测试	C:\>ping 192.168.10.2 Pinging 192.168.10.2 with 32 bytes of data: Request timed out. Request timed out. Request timed out. Request timed out. Ping statistics for 192.168.10.2: Packets: Sent = 4, Received = 0, Lost = 4 (100% loss),
查看MAC地址	SW-1#show mac-address-table Vlan　　Mac Address　　　　Type　　　　　Ports 10　　　0001.6320.7906　　DYNAMIC　　Fa0/1 20　　　0002.16c5.2abc　　DYNAMIC　　Fa0/2

3. 路由器基础配置

路由器是在网络层实现互联的设备。路由器是一种连接多个网络或网段的网络设备，它能将不一样的网络或网段之间的数据信息进行"翻译"，以使它们相互"读懂"数据，从而构成一个更大的网络。路由器有两大典型功能，即数据通道功能和控制功能。数据通道功能包括转发决定、背板转发以及输出链路调度等，一般由特定的硬件来完成；控制功能一般用软件来实现，包括与相邻路由器之间的信息交换、系统配置、系统管理等。

为了更好学习路由器的配置，明晰带内管理与带外管理的区别，接下来通过Telnet配置案例学习路由器基础配置。

【实验环境】实验设备包含1台2811路由器，1台2960交换机，1台计算机，2条直连线和1条Console配置线。通过PC1的Console配置，在路由器RT-1上，配置虚拟终端0-4，口令为Cisco，使能口令class，实现PC1可以Telnet连接路由器并进行配置，路由器Telnet配置如图4-6所示，设备接口连接表见表4-8，设备接口地址表见表4-9，设备配置内容见表4-10，配置测试信息见表4-11。

图4-6　路由器Telnet配置

【设备信息】

表4-8　设备接口连接表

设 备 名 称	接　　口	设 备 名 称	接　　口
RT-1	Fa0/0	SW-1	Fa0/1
SW-1	Fa0/2	PC1	Fa0

表4-9　设备接口地址表

设备名称	设备名称	网络地址	网关地址
RT-1	Fa0/0	192.168.1.254/24	
PC1	NIC	192.168.1.10/24	192.168.1.254

【配置信息】

表4-10　设备配置内容

设备名称	配置信息
RT-1	Router>enable Router#configure terminal Router(config)#hostname RT-1 RT-1(config)#interface fastEthernet 0/0 RT-1(config-if)#ip address 192.168.1.254 255.255.255.0 RT-1(config-if)#no shutdown RT-1(config-if)#exit RT-1(config)#enable password class RT-1(config)#line vty 0 4 RT-1(config-line)#login RT-1(config-line)#password Cisco RT-1(config)#enable password class
PC1	C:\>ipconfig IP Address.......................: 192.168.1.10 Subnet Mask.....................: 255.255.255.0 Default Gateway................: 192.168.1.254

【结果测试】

表4-11　配置测试信息

设备名称	测试结果
PC1	C:\>telnet 192.168.1.254 Password: RT-1>enable Password: RT-1#

4. 认识防火墙

防火墙是设置在被保护网络和外部网络之间的一道屏障。它可以实现保护网络的安全，以防止发生不可预测、潜在的破坏性侵入。防火墙本身具有较强的抗攻击能力，它是提供信息安全服务、实现网络和信息安全的基础设施。

没有网络安全就没有国家安全，严峻的网络安全形势促进了防火墙技术的不断发展。防火墙是一种综合性的科学技术，涉及网络通信、数据加密、安全策略、信息安全、硬件研制、软件开发等综合性课题。

安全区域是防火墙中重要的概念，防火墙可以将不同的接口划分到不同的安全区域。一个安全区域可以说是若干个接口的集合，一个安全区域里面的接口具有相同的安全属性。华为防火墙划分为四个默认安全区域，即受信区域（Trust）、非受信区域（Untrust）、非军事化区域（DMZ）和本地区域（Local）。

1）受信区域，指内网终端用户所在的区域。

2）非受信区域，通常将Internet等不安全的网络划分为Untrust区域。

计算机网络技术基础教程

3）非军事化区域，通常将内网服务器所在区域划分为DMZ区域。

4）本地区域，指的是设备本身。

默认的安全区域不能删除，每个安全区域设置了固定的优先级，优先级值越大，表示优先级越高，安全区域的值见表4-12。

表4-12　安全区域的值

安全区域名称	安全区域优先级
受信区域（Trust）	85
非受信区域（Untrust）	5
非军事化区域（DMZ）	50
本地区域（Local）	100

应知应会

交换机最基本的作用是用作端口扩展，即扩大局域网的接入点，也就是能让局域网连入更多的计算机。路由器的作用是实现网间连接，也就是用来连接不同的网络。因此，路由器与交换机是存在较大差异的网络设备，差异主要体现在以下几个方面。

1. 工作层次不一样

最初的交换机工作在OSI/RM开放体系结构的数据链路层，也就是第二层，而路由器一开始就规划工作在OSI模型的网络层。由于交换机工作在OSI的第二层（数据链路层），所以它的工作原理比较简单，而路由器工作在OSI的第三层（网络层），可以得到更多的协议信息，路由器可以做出更加智能的转发决策。

2. 数据转发所依据的对象不一样

交换机利用物理地址或者MAC地址来确定转发数据的目的地址。而路由器则利用不同网络的ID（即IP地址）来确定数据转发的地址。IP地址是在软件中实现的，描述的是设备所在的网络，有时这些第三层的地址也称为协议地址或者网络地址。MAC地址通常是硬件自带的，由网卡生产商来分配，而且已经固化到了网卡中，一般来说是不可更改的；而IP地址则通常由网络管理员或系统自动分配。

3. 路由器可以分割广播域，传统的交换机只能分割冲突域

由交换机连接的不同网段仍属于同一个广播域，广播数据包会在交换机连接的所有网段上传播，在某些情况下会导致通信拥挤并产生安全漏洞。连接到路由器上的不同网段会被分配成不一样的广播域，广播数据不会穿过路由器。虽然第三层以上交换机具有VLAN功能，也可以分割广播域，但是各子广播域之间是不能通信交流的，它们之间的交流依旧需要路由器。

4. 路由器提供了防火墙的服务

路由器仅仅转发特定地址的数据包，不传送不支持路由协议的数据包和未知目标网络的数据包，因而可以防止广播风暴。交换机一般用于LAN-WAN的连接，归于网桥，是数据链路层的设备，有些交换机也可以实现第三层的交换。路由器用于WAN-WAN之间的连接，可以实现异构网络之间转发分组，作用于网络层。它们是从一条线路上接收输入分组，然后

向另一条线路转发。这两条线路可能分属于不一样的网络，并采用不一样协议。相比较而言，路由器的功能较交换机要强大，但速度相对慢、价格昂贵，第三层交换机既有交换机线迅速转发报文能力，又有路由器良好的控制功能，因此得以广泛使用。

典型例题

【例1】（单项选择题）以下是PT提供的工作模式的是（　　）。

A．及时模式　　　　B．实时模式　　　　C．反馈模式　　　　D．物理模式

【解析】本题考查的是PT工作模式。PT提供两种工作模式：实时模式（Real-time）与模拟模式（Simulation）。

【答案】B

【例2】（判断题）PT可以仿真Cisco交换机、路由器。（　　）

【解析】本题考查PT的功能。PT可以仿真Cisco交换机、路由器、终端和服务器等。

【答案】正确

知识测评

一、单项选择题

1. 在界面左下角设备类型库区域，从左到右，从上到下的第一个设备是（　　）。

A．路由器　　　　B．交换机　　　　C．集线器　　　　D．无线设备

2. （　　）不是Packet Tracer窗口中线缆两端亮点的状态。

A．亮绿色　　　　B．红色　　　　C．黄色　　　　D．橙色

3. （　　）不属于Packet Tracer的界面组成。

A．菜单栏　　　　B．工具区　　　　C．设备列表区　　　　D．编码区

4. 在模拟器中构建一个网络，测试计算机1和计算机2之间连通的命令是（　　）。

A．ARP　　　　B．nslookup　　　　C．ping　　　　D．show

5. 下列能实现不同VLAN互相通信的网络设备是（　　）。

A．二层交换机　　　　B．三层交换机　　　　C．集线器　　　　D．中继器

6. VLAN表示（　　）。

A．无线局域网　　　　B．百兆以太网　　　　C．虚拟光纤网　　　　D．虚拟局域网

7. 下列不属于交换机配置模式的是（　　）。

A．特权模式　　　　B．全局模式　　　　C．用户模式　　　　D．电路配置模式

8. 要查看交换机端口加入VLAN的情况，正确使用的命令是（　　）。

A．show vlan 　　　　　　　　　　B．show running-config

C．show hosts 　　　　　　　　　　D．show IP access-list

二、多项选择题

1. 以下关于命令行配置方式正确的是（　　）。

A．可以用"no 命令"撤销已经输入的命令

B. 用户模式可以查看设备状态

C. 特权模式可以清除设备控制信息

D. 全局模式可以对设备进行配置

E. 用户模式不能直接转换到全局模式

2. （　　　　　）是Cisco Packet Tracer支持的设备类型。

A. Router（路由器）　　　　　　　B. Switch（交换机）

C. Hub（集线器）　　　　　　　　D. Wireless Device（无线设备）

E. Connection（连接线缆）

3. 在VLAN中定义VLAN的好处有（　　　　　）。

A. 广播控制　　　B. 网络监控　　　C. 安全性　　　D. 灵活管理

E. 配置管理

三、判断题

1. 默认模式是PT提供工作模式。　　　　　　　　　　　　　　　　　（　　　）

2. 终端、服务器和路由器同时安装的接口模块数量是有限的。　　　　（　　　）

3. 可以在用户模式下通过"show"命令查看设备状态和控制信息。　　（　　　）

4. 通过将光标移动到某个设备上可以查看该设备部分端口状态。　　　（　　　）

5. 线缆两端圆点颜色显示红色的意思是指物理连接不通，没有信号。　（　　　）

6. 静态路由表是由系统管理员事先设置好固定的路由表。　　　　　　（　　　）

四、填空题

1. PT提供两个工作区包括逻辑工作区（Logical）与_____。

2. Packet Tracer是_____开发的一个用来设计、配置网络和排除网络故障的模拟软件。

3. 交换机端口处于"阻塞"状态，Packet Tracer窗口中线缆两端圆点显示的颜色是_____。

4. 命令RouterA(config)#ip route 192.168.1.0 255.255.255.0 10.0.0.2的作用是_____。

五、简答题

1. 简述Packet Tracer的使用步骤。

2. 请说明Packet Tracer的作用。

3. VLAN划分有哪些好处?

4.4 网络设备配置

学习目标

➢ 能够熟练掌握单臂路由配置方法。

➤ 能够熟练掌握RIP动态路由配置方法。

➤ 能够熟练掌握OSPF动态路由配置方法。

内容梳理

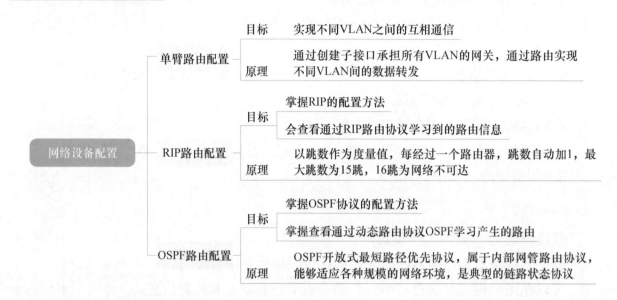

知识概要

路由是指通过相互连接的网络把信息从源地点移动到目标地点的活动。一般在路由过程中，信息会经过一个或多个中间节点。通常人们会把路由和交换进行对比，这主要是因为在普通用户看来两者所实现的功能是完全一样的。其实，路由和交换之间的主要区别就是交换发生在OSI参考模型的第二层（数据链路层），而路由发生在第三层，即网络层。这一区别决定了路由和交换在移动信息的过程中需要使用不同的控制信息，所以两者实现各自功能的方式是不同的。为了更好地认识路由，接下来将分别介绍单臂路由、RIP路由和OSPF路由的配置。

1. 单臂路由配置

单臂路由是指在路由器的一个接口上通过配置子接口（也称为逻辑接口）的方式，实现原来相互隔离的不同VLAN（虚拟局域网）之间的互相通信。路由器的物理接口可以被划分成多个逻辑接口，这些被划分后的逻辑接口被形象地称为子接口。这些逻辑子接口不能被单独开启或关闭，也就是说，当物理接口被开启或关闭时，该接口的所有子接口也随之被开启或关闭。

【实验环境】实验设备包含1台2811路由器，1台2960交换机，2台计算机和3条直连线。通过在路由器RT-1的Fa0/0接口上配置子接口、在交换机SW-1上正确配置Trunk口并进行VLAN划分，实现VLAN间互联，单臂路由配置如图4-7所示，设备接口连接表见表4-13，

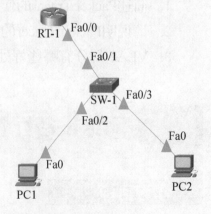

图4-7　单臂路由配置

设备接口地址表见表4-14，设备配置内容见表4-15，配置测试信息见表4-16。

【设备信息】

表4-13　设备接口连接表

设 备 名 称	接　　口	设 备 名 称	接　　口
RT-1	Fa0/0	SW-1	Fa0/1
SW-1	Fa0/2	PC1	Fa0
SW-1	Fa0/3	PC2	Fa0

表4-14　设备接口地址表

设 备 名 称	接　　口	网 络 地 址	网 关 地 址
RT-1	Fa0/0.10	192.168.10.254/24	
RT-1	Fa0/0.20	192.168.20.254/24	
PC1	NIC	192.168.10.10/24	192.168.10.254
PC2	NIC	192.168.20.10/24	192.168.20.254

【配置信息】

表4-15　设备配置内容

设 备 名 称	配 置 信 息
RT-1	Router>enable Router#configure terminal Router(config)#hostname RT-1 RT-1(config)#interface FastEthernet0/0 RT-1(config-if)#no shutdown RT-1(config-if)#exit RT-1(config)#interface fastEthernet 0/0.10 RT-1(config-subif)#encapsulation dot1Q 10 RT-1(config-subif)#ip address 192.168.10.254 255.255.255.0 RT-1(config)#interface fastEthernet 0/0.20 RT-1(config-subif)#encapsulation dot1Q 20 RT-1(config-subif)#ip address 192.168.20.254 255.255.255.0
SW-1	Switch>enable Switch#configure terminal Switch(config)#hostname SW-1 SW-1(config)#vlan 10 SW-1(config-vlan)#vlan 20 SW-1(config)#interface fastEthernet 0/1 SW-1(config-if)#switchport mode trunk SW-1(config)#interface fastEthernet 0/2 SW-1(config-if)#switchport mode access SW-1(config-if)#switchport access vlan 10 SW-1(config)#interface fastEthernet 0/3 SW-1(config-if)#switchport mode access SW-1(config-if)#switchport access vlan 20
PC1	C:\>ipconfig IP Address...........................: 192.168.10.10 Subnet Mask.......................: 255.255.255.0 Default Gateway.................: 192.168.10.254
PC2	C:\>ipconfig IP Address...........................: 192.168.20.10 Subnet Mask.......................: 255.255.255.0 Default Gateway.................: 192.168.20.254

【结果测试】

表4-16　配置测试信息

设 备 名 称	测 试 结 果
PC1	C:\>ping 192.168.10.10 Request timed out. Reply from 192.168.10.10: bytes=32 time<1ms TTL=127 Reply from 192.168.10.10: bytes=32 time=1ms TTL=127 Reply from 192.168.10.10: bytes=32 time=16ms TTL=127

2. RIP路由配置

RIP是一种较为简单的内部网关协议，主要用于规模较小的网络，是一种动态路由选择协议，用于自治系统（AS）内的路由信息的传递。RIP是基于距离矢量的算法，它通过UDP报文进行路由信息的交换，使用的端口号为520，使用"跳数"来衡量到达目标地址的路由距离。

这种协议的路由器只"关心"周围的世界，只与相邻的路由器交换信息，范围限制在15跳之内。

RIP的基本原理是：RIP通过广播UDP报文来交换路由信息，每30s发送一次路由信息更新。RIP提供跳跃计数（hop count）作为尺度来衡量路由距离，跳跃计数是一个数据包到达目标所必须经过的路由器数目。如果到相同目标有两个不等速或不同带宽的路由器，但跳跃计数相同，则RIP认为两个路由是等距离的。下面通过实验进一步学习RIP路由配置。

【实验环境】实验设备包含2台2811路由器，2台2960交换机，2台计算机和5条直连线。RIP路由配置如图4-8所示，设备接口连接表见表4-17，设备接口地址表见表4-18，设备配置内容见表4-19，路由信息查询见表4-20。

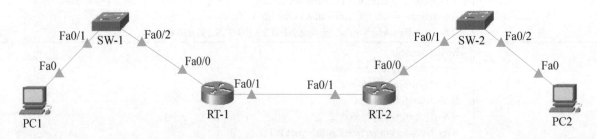

图4-8　RIP路由配置

【设备信息】

表4-17　设备接口连接表

设 备 名 称	接 口	设 备 名 称	接 口
RT-1	Fa0/0	SW-1	Fa0/2
RT-1	Fa0/1	RT-2	Fa0/1
RT-2	F0/0	SW-2	Fa0/1
SW-1	Fa0/1	PC1	Fa0
SW-2	Fa0/2	PC2	Fa0

计算机网络技术基础教程

128

表4-18　设备接口地址表

设 备 名 称	接　　口	网 络 地 址	网 关 地 址
RT-1	Fa0/0	192.168.1.1/24	
RT-1	Fa0/1	192.168.2.1/24	
RT-2	Fa0/0	192.168.3.1/24	
RT-2	Fa0/1	192.168.2.254/24	
PC1	NIC	192.168.1.10/24	192.168.1.1
PC2	NIC	192.168.3.10/24	192.168.3.1

【配置信息】

表4-19　设备配置内容

设 备 名 称	配 置 信 息
RT-1	Router>enable Router#configure terminal RT-1(config)#interface FastEthernet0/0 RT-1(config-if)#ip address 192.168.1.1 255.255.255.0 RT-1(config-if)#no shutdown RT-1(config)#interface FastEthernet0/1 RT-1(config-if)#ip address 192.168.2.1 255.255.255.0 RT-1(config-if)#no shutdown RT-1(config)#router rip RT-1(config-router)#version 2 RT-1(config-router)#no auto-summary RT-1(config-router)#network 192.168.1.0 RT-1(config-router)#network 192.168.2.0
RT-2	Router>enable Router#configure terminal Router(config)#hostname RT-2 RT-2(config)#interface FastEthernet0/0 RT-2(config-if)#ip address 192.168.3.1 255.255.255.0 RT-2(config-if)#no shutdown RT-2(config)#interface FastEthernet0/1 RT-2(config-if)#ip address 192.168.2.254 255.255.255.0 RT-2(config-if)#no shutdown RT-2(config)#router rip RT-2(config-router)#version 2 RT-2(config-router)#no auto-summary RT-2(config-router)#network 192.168.2.0 RT-2(config-router)#network 192.168.3.0
PC1	C:\>ipconfig IP Address.....................: 192.168.1.10 Subnet Mask.................: 255.255.255.0 Default Gateway.............: 192.168.1.1
PC2	C:\>ipconfig IP Address.....................: 192.168.3.10 Subnet Mask.................: 255.255.255.0 Default Gateway.............: 192.168.3.1

表4-20　路由信息查询

设 备 名 称	配 置 信 息
RT-1	RT-1#show ip route C 192.168.1.0/24 is directly connected, FastEthernet0/0 C 192.168.2.0/24 is directly connected, FastEthernet0/1 R 192.168.3.0/24 [120/1] via 192.168.2.254, 00:00:12,

3. OSPF路由配置

OSPF路由协议是用于网际协议IP网络的链路状态路由协议。该协议使用链路状态路由算法的内部网关协议（IGP），在单一自治系统（AS）内部工作。

OSPF是广泛使用的一种动态路由协议，它属于链路状态路由协议，具有路由变化收敛速度快、无路由环路、支持变长子网掩码（VLSM）和汇总、层次区域划分等优点。在网络中使用OSPF协议后，大部分路由将由OSPF协议自行计算和生成，无须网络管理员人工配置，当网络拓扑发生变化时，协议可以自动计算、更正路由，极大地方便了网络管理。各路由器负责发现、维护与邻居的关系，并将已知的邻居列表和链路费用LSU报文描述，通过可靠的泛洪与自治系统内的其他路由器周期性交互，学习到整个自治系统的网络拓扑结构；并通过自治系统边界的路由器注入其他AS的路由信息，从而得到整个Internet的路由信息。每隔一个特定时间，或者当链路状态发生变化时，重新生成LSA，路由器通过泛洪将新LSA通告出去，以便实现路由的实时更新。下面通过实验进一步学习OSPF路由配置。

【实验环境】实验设备包含2台2811路由器，2台2960交换机，2台计算机和5条直连线。网络拓扑结构如图4-9所示，设备接口连接表见表4-21，设备接口地址表见表4-22，设备配置内容见表4-23，路由信息查询见表4-24。

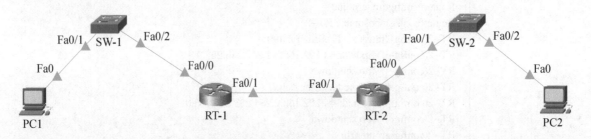

图4-9　网络拓扑结构

【设备信息】

表4-21　设备接口连接表

设 备 名 称	接 口	设 备 名 称	接 口
RT-1	Fa0/0	SW-1	Fa0/2
RT-1	Fa0/1	RT-2	Fa0/1
RT-2	F0/0	SW-2	Fa0/1
SW-1	Fa0/1	PC1	Fa0
SW-2	Fa0/2	PC2	Fa0

表4-22　设备接口地址表

设 备 名 称	接　口	网 络 地 址	网 关 地 址
RT–1	Fa0/0	192.168.1.1/24	
RT–1	Fa0/1	192.168.2.1/24	
RT–2	Fa0/0	192.168.3.1/24	
RT–2	Fa0/1	192.168.2.254/24	
PC1	NIC	192.168.1.10/24	192.168.1.1
PC2	NIC	192.168.3.10/24	192.168.3.1

【配置信息】

表4-23　设备配置内容

设 备 名 称	配 置 信 息
RT–1	Router>enable Router#configure terminal RT–1(config)#interface FastEthernet0/0 RT–1(config–if)#ip address 192.168.1.1 255.255.255.0 RT–1(config–if)#no shutdown RT–1(config)#interface FastEthernet0/1 RT–1(config–if)#ip address 192.168.2.1 255.255.255.0 RT–1(config–if)#no shutdown RT–1(config)#router ospf 1 RT–1(config–router)#router–id 1.1.1.1 RT–1(config–router)#network 192.168.1.0 0.0.0.255 area 0 RT–1(config–router)#network 192.168.2.0 0.0.0.255 area 0
RT–2	Router>enable Router#configure terminal Router(config)#hostname RT–2 RT–2(config)#interface FastEthernet0/0 RT–2(config–if)#ip address 192.168.3.1 255.255.255.0 RT–2(config–if)#no shutdown RT–2(config)#interface FastEthernet0/1 RT–2(config–if)#ip address 192.168.2.254 255.255.255.0 RT–2(config–if)#no shutdown RT–2(config)#router ospf 1 RT–2(config–router)#router–id 2.2.2.2 RT–2(config–router)#network 192.168.2.0 0.0.0.255 area 0 RT–2(config–router)#network 192.168.3.0 0.0.0.255 area 0
PC1	C:\>ipconfig IP Address........................: 192.168.1.10 Subnet Mask.......................: 255.255.255.0 Default Gateway..................: 192.168.1.1
PC2	C:\>ipconfig IP Address........................: 192.168.3.10 Subnet Mask.......................: 255.255.255.0 Default Gateway..................: 192.168.3.1

表4-24　路由信息查询

设 备 名 称	配 置 信 息
RT-1	RT-1#show ip route C 192.168.1.0/24 is directly connected, FastEthernet0/0 C 192.168.2.0/24 is directly connected, FastEthernet0/1 O 192.168.3.0/24 [110/2] via 192.168.2.254, 00:01:37, FastEthernet0/1

应知应会

路由的主要功能是寻径和转发。寻径的作用是寻找到达目的地的最佳路径，由路由选择算法来实现。常见的路由选择协议有路由信息协议（RIP）、开放式最短路径优先协议（OSPF）和边界网关协议（BGP）等。转发的作用是沿着最佳路径传送分组。下面将分别对RIP和OSPF路由协议的特点进行进一步陈述。

1. RIP特点

1）度量值：以"跳数"作为唯一度量值，在复杂的环境中可能会选出次佳路径，最大支持15跳。

2）路由表的建立：简单照抄，把自己没有的路由信息简单抄进路由表，对整个网络没有完整的认识。

3）信息的更新：每30s周期性的通告自己的路由表。收敛慢，且占用带宽，默认的无效时间180s、抑制时间180s、清除时间240s。

4）适用的环境：简单的小型网络环境。

5）会产生环路，但可以通过水平分割、路由毒化和毒性逆转等方式避免环路。

6）支持路由协议认证。

7）有两个版本。V1不支持VLSM，广播更新；V2支持VLSM，组播更新。

2. OSPF路由协议特点

1）OSPF适用于大范围的网络：OSPF协议当中对于路由的跳数是没有限制的，所以OSPF协议能用在许多场合，同时也支持更加广泛的网络规模。在组播的网络中，OSPF协议能够支持数十台路由器一起运作。

2）组播触发式更新：OSPF协议在收敛完成后，会以触发方式发送拓扑变化的信息给其他路由器，这样就可以减少网络宽带的利用率；同时可以减小干扰，特别是在使用组播网络结构对外发出信息时，它对其他设备不构成影响。

3）收敛速度快：如果网络结构出现改变，OSPF协议的系统会以最快的速度发出新的报文，从而使新的拓扑情况很快扩散到整个网络；OSPF采用周期较短的HELLO报文来维护邻居状态。

4）以开销作为度量值：OSPF协议在设计时就考虑到了链路带宽对路由度量值的影响。OSPF协议以开销值作为标准，而链路开销和链路带宽正好形成了反比的关系，带宽越高，开销越小，这样一来，OSPF选路主要基于带宽因素。

5）OSPF协议的设计是为了避免路由环路：在使用最短路径的算法下，收到路由中的链路状态，然后生成路径，这样不会产生环路。

6）应用广泛：广泛地应用在互联网上，大量的应用实例证明了这是使用最广泛的IPG之一。

7）OSPF协议的配置对于技术水平要求很高，配置比较复杂。因为网络会根据具体的参数给整个网络划分区域或者标注某个属性，所以各种情况都会非常复杂，这就要求网络分析员对OSPF协议的配置要非常了解，不但要求具有普通的网络知识技术，还要有更深层的技术理解，只有具备这种能力的人员才能完成OSPF协议的配置和日常维护。

8）路由其自身的负载分担能力很低。OSPF路由协议会根据几个主要的因素，生成优先级不同的接口。然而在同一个区域内，路由协议只会通过优先级最高的那个接口。只要是接口优先级低于最高优先级，路由就不会通过。在这个基础上，不同等级的路由，无法相互承担负载，只能独自运行。

典型例题

【例1】（单项选择题）以下需要网络管理员手动配置路由表项的是（　　　）。

    A. 间接路由　　　　　　　　　　B. 静态路由

    C. 动态路由　　　　　　　　　　D. 以上说法都不正确

【解析】本题考查静态路由的知识。静态路由的路由表项需要网络管理员手动配置。

【答案】B

【例2】（单项选择题）以下不属于动态路由协议的是（　　　）。

    A. RIP　　　　　　B. IS-IS　　　　　　C. ARP　　　　　　D. BGP

【解析】本题考查动态路由协议的知识。常见的动态路由协议包括RIP、OSPF、IS-IS、IGRP、EIGRP、BGP等。

【答案】C

【例3】（判断题）路由器由特权模式进入全局配置模式的命令是：Router#configure terminal。（　　　）

【解析】本题考查路由器的命令。路由器处在特权模式，进入全局配置模式需使用configure terminal命令。

【答案】正确

知识测评

一、单项选择题

1. 创建VLAN使用的模式是（　　　）。

    A. 用户模式　　　　　　　　　　B. 特权模式

    C. 全局配置模式　　　　　　　　D. 接口配置模式

2. 要在路由器中正确添加静态路由，以下命令正确的是（   ）。

    A. R(config)#ip route 192.168.3.0 255.255.255.0 192.168.2.2

    B. R#ip route 192.168.1.1 255.255.255.0 10.0.0.1

    C. R(config)#route add 172.16.50.1 255.255.255.0 192.168.1.1

    D. R(config)#route add 0.0.0.0 255.255.255.0 192.168.1.0

3. 以下不是划分VLAN带来的好处的是（   ）。

    A. 交换机不需要再配置   B. 机密数据可以得到保护

    C. 广播可以得到控制   D. 灵活的管理

4. 以下选项中，配置RIPv2的命令是（   ）。

    A. ip rip send v2   B. ip rip send v2

    C. ip rip send version 2   D. version 2

5. 初次对路由器进行配置时，采用的配置方式是（   ）。

    A. 通过Console口配置   B. 通过拨号远程配置

    C. 通过Telnet方式配置   D. 通过FTP方式配置

6. 如果将办公室网络加入到原来的网络中，手动配置IP路由表的命令是（   ）。

    A. RouteIP   B. ip route   C. Sh routeIP   D. Route Sh ip

二、多项选择题

1. 以下属于动态路由协议功能的是（   ）。

    A. 维护路由信息   B. 计算最佳路径

    C. 避免暴露网络信息   D. 发现网络

    E. 选择由管理员指定的路径

2. 以下关于RIP说法正确的是（   ）。

    A. 距离向量路由协议   B. 链路状态路由协议

    C. 内部网关协议   D. 外部网关协议

    E. 静态协议

3. 下列关于交换机命令说明正确的是（   ）。

    A. switch#write 保存配置信息

    B. switch#show vtp 查看vtp配置信息

    C. switch#show run 查看当前配置信息

    D. switch#show vlan 查看vlan配置信息

    E. switch#show interface 查看端口信息

4. RIP ver2对比RIP ver1，增加的新特性是（   ）。

    A. 提供组播路由更新   B. 鉴别

    C. 支持变长子网掩码   D. 安全授权

    E. 错误分析

三、判断题

1. 命令router#showIProute作用是显示配置信息。 （　　）
2. VLAN间路由只能通过三层路由技术来实现。 （　　）
3. vlan 20 name renshi命令可以创建vlan20，并命名为renshi。 （　　）
4. VLAN是在OSI参考模型的数据链路层实现的。 （　　）

四、填空题

1. 命令Router#configure terminal的作用是_____。
2. 命令Switch(vlan)#vlan 2的作用是_____。
3. 命令Switch(config)#interface vlan 2的作用是_____。
4. 命令R1(config)#router rip的作用是_____。

五、简答题

1. 简述静态路由和动态路由的区别。
2. 简述距离矢量协议和链路状态协议的区别。

4.5 单元测试

单元检测卷 试卷I

一、单项选择题

1. 计算机网络使用的传输介质包括（　　）。
   A. 电话线、光纤和双绞线　　　　　B. 有线介质和无线介质
   C. 光纤和微波　　　　　　　　　　D. 卫星和电缆

2. 网络带宽为4Mbit/s，那么下载一个60MB的电影，至少需要的时间是（　　）。
   A. 4min　　　　B. 30min　　　　C. 2min　　　　D. 400min

3. 必须使用调制解调器才能接入互联网的是（　　）。
   A. 局域网上网　　B. 广域网上网　　C. 专线上网　　D. 电话线上网

4. 在OSI的七层参考模型中，工作在第一层上的网络间连接设备是（　　）。
   A. 集线器　　　　B. 路由器　　　　C. 交换机　　　　D. 网关

5. 在常用的传输介质中，带宽最小、信号传输衰减最大、抗干扰能力最弱的一类传输介质是（　　）。
   A. 双绞线　　　　B. 光纤　　　　C. 同轴电缆　　　　D. 无线信道

6. 某学校网络中心到5号教学楼网络节点的距离大约为700m，用于连接它们之间的恰当传输介质是（　　）。
   A. 5类双绞线　　　B. 微波　　　　C. 光纤　　　　D. 同轴电缆

7. 制作T568A标准的双绞线引脚1的颜色是（　　）。

    A. 白绿　　　　　　B. 白橙　　　　　　C. 蓝　　　　　　D. 绿

8. 在以下传输介质中，传输带宽最高的是（　　）。

    A. 电话线　　　　　B. 光纤　　　　　　C. 双绞线　　　　　D. 同轴电缆

9. 家庭有线电视网络使用的传输介质是（　　）。

    A. 双绞线　　　　　B. 光纤　　　　　　C. 电缆线　　　　　D. 同轴电缆

10. 在下列传输介质中，错误率最低的是（　　）。

    A. 同轴电缆　　　　B. 双绞线　　　　　C. 卫星微波　　　　D. 光纤

11. 下列有关路由器功能的叙述中正确的是（　　）。

    A. 能扩大网络传输距离　　　　　　　B. 不同网络间的互联

    C. 会加强网络中的信号　　　　　　　D. 与集线器的功能相同

12. 5类非屏蔽双绞线的最高传输速率为（　　）。

    A. 10Mbit/s　　　　B. 50Mbit/s　　　　C. 500Mbit/s　　　D. 100Mbit/s

13. 网络中防火墙的主要功能是（　　）。

    A. 对数据进行加密处理　　　　　　　B. 提高网络的安全性

    C. 防止机房发生火灾　　　　　　　　D. 提高网络的传输速率

14. 下列传输介质中，不属于有线传输介质的是（　　）。

    A. 光纤　　　　　　B. 双绞线　　　　　C. 微波　　　　　　D. 同轴电缆

15. 10Base-T结构采用的转接头是（　　）。

    A. AUT　　　　　　B. BNC　　　　　　C. RJ-45　　　　　D. RJ-11

16. 要将电子阅览室的计算机组成局域网，下列最适合的传输介质是（　　）。

    A. 电源线　　　　　B. 光纤　　　　　　C. 电话线　　　　　D. 双绞线

17. 互联网上用于隔离外部网络与内部网络，防止内部网络被非法访问的是（　　）。

    A. 网卡　　　　　　B. 防火墙　　　　　C. 杀毒软件　　　　D. 机房防盗门

18. 下列只能简单再生信号的设备是（　　）。

    A. 中继器　　　　　B. 网桥　　　　　　C. 网卡　　　　　　D. 路由器

19. RJ-45水晶头的接头为（　　）芯。

    A. 2　　　　　　　　B. 4　　　　　　　　C. 6　　　　　　　　D. 8

20. 将双绞线制作成交叉线（一端按EIA/TIA568A线序，另一端按EIA/TIA568B线序），则该双绞线连接的两个设备可为（　　）。

    A. 交换机与交换机　　　　　　　　　B. 主机与交换机

    C. 主机与集线器　　　　　　　　　　D. 交换机与路由器

21. 网络中所使用的互联网设备Router称为（　　）。

    A. 集线器　　　　　B. 路由器　　　　　C. 服务器　　　　　D. 网关

22. 对付计算机黑客进入自己计算机的最有效手段是（　　）。

    A. 选择上网人数少的时段　　　　　　B. 设置安全密码

C. 安装防火墙　　　　　　　　　　D. 向ISP请求提供保护

23. 如果路由选择有问题，将向信源机发出（　　　）的报文。

　　A. 网络不可达　　B. 主机不可达　　C. 端口不可达　　D. 协议不可达

24. 具有很强的异种网络互联能力的广域网连接设备是（　　　）。

　　A. 路由器　　　　B. 网关　　　　　C. 网桥　　　　　D. 交换机

25. 非屏蔽双绞线接口采用（　　　）。

　　A. RJ-45　　　　B. F/O　　　　　C. AUI　　　　　D. BNC

26. 在电缆中屏蔽的好处是（　　　）。

　　A. 减少信号衰减　　　　　　　　　B. 减少电磁辐射干扰

　　C. 减少物理损坏　　　　　　　　　D. 减少电缆的阻抗

27. 根据（　　　）可将光纤分为单模光纤和多模光纤。

　　A. 光纤的粗细　　　　　　　　　　B. 光纤的传输速率

　　C. 光在光纤中的传播方式　　　　　D. 光纤的传输距离

28. FDDI是（　　　）。

　　A. 快速以太网　　　　　　　　　　B. 千兆以太网

　　C. 光纤分布式数据接口　　　　　　D. 异步传输模式

29. 万兆以太网使用的传输介质是（　　　）。

　　A. 电话线　　　　B. 同轴电缆　　　C. 双绞线　　　　D. 光纤

30. 以下设备不能配置IP地址的是（　　　）。

　　A. 路由器　　　　B. 二层交换机　　C. 网络打印机　　D. 网卡

31. 连接两个网段不同的局域网应使用（　　　）。

　　A. 网桥　　　　　B. 路由器　　　　C. 集线器　　　　D. 以上都是

32. 以下不属于网卡功能的是（　　　）。

　　A. 实现数据缓存　　　　　　　　　B. 实现某些数据链路层的功能

　　C. 实现物理层的功能　　　　　　　D. 数模转换功能

33. 当交换机处在初始状态时，通信方式采用（　　　）。

　　A. 广播　　　　　B. 组播　　　　　C. 单播　　　　　D. 以上都不正确

34. 负责两个网络之间转发报文，并选择最佳路由线路的设备是（　　　）。

　　A. 网卡　　　　　B. 交换机　　　　C. 路由器　　　　D. 防火墙

35. 以下属于正确的MAC地址的是（　　　）。

　　A. 33-22-55-18-01　　　　　　　B. 23-16-4D-16-77

　　C. 10-00-00-3C-4D-5E　　　　　D. 1H-01-8B-5C-03-22

36. 将局域网接入互联网，需要用到的连接设备是（　　　）。

　　A. 交换机　　　　B. 路由器　　　　C. Modem　　　　D. 集线器

37. 以下选项中表示交换机的是（　　　）。

　　A. Router　　　　B. Switch　　　　C. Gateway　　　　D. HUB

38. 欲将个人计算机接入网络不需要用到（　　　）。

    A. 网络适配器   B. 读卡器   C. 交换机   D. 双绞线

39. 路由选择协议位于（　　　）。

    A. 物理层   B. 数据链路层   C. 网络层   D. 应用层

40. 网卡属于OSI参考模型的（　　　）设备。

    A. 物理层   B. 数据链路层   C. 网络层   D. 传输层

41. 以太网交换机的最大带宽为（　　　）。

    A. 等于端口带宽   B. 大于端口带宽的总和

    C. 等于端口带宽的总和   D. 小于端口带宽的总和

42. 局域网已正确搭建完毕，网内的计算机要进行通信的必要条件是（　　　）。

    A. 设置子网掩码   B. 设置网关信息

    C. 设置IP地址   D. 安装浏览器

43. 与有线传输介质相比，无线传输介质的优越性在于（　　　）。

    A. 抗干扰能力更强，稳定性更好   B. 传输的距离不受限制，传输速率更快

    C. 不需要布线，安装更方便   D. 误码率更低，更安全

44. 下列有关光纤的叙述中，不正确的是（　　　）。

    A. 光纤传输的是光信号

    B. 单模光纤只能传输单一模式的光

    C. 单模光纤传输距离比多模光纤更远

    D. 多模光纤传输速率比单模光纤快

45. 双绞线由两根具有绝缘保护层的铜导线按一定密度互相绞在一起组成，这样可以（　　　）。

    A. 降低信号干扰的程度   B. 降低成本

    C. 提高传输速度   D. 没有任何作用

二、判断题

1. 交换机与路由器工作的层次不同。（　　　）

2. 交换机对数据的转发具有存储-转发功能。（　　　）

3. 千兆以太网的传输介质可以使用100Base-T双绞线。（　　　）

4. 直连线适用于同类设备连接，如主机到主机、HUB到HUB等。（　　　）

5. 路由器在选择路由时不仅要考虑目的站IP地址，还要考虑目的站的物理地址。（　　　）

6. 网桥是一种工作在数据链路层上，用于实现不同网络互联的设备。（　　　）

7. 蓝牙是一种短距离无线通信技术。（　　　）

8. 一张网卡只能绑定一个IP地址。（　　　）

9. 双绞线是目前带宽最宽、信号传输衰减最小、抗干扰能力最强的一类传输介质。

（　　）

10. 单模光纤的性能优于多模光纤。　　　　　　　　　　　　　　（　　）

11. 光纤是计算机网络中使用的无线传输介质。　　　　　　　　　（　　）

12. 网卡又称为网络适配器。　　　　　　　　　　　　　　　　　（　　）

13. 10Base-T标准采用的传输介质是双绞线。　　　　　　　　　　（　　）

14. 每一块网卡的MAC地址都是全球唯一的。　　　　　　　　　　（　　）

15. NIC表示网卡。　　　　　　　　　　　　　　　　　　　　　（　　）

16. 网卡的物理地址共有8个字节。　　　　　　　　　　　　　　　（　　）

17. 网桥用于连接不同网络，路由器用于连接同种网络。　　　　　（　　）

18. 本地网络若找不到网络连接，首先要检查网卡的驱动程序是否正确安装。

（　　）

19. 交换机的TP-Link端口用于级联。　　　　　　　　　　　　　（　　）

20. 集线器工作在OSI参考模型的网络层。　　　　　　　　　　　（　　）

三、填空题

1. 光纤分为多模光纤和单模光纤，其中数据传输性能较高的是_____。

2. 计算机网络互联时，三层交换机工作在ISO/OSI参考模型中的_____层。

3. 双绞线分为屏蔽双绞线和非屏蔽双绞线，是根据是否具有_____层来区分的。

4. 制作双绞线时，一端采用T568A，另一端采用T568B，这种连接方式称为_____。

5. 目前，在各类双绞线中传输速率最快的是_____。

6. 常用的有限数据传输介质有同轴电缆、双绞线和_____。

7. 在计算机网络中，为网络提供共享资源的基本设备是_____。

8. HUB的中文名称是_____。

9. 从网络覆盖范围分，交换机分为局域网交换机和_____。

10. 集线器发送数据的方式是_____。

单元检测卷 试卷Ⅱ

一、单项选择题

1. 要使计算机能搜索并连接到Wi-Fi信号，计算机必须配备（　　）。

　　A. 读卡器　　　　　　B. 摄像头　　　　　　C. 无线网卡　　　　　D. 探测仪

2. 在OSI参考模型中，中继器工作在（　　）。

　　A. 物理层　　　　　　B. 数据链路层　　　　C. 网络层　　　　　　D. 高层

3. 要将两台计算机通过网卡直接相连，那么双绞线的接法应该是（　　　）。

    A. T568A–T568B   B. T568A–T568A

    C. T568B–T568B   D. 任何接法都行

4. 交换机不具备的功能是（　　　）。

    A. 转发过滤   B. 回路避免   C. 路由转发   D. 地址学习

5. 如果在单位网络中，两个部门分别组建了自己的部门以太网，并且都选用了相同的网络操作系统，那么将这两个局域网互联最简单的方法是选用（　　　）。

    A. 交换机   B. 网关   C. 中继器   D. 集线器

6. 下列都属于网络连接设备的一组是（　　　）。

    A. 光纤和Modem   B. 集线器和路由器

    C. 服务器和显示器   D. 双绞线和防火墙

7. 路由器在两个网段之间转发数据包时，需要读取目的主机的（　　　）来确定下一跳转发路径。

    A. IP地址   B. MAC地址   C. 域名   D. 主机名

8. 两个网络要连接起来，实现共享上网，需要网关设备，以下（　　　）不可充当网关。

    A. 集线器   B. 三层交换机   C. 路由器   D. 服务器

9. 在下列传输介质中，（　　　）的传输速率最高。

    A. 双绞线   B. 同轴电缆   C. 光纤   D. 无线介质

10. 在一个采用粗缆作为传输介质的以太网中，两个节点之间的距离超过500m，那么最简单的方法是选用（　　　）来扩大局域网覆盖范围。

    A. 中继器   B. 网桥   C. 路由器   D. 网关

二、多项选择题

1. 下列可以作为网络无线传输介质的是（　　　）。

    A. 电磁波   B. 红外线   C. 光纤   D. 激光

    E. 微波

2. 下列关于网络防火墙功能的描述中正确的是（　　　）。

    A. 提高网速   B. 网络安全的屏障

    C. 隔离互联网和内部网络   D. 抵御网络攻击

    E. 防止火势蔓延

3. 下列设备需要用交叉线连接的是（　　　）。

    A. 计算机到计算机   B. 交换机到路由器

    C. 交换机到交换机   D. 路由器到路由器

    E. 计算机到路由器

4. 以下属于无线局域网的设备设施的是（　　　　）。

    A. 无线网卡　　　　B. 天线　　　　　C. 无线路由器　　　D. 红外线接收器

    E. 无线网桥

5. 以下属于光纤特点的是（　　　　）。

    A. 传输频带宽，信息容量大　　　　　B. 线路损耗低，传输距离远

    C. 传输光信号，稳定性差　　　　　　D. 质地较坚硬，机械强度高

    E. 抗干扰能力强，不受外界电磁与噪声的影响，误码率低

三、判断题

1. 网卡的MAC地址是48bit。（　　　）

2. 集线器是基于MAC地址完成数据帧转发的。（　　　）

3. 网卡是OSI参考模型中的物理层设备。（　　　）

4. 光纤是由能传导光波的石英玻璃纤维外加保护层构成的。（　　　）

5. 防火墙也可以用于防病毒。（　　　）

6. 一台计算机只能安装一张网卡。（　　　）

7. 两台计算机只要用一根网线接起来就能工作。（　　　）

8. 用双绞线连接两台交换机应采用直连线。（　　　）

9. 网关具有路由的功能。（　　　）

10. 采用光通信的无线局域网传输介质主要是红外线。（　　　）

四、填空题

1. 同轴电缆、双绞线线芯外围都有绝缘保护层，用于_____。

2. 双绞线T568B标准中，8根线的颜色次序为白橙、橙、白绿、_____、白蓝、绿、白棕、棕。

3. 路由器最主要的功能是_____。

4. 集线器与第二层交换机存在的弱点是容易引起_____。

5. 调制解调器是一种_____信号转换设备。

五、简答题

1. 根据双绞线制作方法的有关知识回答以下问题：

1）一端采用T568A标准、另一端采用T568B标准的连接方式称为什么？

2）制作一段以太网网线需要用到的材料和工具有哪些？

3）写出EIA/TIA568B标准的线序（用颜色表示）。

2. 请说明网桥、中继器和路由器各自的主要功能，以及分别工作在网络体系结构的哪一层。

单元5
Internet基础

Internet分为三个层次：底层网、中间层网和主干网。其中，底层网指的是大学校园网或企业网；中间层网指的是地区网络和商用网络；主干网一般由国家或大型公司投资组建。中国有四大主干网，分别是中国科技网（CSTNET）、中国公用计算机互联网（ChinaNet）、中国教育与科研计算机网（CERNET）以及中国金桥信息网（CHINAGBN）。Internet是一种不可抗拒的潮流。

5.1 Internet概述

学习目标

➤ 能够准确描述Internet发展史。
➤ 理解Internet的特点和层次关系。
➤ 能够构建基于互联网的信息化思维。

内容梳理

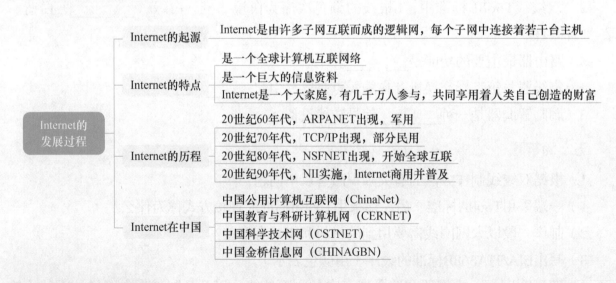

知识概要

互联网（Internet）是一组全球信息资源的总汇。Internet是由许多小的子网互联而成的一个逻辑网，每个子网中连接着若干台计算机。Internet以相互交流信息资源为目的，基于一些共同的协议，并通过许多路由器和公共互联网而成，它是一个信息资源和资源共享的集合。

1. Internet概述

Internet中文名称是国际互联网，也称为互联网。Internet是集现代计算机技术、通信技术于一体的全球性计算机互联网，它是由世界范围内各种大大小小的计算机网络相互连接而成的全球性计算机网络。

Internet的前身是ARPANET，它的运行必须遵循TCP/IP。随着"信息高速公路"的提出和NII（国家信息基础设施）行动计划的实施，Internet开始逐渐由以科研教育服务为主向商业性计算机网络转变。

2. Internet的特点

Internet作为一种计算机网络，有其自身的特点。

1）Internet是由许许多多属于不同国家、部门和机构的网络互联起来的网络，任何运行Internet协议（TCP/IP协议簇）且愿意接入Internet的网络都可以成为Internet的一部分。

2）Internet是世界规模的信息和服务资源网站，蕴含的内容异常丰富。Internet中的用户可以共享Internet的资源，用户自身的资源也可向Internet开放。

3）Internet不属于任何个人、企业和部门，对用户是透明的，是一种交互式的信息传播媒体，采用客户机/服务器工作模式。

3. 我国Internet的发展

1）1986年6月至1993年3月是研究试验阶段。1987年9月14日，我国科研人员在北京试发电子邮件后等待来自卡尔斯鲁厄理工学院的正确字符，揭开了中国人使用互联网的序幕。第一封电子邮件由钱天白教授发出，内容是"越过长城，走向世界"。

2）1994年4月至1996年是起步阶段。1994年4月，NCFO工程连入Internet的64kbit/s国际专线开通，我国正式开始接入Internet。

3）1997年至今，快速增长阶段。这阶段国家高度重视信息基础设施的建设，建立了"信息高速公路"。

应知应会

1. Internet的四个发展历程

1）20世纪60年代：Internet起源——ARPANET出现，创建的初衷是军事用途。

2）20世纪70年代：TCP/IP问世，Internet随之发展起来。

3）20世纪80年代：NSFNET出现，并成为当今Internet的基础。

4）20世纪90年代：万维网技术的出现，Internet进入高速发展时期，开始向全世界普及。

2. 我国四大主干网络

目前，我国4个主干网络分别为：中国公用计算机互联网（ChinaNet）、中国教育与科研计算机网（CERNET）、中国科学技术网（CSTNET）以及中国金桥信息网（CHINAGBN）。

3. 三网融合

"三网融合"指的是电信网、广播电视网和互联网融合。三网相互渗透、互相兼容并逐步整合成为统一的信息通信网络。

典型例题

【例1】（单项选择题）Internet起源于ARPANET，主要用于（　　）网络。

A. 民用　　　　　　　B. 军事　　　　　　　C. 商用　　　　　　　D. 教育

【解析】本题考查学生对Internet起源的了解情况，Internet是在ARPANET的基础上发展起来的，最早主要用于军事。

【答案】B

【例2】（单项选择题）信息高速公路指的是（　　）。

A. 国家邮件系统　　　　　　　　　　　B. 城市专用通道

C. 国家高速公路设施　　　　　　　　　D. 国家信息基础设施

【解析】本题考查Internet的发展。随着信息高速公路（国家信息基础）的提出，Internet开始逐渐由以科研教育服务为主向商业性计算机网络转变。

【答案】D

【例3】（单项选择题）我国的三大网络分别是（　　）、互联网和广播电视网。

A. 电信网　　　　　B. 电话网　　　　　C. 电报网　　　　　D. DDN网

【解析】本题主要考察学生对"三网"概念的理解。三网为电信网、广播电视网、互联网。

【答案】A

知识测评

一、单项选择题

1. 以下关于Internet说法错误的是（　　）。

A. Internet是一个广域网　　　　　　　B. Internet属于星形拓扑结构

C. Internet使用URL定位资源　　　　　D. Internet遵循TCP/IP

2. Internet的含义是（　　）。

A. 泛指由多个网络连接而成的计算机网络

B. 专指在ARPANET基础上发展起来的，现已遍布全球的国际互联网

C. 由某个城市中所有单位的局域网组成的城域网

D. 指由学校内许多计算机组成的校园网

3. 以下关于Internet的说法正确的是（　　　　）。

  A. Internet属于美国   B. Internet属于联合国

  C. Internet属于国际红十字会   D. Internet不属于某个国家或组织

4. ChinaNet作为中国的互联网骨干网，它是（　　　　）。

  A. 中国教育科研网   B. 中国公用计算机互联网

  C. 中国电信网   D. 中国电视网

5. Internet又称为（　　　　）。

  A. 互联网   B. 外部网

  C. 内部网   D. 广域网

6. Internet最基本的网络协议是（　　　　）。

  A. TCP/IP   B. NetBEUI

  C. IPX/SPX   D. IEEE 802.3

7. 中国的互联网之父是（　　　　）。

  A. 钱学森   B. 钱天白

  C. 吴建平   D. 杨振宁

8. Internet的起源可追溯到它的前身（　　　　）。

  A. CERNET   B. CSTNET

  C. ChinaNet   D. ARPANET

9. Internet的发展经历了四个阶段，正确的顺序是（　　　　）。

  ①ARPANET的诞生   ②万维网技术的出现

  ③TCP/IP的产生   ④NSFNET的出现

  A. ①②③④   B. ②①③④

  C. ①③④②   D. ①④③②

10. 1987年9月20日我国（　　　　）教授发出了第一封电子邮件"越过长城，通向世界"，揭开了中国人使用Internet的序幕。

  A. 邓稼先   B. 袁隆平   C. 钱学森   D. 钱天白

二、多项选择题

1. "三网融合"中的三网指的是（　　　　）。

  A. 计算机网络   B. 电信网

  C. 广播电视网   D. 国家电网

2. Internet的特点有（　　　　）。

    A. 开放的网络　　　　　　　　　B. 对用户是透明的

    C. 采用客户机/服务器工作模式　　D. 是一种交互式的信息传播媒体

3. 我国的4个主干网络分别是（　　　　）。

    A. 中国公用计算机互联网　　　　B. 中国教育与科研计算机网

    C. 中国科学技术网　　　　　　　D. 中国金桥信息网

三、判断题

1. ARPANET产生于美国，最初用于教育培训。　　　　　　　　　　（　　）

2. 要访问Internet一定要安装TCP/IP。　　　　　　　　　　　　　（　　）

3. Internet的核心协议是ISO/OSI。　　　　　　　　　　　　　　　（　　）

4. "三网融合"指的是电话网、电视网和互联网。　　　　　　　　（　　）

5. Internet就是典型的广域网。　　　　　　　　　　　　　　　　（　　）

四、填空题

1. Internet的中文标准名称是_____。

2. 1969年12月，_____的投入运行，标志着计算机网络的诞生。

3. 全球最大的、由世界范围内众多网络互联而形成的互联网络是_____。

4. Internet大多数采用_____的工作模式。

5. 中科院计算机网络信息中心通过_____的国际线路连到美国，标志着我国正式接入Internet。

五、简答题

1. 什么是Internet？Internet的主要特点有哪些？

2. 简述Internet的发展历程。

5.2 Internet功能

学习目标

➢ 理解Internet的基本功能。

➢ 熟练掌握Internet的基本服务。

➢ 熟练应用Internet服务获取信息及网上交流。

➢ 实现基于Internet的信息化思维构建。

计算机网络技术基础教程

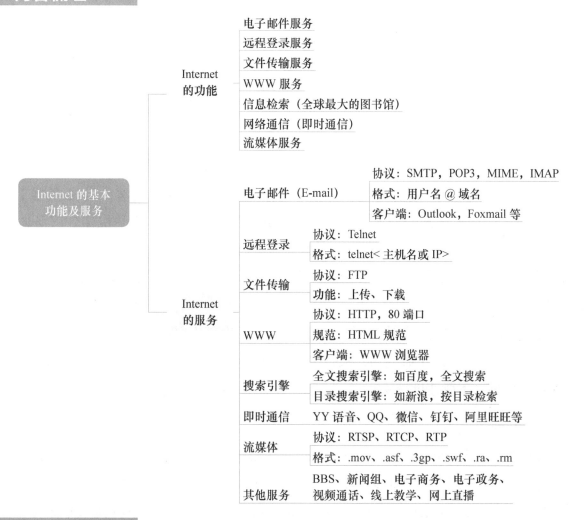

知识概要

Internet具有丰富的信息资源，能提供各种各样的服务和应用。Internet的主要功能有：电子邮件、远程登录、文件传输、WWW、搜索引擎、即时通信、流媒体服务等。

1. 电子邮件服务（E-mail）

电子邮件服务是目前Internet最常见、应用最广泛的一种服务。与传统邮件比，具有传输速度快、内容和形式多样、使用方便、费用低、安全、服务好等特点。

2. 电子邮件地址构成

每个邮箱都有一个E-mail地址，格式为"username@domain_name"，由三部分组成。"username"代表用户信箱的账号，对于同一个邮件服务器来说，这个账号是唯一的；"@"是分隔符；"domain_name"是用户信箱的邮件接收服务器域名。

3. 远程登录服务（Telnet）

远程登录是一种远程访问工具，利用远程登录，可在家操作远程计算机。在用户的计算机上使用Telnet程序，用它连接到远程计算机。用户可以在Telnet程序中输入命令，这些命令会在远程计算机中运行，就像直接在本地计算机的控制台上输入一样，使用户在本地就能控制服务器。

1）使用条件：①远程计算机支持Telnet命令；②用户在远程计算机上有自己的账号（含密码）或远程计算机提供公开的用户账号。

2）用法：telnet<主机名或IP>，如"telnet www.baidu.com"或"telnet 192.168.1.1"。

4. 文件传输服务（FTP）

1）文件传输服务（FTP）允许用户将本地计算机中的文件传输到远程的计算机中，或将远程计算机中的文件复制到本地计算机中。FTP服务采用典型的客户机/服务器工作模式，其中将文件从服务器传到客户机称为"下载"，而将文件从客户机传到服务器称为"上传"。

2）用户使用的FTP客户端应用程序通常有三种类型：传统的FTP命令行、浏览器以及FTP下载工具。

3）Internet下载方式主要有两种：直接从网页下载和使用断点续传软件下载。在传统的FTP下载模式中，同时下载的用户数越多，下载速度越慢，但用BT（Bit Torrent）下载反而是用户数越多，下载速度越快。

5. WWW服务

WWW服务也称Web服务，是一种交互式图形界面的Internet服务，简称"Web"或"3W"。WWW服务系统采用客户机/服务器（C/S）工作模式。WWW是基于Internet，由软件和协议组成，以超文本文件为基础的全球分布式信息网络，所以称为"万维网"。超文本的内部含有链接，用户可在网上对其所追踪的主题从一个地方的文本转到另一个地方的另一个文本，实现网上漫游。正是这些超链接指向的纵横交错，使得分布在全球各地不同主机上的超文本文件（网页）能够连接在一起。WWW服务使用的是HTML（超文本标记语言）。

6. 搜索引擎

搜索引擎是在Internet上执行信息搜索的专门站点，常见的有全文搜索引擎（如百度搜索引擎）和目录搜索引擎（如新浪、网易等搜索引擎），使用搜索引擎时可以输入关键字进行信息检索。

7. 即时通信

即时通信是人们利用Internet网络，相互之间即时发送和接收各种多媒体信息的数据传输方式，允许两人或多人使用网络实时地传递文字消息、文件、语音与视频。如YY语音、QQ、微信、网易POPO、新浪UC、百度HI、钉钉、阿里旺旺等。不同于E-mail、BBS、博客、微博等，它是一种即时的交互方式。

8. 流媒体

流媒体指将一连串的媒体数据压缩后，经过网上分段发送数据，在网上即时传输影音以供观赏的一种技术与过程，特征为流式传输。常用流媒体的格式有.mov、.asf、.3gp、.swf、.ra、.rm等。

9. 其他服务

1）BBS：电子公告牌，也称作网络论坛。它提供了一块任何用户都可以在上面书写、可发布信息或提出看法的公共电子白板。

2）新闻组：新闻组（Usenet）是一种利用网络，通过电子邮件进行专题研讨的国际论坛。新闻组采用多对多的传递方式，用户可以使用新闻阅读程序访问Usenet服务器，发表意见或阅读网络新闻。

3）电子商务：是在Internet网络环境下，买卖双方不谋面地进行各种商贸活动，实现消费者的网上购物、商户之间的网上交易和在线电子支付以及各种商务活动、交易活动、金融活动和相关的综合服务活动的一种新型的商业运营模式。

4）电子政务：是指国家机关利用Internet处理政务活动，为社会提供公共服务的一种全新的管理模式。电子政务为政府办事提供了极大的方便。

5）视频通话：又称为视频电话，指Internet用户之间利用手机等视频终端实时传送人的语音和图像的一种通信方式，现在主要借助微信等即时通信来实现视频通话。

6）线上教学：线上教学、远程教育指学生利用Internet学习，教师利用Internet教学。上网课、线上教学已成为许多学校的常用教学手段，大大推动了远程教育的发展。

7）网上直播：也称为网络直播，主要指普通用户利用专业服务商架设的视频播放服务平台，进行现场视频的展示或播放预先录制的视频，从而将相关内容利用Internet传播给他人，以达到自我宣传的目的，这是近年来十分流行的Internet应用。

应知应会

1. 常用的电子邮件协议

常用电子邮件协议有：

1）SMTP（简单邮件传输协议），用于发送邮件，使用TCP端口25。

2）POP3（邮局协议），用于接收邮件，使用TCP端口110。

3）MIME协议（多用途互联网邮件扩展），用于发送邮件，在不改变SMTP的情况下可以添加二进制文件。

4）IMAP（互联网报文访问协议），用于接收邮件，可以实现客户机和服务器同步操作，使用的端口是143。

2. WWW常见的术语

1）超文本和超媒体。超文本和超媒体是管理多媒体数据信息的一种技术，是WWW的信息组织形式。

2）WWW服务系统。WWW服务系统采用客户机/服务器工作模式，它以超文本标记语言（HTML）和超文本传输协议（HTTP）为基础，为客户提供界面一致的信息浏览系统。

3）WWW浏览器。WWW的客户端程序在互联网上被称为WWW浏览器，它是用来浏览互联网上Web页面的软件。常见浏览器快捷键见表5-1。

表5-1　常见浏览器快捷键

快捷键	功　能	快捷键	功　能	快捷键	功　能
<F5>	刷新页面	<Alt+F4>	关闭当前标签页/选项卡	<F12>	进入开发者模式
<Ctrl+F>	页面内查找	<Ctrl+D>	将当前页面添加到收藏夹	<Ctrl+H>	查看历史记录

4）浏览器的主流内核主要有以下四种：①Trident内核：代表产品有Internet Explorer，又称为IE内核。②Gecko内核：代表产品有Mozilla Firefox、Netscape 6～9。③WebKit内核：代表产品有Safari、Chrome、Edge。④Presto内核：代表产品有Opera。

5）Web开发技术。①Web客户端技术：HTML语言、Java Applets、脚本程序、CSS等。②Web服务端技术：CGI、PHP、ASP、NET和JSP技术等。

典型例题

【例1】（单项选择题）只能发送不能接收电子邮件，则可能是（　　　）地址错误。

    A. POP3　　　　　　B. SMTP　　　　　　C. HTTP　　　　　　D. Mail

【解析】本题考查邮件协议名。发送邮件使用的是SMTP，接收邮件使用的是POP3。

【答案】A

【例2】（单项选择题）配置FTP站点的TCP端口号默认值是（　　　）。

    A. 21　　　　　　　B. 25　　　　　　　C. 80　　　　　　　D. 110

【解析】本题考查协议名对应的端口号。FTP使用TCP的21号端口。

【答案】A

【例3】（单项选择题）下列不属于即时通信软件的是（　　　）。

    A. 微信　　　　　　B. QQ　　　　　　　C. 钉钉　　　　　　D. 微博

【解析】本题考查Internet的即时通信功能，微博是网络社交平台，其他的都是即时通信软件。

【答案】D

知识测评

一、单项选择题

1. 把邮件服务器上的邮件读取到本地硬盘中，可使用的协议是（　　　）。

    A. SMTP　　　　　B. POP3　　　　　　C. SNMP　　　　　　D. HTTP

2. 下列E-mail地址格式正确的是（　　　）。

    A. admin%163.com　　　　　　　　　　B. admin@ 163.com

    C. 163.com@ admin　　　　　　　　　　D. 163.com #admin

3. 电子邮件系统的核心是（　　　）。

    A. 电子邮箱　　　　　　　　　　　　B. 邮件服务器

    C. 邮件地址　　　　　　　　　　　　D. 邮件客户机软件

4. 超文本的含义是（　　　）。

    A. 该文本含有声音

    B. 该文本中含有二进制数

    C. 该文本中含有链接到其他文本的链接点

    D. 该文本中含有图像

5. 下列属于即时通信软件的是（　　　）。

    A. Outlook　　　　B. 迅雷　　　　C. MSN　　　　D. IE

6. 360搜索引擎是（　　　）。

    A. 元搜索引擎　　　　　　　　　　　B. 垂直搜索引擎

    C. 全文搜索引擎　　　　　　　　　　D. 目录搜索引擎

7. 要远程登录一台设备，可以使用的命令是（　　　）。

    A. ipconfig　　　　B. route　　　　C. Telnet　　　　D. ping

8. 发送电子邮件时，若对方不在线，则电子邮件存储在（　　　）。

    A. 邮件服务器上　　　　　　　　　　B. 自己的主机上

    C. 对方的主机上　　　　　　　　　　D. 邮件丢失

9. 网络协议是支撑网络运行的通信规则，能够快速上传、下载图片、文字或其他资料使用的协议是（　　　）。

    A. POP3　　　　B. FTP　　　　C. HTTP　　　　D. ARP

10. 在WWW服务器服务系统中，编制的Web页面应符合（　　　）。

    A. MIME规范　　　　　　　　　　　B. HTML规范

    C. HTTP规范　　　　　　　　　　　D. 802规范

二、多项选择题

1. 下列属于Internet基本功能的是（　　　）。

    A. 电子邮件　　　B. 文件传输　　　C. 实时监测　　　D. 办公自动化

    E. 远程登录

2. 在下列选项中使用TCP端口的是（　　　）。

    A. FTP　　　　B. HTTP　　　　C. DNS　　　　D. Telnet

    E. SMTP

3. 常见的浏览器有（   ）。
   A. Internet Explorer   B. Opera
   C. Firefox   D. Chrome
   E. Safari

4. 以下技术属于Web客户端技术的是（   ）。
   A. HTML   B. JavaScript   C. PHP   D. net
   E. CSS

5. 以下有关网络协议与端口的对应关系中，正确的是（   ）。
   A. HTTP-80   B. FTP-22   C. Telnet-23   D. SMTP-25
   E. DNS-100

三、判断题

1. 发送邮件时双方的计算机都必须开机。   （   ）
2. Telnet服务必须在指定的网络操作系统上才能使用。   （   ）
3. 在FTP中，典型的工作模式是客户机/服务器模式（C/S）。   （   ）
4. 简单邮件传输协议的英文简称为SNMP。   （   ）
5. Web服务器站点的TCP端口默认值是8080。   （   ）

四、填空题

1. 电子邮件系统利用_____协议将邮件送往邮件服务器。
2. Internet上专门提供网上搜索的工具叫_____。
3. 可以通过Internet的_____功能登录到另一台远程计算机上。
4. 使用Bit Torrent下载模式，同时下载的用户数越多，下载速度越_____。
5. 假如在"mail.gxrtvu.edu.cn"的邮件服务器上给某一用户创建了一个名为"ywh"的账号，那么该用户可能的E-mail地址是_____。

五、简答题

1. Internet的服务主要有哪些（至少写五个）？
2. 电子邮件常用的协议有哪些？

5.3 域名系统与统一资源定位符

学习目标

➢ 熟悉常见的域名。
➢ 熟练掌握域名解析的查询方式。
➢ 掌握域名系统的概念、工作原理。

计算机网络技术基础教程

➢ 理解URL的定义。

➢ 熟悉URL的格式。

内容梳理

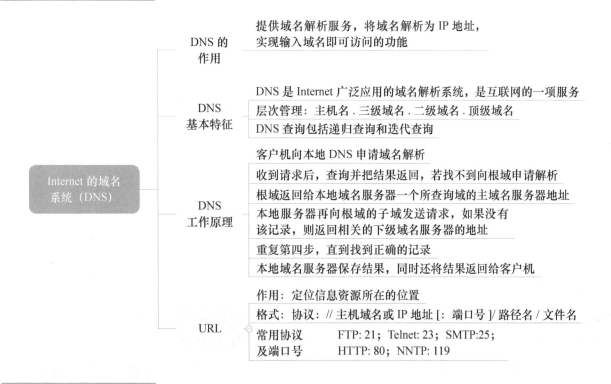

Internet 的域名系统（DNS）

DNS 的作用　提供域名解析服务，将域名解析为 IP 地址，实现输入域名即可访问的功能

DNS 基本特征
- DNS 是 Internet 广泛应用的域名解析系统，是互联网的一项服务
- 层次管理：主机名 . 三级域名 . 二级域名 . 顶级域名
- DNS 查询包括递归查询和迭代查询

DNS 工作原理
- 客户机向本地 DNS 申请域名解析
- 收到请求后，查询并把结果返回，若找不到向根域申请解析
- 根域返回给本地域名服务器一个所查询域的主域名服务器地址
- 本地服务器再向根域的子域发送请求，如果没有该记录，则返回相关的下级域名服务器的地址
- 重复第四步，直到找到正确的记录
- 本地域名服务器保存结果，同时还将结果返回给客户机

URL
- 作用：定位信息资源所在的位置
- 格式：协议 :// 主机域名或 IP 地址 [: 端口号]/ 路径名 / 文件名
- 常用协议及端口号　FTP: 21；Telnet: 23；SMTP:25；HTTP: 80；NNTP: 119

知识概要

DNS是网络世界中不可或缺的一部分。无论上网干什么，第一个请求的就是DNS域名解析服务，因此，这需要DNS服务的性能和稳定性都很好。DNS服务器出问题会导致其管辖的域名解析异常，相关网页的服务不可访问，造成的影响和损失难以估量。DNS本质上是一个数据库，主要功能就是将易于记忆的域名与不容易记忆的IP地址进行转换。随着网络的迅速发展，DNS要满足未来的网络需求，特别是在处理能力和安全性能等方面，必须向下一代技术发展。

域名系统（DNS）

在Internet中，主机之间的寻址使用的是IP地址，但由于IP地址采用纯数字的编码方式，这些数字串没有规律，不容易记忆，为此，Internet又给服务器取了一个有特定意义的字符串作为它的名字，如www.sina.com.cn（新浪网），这样的名字就更容易让用户记住，这个字符串就称为域名。域名遵循先注册先使用的原则，其特点是独一无二，不可重复。DNS采用树形层次结构，Internet中每一个文件都有自己的位置，这就是统一资源定位符（URL）。

1）DNS的层次结构：主机名.三级域名.二级域名.顶级域名，如大家非常熟悉的www.sina.com.cn。

2）顶级域采用了两种划分模式，即通用顶级域和国家代码顶级域。图5-1展示了根域、顶级域、二级域与主机之间的关系。

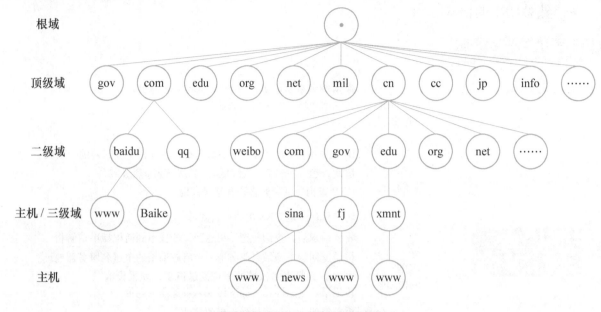

图 5-1　Internet域名结构

3）中文域名。中文域名是含有中文的新一代域名，也是符合国际标准的一种域名体系，使用上和英文域名相似。目前我国域名体系中共设置了"中国""公司"和"网络"3个中文顶级域名，在这3个顶级域名下都可以申请注册中文域名。

4）域名服务器。这是一个分布式的数据库系统，域名与IP地址的对应关系存储在整个Internet中的各个服务器中，承担域名解析任务的服务器叫域名服务器。域名服务器有3种类型：①本地域名服务器；②根域名服务器；③授权域名服务器。

5）域名解析工作。DNS域名系统也称为域名解析系统。域名解析工作由DNS服务器（域名解析服务器）完成。很多域名解析服务器都需要一定的规则协调工作才能完成域名解析过程，这些服务器共同完成解析的过程分为递归查询和反复查询（迭代查询）两种解析模式。①递归查询。它是DNS客户机发送到DNS名称服务器的查询，要求DNS名称服务器提供完整的查询答案。若DNS名称服务器在自己的数据库里没有发现要查询的答案，它须负责向其他DNS名称服务器查询，直至找到答案或返回错误信息。例如要解析www.sina.com.cn这样一个域名，它的顶级域名服务器就是.cn所在服务器，二级域名服务器是.com.cn所在服务器，三级域名服务器为.sina.com.cn所在服务器，一级一级地查询就可以共同完成域名解析的过程。②迭代查询。DNS客户机允许DNS名称服务器根据自己的高速缓存或DNS区域提供最佳答案，如不能答复，则一般会返回一个指针，告诉客户机下级域名空间授权的DNS名称服务器地址，DNS 客户机就查询指针指向DNS名称服务器，直至查询到答案或返回错误信息。

6）DNS记录类型主要有以下几类：①A记录。A记录是地址（Address）记录，是用来指定主机名（或域名）对应的IP地址记录。通俗来说A记录就是服务器的IP。②NS记录。NS记录是域名服务器记录，用来指定该域名由哪个DNS服务器来进行解析。③MX记录。MX记录是邮件交换记录，它指向一个邮件服务器。④CNAME记录。CNAME记录是别名记录，允许将多个名字映射到同一台计算机。⑤PTR值。用于将一个IP地址映射到对应的域名，也可以看成是A记录的反向，IP地址的反向解析。

应知应会

1. 常见域名

常见的国家域名代码见表5-2，常见的域名划分见表5-3。

表5-2　常见的国家域名代码

顶 级 域 名	国　　家	顶 级 域 名	国　　家
cn	中国	jp	日本
au	澳大利亚	kr	韩国
uk	英国	ca	加拿大
fr	法国	us	美国

表5-3　常见的域名划分

顶 级 域 名	分 配 对 象	顶 级 域 名	分 配 对 象
com	商业组织	net	网络支持中心
edu	教育机构	org	非盈利组织以及工业标准组织
gov	政府部门	int	国际组织
mil	军事部门	国家（地区）代码	各个国家（地区）

2. 域名解析

虽然字符型的主机域名比数字型的IP地址更容易记忆，但在通信时必须将其映射成能直接用于TCP/IP通信的数字型IP地址。将主机域名映射为IP地址的过程叫作域名解析。域名解析有两个方向：从主机域名到IP地址的正向解析和从IP地址到主机域名的反向解析。TCP/IP中通过两个协议与之对应：地址解析协议（Address Resolution Protocol，ARP）和反向地址解析协议（Reverse Address Resolution Protocol，RARP）。域名的解析过程由一系列的域名服务器DNS来完成。

3. 统一资源定位符

URL：HTML的超链接使用统一资源定位符（URL）来定位信息资源所在的位置。

标准的URL格式：协议://主机域名或IP地址[：端口号]/路径名/文件名。

常见的协议及端口号见表5-4。

表5-4　常见的协议及端口号

协 议 名	服　　务	传 输 协 议	默认端口号
http	WWW服务	HTTP	80
Telnet	远程登录服务	Telnet	23
ftp	文件传输服务	FTP	21
mailto	电子邮件服务	SMTP	25
news	网络新闻服务	NNTP	119

【例1】（单项选择题）网址"https://www.tongji.edu.cn"的顶级域名是（   ）。

    A. cn   B. edu   C. shine   D. www

【解析】本题考查域名的结构。在本题中，域名是www.tongji.edu.cn，命名规则是"主机名.三级域名.二级域名.顶级域名"，其中顶级域名在最右边，即"cn"。

【答案】A

【例2】（单项选择题）在DNS中，以下（   ）记录是用来指定主机名（或域名）对应的IP地址记录。

    A. A   B. CNAME   C. MX   D. PTR

【解析】本题主要考查学生对DNS记录类型的理解。A记录是用来指定主机名（或域名）对应的IP地址记录。

【答案】A

【例3】（单项选择题）Web网站服务器所使用的IP地址是192.168.5.5，TCP端口号为8080，访问该网站输入正确的是（   ）。

    A. http://192.168.5.5   B. ftp://192.168.5.5

    C. http://192.168.5.5:8080   D. ftp://192.168.5.5:8080

【解析】本题考查URL的格式。标准的URL格式是"协议：//主机域名或IP地址[：端口号]/路径名/文件名"，www使用的是HTTP，以网页为基本单位，网页扩展名是".html"或".htm"，因此选C。

【答案】C

知识测评

一、单项选择题

1. 我国工业和信息化部要建立WWW网站，其域名的后缀应该是（   ）。

    A. ".com.cn"   B. ".edu.cn"   C. ".gov.cn"   D. ".ac"

2. www.fujian.gov.cn是Internet上一个典型的域名，它表示的是（   ）。

    A. 政府部门   B. 教育机构   C. 商业组织   D. 单位或个人

3. "http://www.sohu.com"中，http表示的是（   ）。

    A. 协议名   B. 服务器名   C. 域名   D. 文件名

4. "www.abc.com.cn"是一个（   ）域名中的主机。

    A. 顶级   B. 一级   C. 二级   D. 三级

5. 下列关于在Internet中的域名说法正确的是（   ）。

    A. 域名表示不同的地域

    B. Internet上特定的主机

    C. Internet上不同风格的网站

D. 域名同IP地址一样，都是自左向右越来越大

6. 以下错误的Internet域名格式是（　　　）。

    A. 163.edu
                              B. www-nankai-edu-cn

    C. www.sise.com
                         D. www.sohu.net

7. 如果文件"sam.exe"存储在一个名为"ok.edu.cn"的FTP服务器上，那么下载该文件用的URL为（　　　）。

    A. http:// ok.edu.cn/ sam.exe
            B. telnet:// ok.edu.cn/ sam.exe

    C. rtsp:// ok.edu.cn/ sam.exe
           D. ftp:// ok.edu.cn/ sam.exe

8. 如果想连接到一个WWW站点，应当以（　　　）开头来书写统一资源定位器。

    A. shttp://
         B. ftp://
         C. http://
         D. News://

9. 国内一家高校通过教育网连接到Internet，其WWW网站的最高层域名是（　　　）。

    A. .com
         B. .net
         C. .gov
         D. .edu

10. 域名和IP地址之间的关系是（　　　）。

    A. 一个域名可以对应多个IP地址
        B. 一个IP地址可以对应多个域名

    C. 域名与IP地址没有关系
            D. 一一对应

二、多项选择题

1. 关于DNS下列叙述正确的是（　　　）。

    A. 子节点能识别父节点的IP地址

    B. DNS采用客户机/服务器工作模式

    C. 域名的命名原则是采用了层次结构的命名树

    D. 域名不能反映计算机所在的物理地址

    E. 域名与IP地址的对应关系转换是通过DNS协议实现的

2. URL的内容包括（　　　）。

    A. 传输协议
                         B. 存放该资源的服务器名称或IP地址

    C. 资源在该服务器上的路径
           D. 该资源的文件名

    E. 该传输协议的端口号

3. DNS服务器和客户机设置完毕后，（　　　）三个命令可以测试其设置是否正确。

    A. ping
         B. Telnet
         C. ipconfig
         D. nslookup

    E. route

4. 下列（　　　）不是顶级域名。

    A. net
         B. edu
         C. org
         D. html
    E. js

5. 关于域名"www.tsinghua.edu.cn"，说法正确的是（　　　）。

    A. 是美国教育机构的服务器

    B. 这种含顶级域名的域名只能由政府注册

C. 是中国的教育机构的服务器

D. 其顶级域名是cn

E. 主机名是www

1. DNS域名解析系统可以实现IP地址与域名之间的转换。　　　　　　　　（　　）

2. 域名代码"int"代表政府机构。　　　　　　　　　　　　　　　　　　（　　）

3. 在Internet上，可以有两个相同的域名存在。　　　　　　　　　　　　（　　）

4. DNS是一种规则的树形结构的名字空间。　　　　　　　　　　　　　　（　　）

5. 域名系统是一个分布式数据库系统，全球共有10个根域名服务器。　　（　　）

四、填空题

1. 电子邮件服务所采用的协议名为_____。

2. 域名服务器分为_____、根域名服务器和授权域名服务器。

3. http://www.abc.com中属于顶级域名的是_____。

4. URL的中文含义是_____。

5. 在www.tsinghua.edu.cn这个域名中，_____是主机名。

五、简答题

1. 根据URL的结构格式，试分析：http://www.microsoft.com/main/index.html。

2. 上网时在IE浏览器的地址栏中输入一串字符：http://www.tongji.edu.cn/index.html，根据此回答以下问题：

1）这串字符称为什么？

2）"http"称为什么？

3）写出主机名部分。

4）"tongji.edu.cn"称为什么？

5）写出顶级域名，并说明其代表什么。

6）"index.html"称为什么？

5.4 Internet接入技术

学习目标

➢ 理解Internet接入技术的工作原理。

➢ 掌握Internet不同的接入技术。

➢ 熟悉常用的Internet接入技术。

接入方式
　　有线传输接入
　　无线传输接入

基于电信
网接入
　　PSTN：公用电话交换网
　　ISDN：综合业务数字网
　　DDN：数字数据网
　　ADSL：非对称数字用户环路

Internet
接入技术

基于有线
电视网
　　CATV：有线电视网，用于传输电视信号，覆盖面广
　　HFC：混合光纤同轴电缆网，在 CATV 基础上发展起来，可双向传输
　　Cable Modem：线缆调制解调器，接入 HFC，使得看电视上网两不误

光纤接入：PON
　　FTTZ（光纤到小区）
　　FTTH（光纤到户）

PLC 电力网接入　　利用电力线传输数据和媒体信号

无线接入
　　无绳电话系统：固定电话终端的无线延伸
　　移动卫星系统：高可靠性
　　集群系统
　　无线局域网：WLAN，在普通 LAN 上通过无线设备来实现
　　蜂窝移动通信：GSM、GPRS、CDMA、WCD-MA、4G、5G

知识概要

　　Internet包括传输主干网、中间层网和底层网三个部分。传输主干网连接各个中间层网，是网络技术的关键，它提供了远距离、高带宽、大容量的数据传输业务。中间层网将各个社区的局域网相连，实现了数据高速传输和资源共享。底层网解决的是从市区网络到每个单位、家庭的"最后一公里"的问题。作为宽带综合信息业务的承载平台，公共数据通信网（电信网）、计算机网和有线电视网在各方面都有所不同，通过"三网合一"的技术改造，可以充分利用资源，避免重复投资。

　　Internet接入技术作为连接千家万户的接入线路对接入Internet的用户来说很重要，就是通常所说要解决好"最后一公里"的问题。常用的Internet接入技术分为两大类：有线传输接入和无线传输接入。

　　接入技术相关概念：

　　ISP：互联网服务提供者，是用户接入互联网的入口点。

　　PPP（点对点协议）：广泛应用于广域网环境中主机–路由器、路由器–路由器连接以及家庭用户接入Internet之中。其主要特点有具备用户验证能力、支持异步、同步通信、数据报的差错检测、压缩、只支持全双工通信等。

　　PPPoE：利用以太网资源，在以太网上运行PPP来进行用户认证接入的方式称为PPPoE。

应知应会

1. 有线接入技术

1）基于传统电信网的有线接入技术见表5-5。

表5-5 基于传统电信网的有线接入技术

类 型		说 明
PSTN接入 （公用电话交换网）		电话拨号接入是个人用户接入Internet最早使用的方式。PSTN（公用电话交换网）技术是利用PSTN通过调制解调器拨号实现用户接入的方式。网速最高支持56 kbit/s，随着宽带的发展和普及，这种方式已被淘汰
ISDN接入 （综合业务数字网）		俗称"一线通"，它提供了综合业务，使上网打电话两不误，可连接的终端类型和数目多。它有宽带和窄带两种，采用数字传输和数字交换技术，误码率低，也是以拨号的方式接入Internet
DDN专线接入 （数字数据网）		该方式需要租用专线，专线信道固定分配，具有速度较快、延时较短、质量高、保密性高等优势，适合于数据传输量较大的单位，但费用高，个人承担不起。 专线接入还有帧中继（FR）和X.25接入，其中，帧中继（FR）相较于X.25接入省去了差错控制和流量控制功能，速度更快，与DDN相比采用的是虚拟专线，费用更低
xDSL接入	ADSL接入 （非对称数字用户环路）	ADSL是一种能够通过普通电话线提供宽带数据业务的技术。ADSL下行速率高，频带宽，性能优，安装方便，不需缴纳电话费。ADSL有虚拟拨号（动态获取IP）和固定IP两种，采用PPPoE，是目前比较流行的接入方式
	VDSL接入	xDSL技术是数字用户线路的所有类型的总称，包括SDSL、HDSL、ADSL、VDSL和IDSL等。VDSL比ADSL还要快，短距离内的最大下传速率可达55Mbit/s，上传速率可达19.2Mbit/s甚至更高。有效传输距离可超过1000m

2）基于有线电视网的接入技术。①CATV，即有线电视网，是由广电部门规划设计的用来传输电视信号的网络，其覆盖面广，用户多。②HFC，即混合光纤同轴电缆网，是在有线电视网基础上发展起来的，可以提供双向的宽带传输。③Cable Modem，即线缆调制解调器，是近几年才开始试用的一种高速Modem，它利用现成的有线电视网进行数据传输，该方式已成为利用有线电视网访问Internet的常用接入方式，可使上网看电视两不误。

3）光纤接入。它是指局端与用户端之间完全以光纤作为传输介质的接入方式。该方式有速度快、容量大、保密性好、不怕干扰和雷击、重量轻等优点，正在得到迅速发展。光纤接入技术主要为无源光网络（PON）接入方式，PON接入方式又可以分为FTTZ（光纤到小区）和FTTH（光纤到户）两类。

4）PLC电力网接入技术。电力线通信技术是指利用电力线传输数据和媒体信号的一种通信方式。

2. 无线接入技术

无线接入技术是指从业务节点到用户终端之间的全部或部分传输设施采用无线手段，向用户提供固定和移动接入服务的技术。作为有线接入网的有效补充，它有系统容量大、话音质量与有线一样、覆盖范围广、系统规划简单、扩容方便、可加密或用CDMA增强保密性等技术特点，可解决边远地区、难于架线地区的信息传输问题。

无线接入技术主要有以下几种类型：

1）无绳电话系统。无绳电话系统可以视为固定电话终端的无线延伸。

2）移动卫星系统。通过同步卫星实现移动通信联网，可以真正实现任何时间、任何地点与任何人的通信，为全球用户提供大跨度、大范围、远距离的漫游和机动灵活的移动通信服务，是陆地移动通信系统的扩展和延伸，在偏远地区、山区、海岛、受灾区、远洋船只、远航飞机等通信方面更具有独特的优越性。

3）集群系统。专用调度指挥无线电通信系统，应用广泛。集群系统是从一对一的对讲机发展而来的，现在已经发展为数字化多信道基站多用户拨号系统，它们可以与市话网互联互通。

4）无线局域网。无线局域网（WLAN）是计算机网络与无线通信技术相结合的产物。它不受电缆束缚，可移动，能解决因有线网布线困难等带来的问题，并且具有组网灵活、扩容方便、与多种网络标准兼容及应用广泛等优点。

5）蜂窝移动通信系统。如GSM（2G）、GPRS（中国移动）、CDMA（中国联通）、WCD-MA（3G）、4G、5G。

典型例题

【例1】（单项选择题）采用光纤接入，接入到户的进程称缩写表示为（　　　）。

    A. FTTH　　　　　　B. FTTZ　　　　　　C. FTTB　　　　　　D. FTTO

【解析】本题主要考查学生对FTTx的了解。光纤接入到户的缩写为FTTH。

【答案】A

【例2】（单项选择题）传输速率最低的Internet接入方式是（　　　）。

    A. ADSL　　　　　　B. ISDN　　　　　　C. LAN　　　　　　D. DDN

【解析】本题考查Internet接入方式的传输速率，ISDN窄带基本速率128kbit/s；ADSL支持上行1Mbit/s，下行8Mbit/s；LAN即（高速）局域网接入技术，用户会获得10Mbit/s以上的共享带宽，并可根据需求升级至100Mbit/s以上；DDN专线速度快，费用高。

【答案】B

【例3】（单项选择题）康康家安装了20M的联通宽带，他从网上下载学习资料，下载速度的最大理想值可达到（　　　）。

    A. 20Mbit/s　　　　B. 20Kbit/s　　　　C. 2.5 Mbit/s　　　　D. 1.5Kbit/s

【解析】本题考查学生对宽带网速的了解。20M宽带的下载速度 = 20Mbit/s ÷ 8 = 2.5Mbit/s，理论上可达到的下载速度是2.5Mbit/s。

【答案】C

知识测评

一、单项选择题

1. 一般来说，用户上网要通过Internet服务提供商，其英文缩写为（　　　）。

    A. IDC　　　　　　B. ICP　　　　　　C. ASP　　　　　　D. ISP

2. 综合业务数字网络（ISDN）的基本速率提供了（　　　）条独立的信道。

    A. 1　　　　　　　　B. 2　　　　　　　　C. 3　　　　　　　　D. 4

3. HFC采用了（　　　）接入Internet。

    A. 有线电视网　　　B. 有线电话网　　　C. 无线局域网　　　D. 移动电话网

4. 在家庭中，移动终端通过Wi-Fi组成的网络是（　　　）。

    A. 综合数字网　　　B. 无线局域网　　　C. 综合业务网　　　D. 无线广域网

5. 利用以太网资源，在以太网上使用PPP来进行用户认证接入的方式称为（　　　）。

    A. ADSL　　　　　B. PPPoE　　　　　C. VDSL　　　　　D. ISDN

6. 利用有线电视上网的技术称为（　　　）。

    A. HFC　　　　　　B. ADSL　　　　　C. ISDN　　　　　D. DDN

7. 以下接入技术中，采用普通电话拨号方式的是（　　　）。

    A. ISDN　　　　　B. HFC　　　　　　C. DDN　　　　　D. FTTx

8. 目前我国推广的移动通信技术是（　　　）。

    A. 2G　　　　　　B. 3G　　　　　　C. 4G　　　　　　D. 5G

9. 目前普通家庭都连接Internet，下列（　　　）方式传输速率最高。

    A. ADSL　　　　　B. 调制解调器　　　C. 局域网　　　　D. ISDN

10. 张强家有三台计算机，其中两台笔记本计算机由父母使用，张强使用的是一台装有有线网卡的台式计算机，由于工作和学习需要，每个人都需要在家上网，请你为他们选择比较合理的家庭上网方案（　　　）。

    A. 为每个人分别申请ISP提供的上网账号

    B. 申请一个ISP提供的有线上网账号，通过自备的无线路由器把各台计算机连接起来

    C. 在家里每个房间预设上网端口

    D. 设一个专用房间用于上网

二、多项选择题

1. 下列属于Internet接入方式的是（　　　）。

    A. ISDN　　　　　B. ADSL　　　　　C. ATM　　　　　D. LAN

    E. WLAN

2. 家庭计算机用户上网可使用的技术是（　　　）。

    A. ISDN　　　　　B. Cable Modem　　C. ADSL　　　　　D. PON

    E. WLAN

3. 以下接入方式中，需要拨号连接的有（　　　）。

    A. 电话线+Modem　　　　　　　　　　B. 光纤入户

    C. 电话线+ISDN　　　　　　　　　　D. ADSL的虚拟拨号

    E. 局域网接入

4. 家庭计算机用户上网可使用的技术是（　　　　）。

    A. 电话线+Modem　　　　　　　　　B. 有线电视电缆+Cable Modem

    C. 电话线+ADSL　　　　　　　　　　D. 光纤到户

    E. ISDN接入

5. 以下属于有线接入技术的是（　　　　）。

    A. WLAN　　　　　B. DDN　　　　　C. ADSL　　　　　D. PSTN

    E. HFC

三、判断题

1. ADSL的上行和下行速率是相同的。　　　　　　　　　　　　　　　　　（　　　）

2. DDN是专线接入方式，传输速度快，保密性好，但是费用高，不适合家庭使用。

　　　　　　　　　　　　　　　　　　　　　　　　　　　　　　　　　（　　　）

3. 所谓的宽带接入技术一般是指速率超过1Mbit/s的互联网接入技术。　（　　　）

4. CATV和HFC都是电视电缆技术，都可以上传和下载数据。　　　　　（　　　）

5. 现在普通小区所采用的光纤入户技术通常为 EPON。　　　　　　　　　（　　　）

四、填空题

1. 使用电话线路接入Internet的客户端必须具有的设备是＿＿＿＿＿＿＿＿＿。

2. 小明家有台式计算机、智能手机和平板计算机等设备，需共享一个外网线上网，能满足需求的设备是＿＿＿＿＿＿＿＿。

3. 采用ADSL接入技术，为了让电话能够正常使用，通常会在入户时加装＿＿＿＿＿＿，实现信号分离。

4. 目前我国推广的移动通信技术是＿＿＿＿＿＿＿＿＿。

5. 让移动设备用户，能够从一个网上系统中移动到另一个网上系统，设备的IP地址保持不变的技术称为＿＿＿＿＿＿＿＿。

6. ADSL是宽带网络的用户端接入方式之一，称为＿＿＿＿＿＿＿＿＿＿。

五、简答题

1. 举例说明常用的Internet接入方式有哪几种，适用于家庭上网的有哪些。

2. 请列举当下常见的两种Internet有线接入技术。

5.5　下一代互联网与Internet最新技术

学习目标

   ➢　熟悉什么是下一代互联网。

   ➢　掌握Internet新一代技术。

➢ 熟悉Internet新技术的应用领域。

➢ 实现与时俱进学习信息技术的目标。

内容梳理

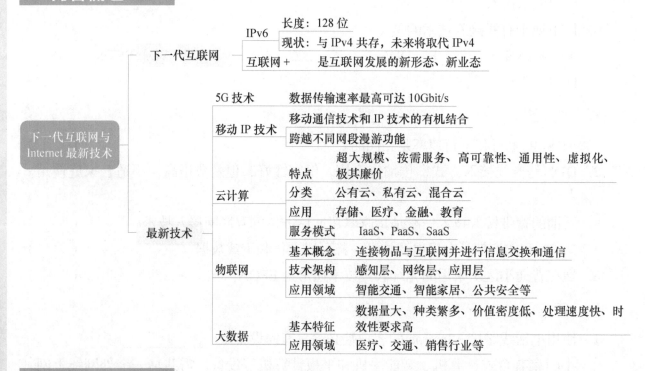

知识概要

下一代互联网是一个建立在IP技术基础上的新型公共网络，是一个能真正实现宽带窄带一体化、有线无线一体化、有源无源一体化及传输接入一体化的综合业务网络。

我国从1999年开始建立了NSFCnet，这是中国最先研究下一代互联网的实验床，是中国下一代互联网研究的一个里程碑。2006年9月23日，中国下一代互联网示范网络核心网CNGI正式通过专家验收。我国开创性地建成了世界上第一个纯IPv6网，IPv6提供128位的IP地址，使地址数量大幅增加，从而解决了IP地址资源危机，奠定了其在下一代互联网中的领先地位。

尽管IPv6比IPv4具有明显的优越性，但在全球范围内实现地址的升级有许多实际困难。为此，Internet研究组织IETF制定了一套IPv4向IPv6过渡的方案，其中包括三个机制：兼容IPv4的IPv6地址、双IP协议栈和基于IPv4隧道的IPv6。在一段较长时期的IPv4和IPv6的共存发展后，IPv6将最终完全取代IPv4。

"互联网+"是互联网思维的进一步实践成果，它代表一种先进的生产力，推动着经济形态不断演变。通俗来说，"互联网+"就是"互联网"+"各个传统行业"，它利用信息通信技术以及互联网平台，深度融合了互联网与传统行业，创造了新的发展生态。它代表着一种新的社会形态，即充分发挥互联网在社会资源配置中的优化和集成作用，将互联网的创新成果深度融合于经济、社会等各领域之中，全面提升全社会的创新力和生产力，最终推动社会不断地向前发展。

如今我国电子商务、移动支付、物联网、云计算等不断发展，高速的信息传递方式让人们的工作、生活、交往、通信、娱乐方式以及全球的政治、经济、文化、教育交流等方面都发生了巨大的变化。这很大程度上得益于Internet技术日新月异的发展，Internet最新技术有以下几种。

1. 5G技术

1）5G概述。第五代移动通信技术（5G）是最新一代蜂窝移动通信技术。优势在于数据传输速率远远高于以前的蜂窝网络，最高可达10Gbit/s。

2）5G技术应用领域。如车联网与自动驾驶、外科手术、智能电网等。

2. 移动IP技术

移动IP技术是移动通信技术和IP技术的有机结合，能够让移动设备用户从一个网上系统移动到另一个网上系统，但是设备的IP地址保持不变。实现了跨越不同网段的漫游功能。

3. 云计算

云计算（Cloud Computing）最早由谷歌提出，它描述的是一种基于互联网的计算方式。通过这种方式，共享的软、硬件资源和信息可以按需提供给计算机和其他设备。借助云计算，网络服务提供者可以在瞬息之间处理数以千万计甚至亿计的信息，实现和超级计算机同样的效能。

1）云计算的特点。①超大规模；②按需服务；③高可靠性；④通用性；⑤虚拟化；⑥极其廉价。

2）云计算的分类。主要根据云的服务模式进行划分，通常分为公有云、私有云和混合云。

3）云计算的应用。①云存储；②云医疗；③云金融；④云教育。

4）云计算服务模式。基础设施即服务（IaaS）、平台即服务（PaaS）和软件即服务（SaaS）。

4. 物联网

1）物联网概念。通过信息传感设备，按照约定的协议，把物品与互联网连接起来，进行信息交换和通信，实现智能化识别、跟踪、定位、监控和管理。

2）物联网的技术架构。从技术架构上来看，物联网可分为3层：感知层、网络层和应用层。

3）物联网应用。目前，物联网的应用已经遍及智能交通、环境保护、政府工作、公共安全、智能家居、智能消防、工业监测、老人护理、个人健康、花卉栽培、水系监测、食品溯源、敌情侦查和情报搜集等领域。

5. 大数据

1）大数据的概述。大数据（Big Data）是指无法在一定时间范围内用常规软件工具进行捕捉、管理和处理的数据集合，是需要新处理模式才能具有更强的决策力、洞察发现力和流程优化能力的海量、高增长率和多样化的信息资产。

2）大数据的基本特征。①数据量大；②种类繁多；③价值密度低；④处理速度快、时效性要求高。

3）大数据项目的处理流程。①数据采集；②数据清洗与处理；③数据统计与分析；④数据可视化。

由于采集到的数据价值密度太低，往往需要对数据进行清洗、处理、统计及分析，最后再借助图形化手段进行展现。

4）大数据的应用场景。①医疗行业；②交通行业；③销售行业等。

典型例题

【例1】（单项选择题）我国的第一个也是全球最大的IPv6试验网是（　　　）。

    A. CERNET   B. CERNET2   C. 6Bone   D. RENATER2

【解析】本题主要考查学生对IPv6的了解。CERNET建成了我国第一个IPv4全国主干网；我国的第一个也是全球最大的IPv6试验网是CERNET2，成为我国第一个全国性下一代互联网主干网。

【答案】B

【例2】（单项选择题）（　　　）网络是下一代移动互联网连接，可在智能手机和其他设备上提供比以往更快的速度和更可靠的连接。

    A. 2G   B. 3G   C. 4G   D. 5G

【解析】本题主要考查学生对5G概念的识记。

【答案】D

【例3】（单项选择题）IaaS是（　　　）的简称。

    A. 软件即服务   B. 平台即服务

    C. 基础设施即服务   D. 硬件即服务

【解析】本题主要考查学生对云计算服务模式的识记。基础设施即服务（IaaS）、平台即服务（PaaS）和软件即服务（SaaS）。

【答案】C

知识测评

一、单项选择题

1. 将基础设施作为服务的云计算服务类型是（　　　）。

    A. IaaS   B. PaaS   C. SaaS   D. 以上都不是

2. 下列不属于云计算特点的是（　　　）。

    A. 超大规模   B. 虚拟化   C. 私有化   D. 高可靠性

3. 大数据的起源是（　　　）。

    A. 金融   B. 互联网   C. 电信   D. 公共管理

4. 大数据的最明显特点是（　　　）。

    A. 数据种类繁多   B. 数据规模大

    C. 数据价值密度高   D. 数据处理速度快

5. 物联网的核心和基础仍然是（　　　）。

    A. RFID   B. 计算机技术   C. 人工智能   D. 互联网

二、多项选择题

1. 以下属于云计算的特点的是（　　　）。

    A. 按需服务   B. 高可靠性   C. 高可扩展性   D. 虚拟化

    E. 廉价

2. 物联网从技术架构上来看，可分为（　　　）。

    A. 感知层   B. 网络层   C. 应用层   D. 物理层

    E. 业务层

3. 根据服务模式进行划分，云计算可以分为（　　　）。

    A. 公有云   B. 社区云   C. 私有云   D. 混合云

    E. 存储云

4. 下一代互联网应用热点包括（　　　）。

    A. 计算网格和数据网格   B. 大规模视频会议和高清晰度电视

    C. 环境监测和地震监测   D. 远程教育

    E. 数字图书馆

三、判断题

1. 在云计算的服务模式中，最上层的服务是SaaS。   （　　　）

2. 由于采集到的数据价值密度太低，往往需要对数据进行清洗、处理、统计及分析，最后再借助图形化手段进行展现。   （　　　）

3. 感知层主要功能是识别物体和采集信息。   （　　　）

四、填空题

1. 让移动设备用户，能够从一个网上系统中，移动到另一个网上系统，设备的IP地址保持不变的技术称为＿＿＿＿＿＿＿＿。

2. 云计算的主要服务模式分为基础设施即服务（IaaS）、平台即服务（PaaS）和＿＿＿＿＿＿＿＿。

3. 目前我国推广的移动通信技术是＿＿＿＿＿＿＿＿。

4. ＿＿＿＿＿＿＿＿是物联网和用户的接口，与行业需求结合，实现物联网的智能应用。

5. 能比较彻底地解决IP地址匮乏的问题是引入＿＿＿＿＿＿＿＿。

五、简答题

1. 什么是物联网技术？物联网技术的应用领域有哪些？

2. 简述云计算的三种服务模式及其功能。

计算机网络技术基础教程

单元检测卷　试卷I

一、单项选择题

1. Outlook Express软件是用于（　　　）。
   A. 字处理　　　　　　　　　　　　B. 图像处理
   C. 交换电子邮件　　　　　　　　　D. 统计报表应用

2. 下列电子邮件地址正确的是（　　　）。
   A. fujian#yahoo.com.cn　　　　　　B. yahoo.com.cn#fujian
   C. fujian@yahoo.com.cn　　　　　　D. yahoo.com.cn@fujian

3. WWW上每一个网页都有一个独立的地址，这些地址统称为（　　　）。
   A. IP地址　　　　　　　　　　　　B. 域名系统
   C. 统一资源定位符　　　　　　　　D. E-mail地址

4. Internet上的域名系统DNS（　　　）。
   A. 可以实现域名之间的转换　　　　B. 只能实现域名到IP地址的转换
   C. 只能实现IP地址到域名的转换　　D. 可以实现域名与IP地址的相互转换

5. WWW客户与WWW服务器之间的信息传输使用的协议是（　　　）。
   A. SMTP　　　　B. HTML　　　　C. IMAP　　　　D. HTTP

6. ADSL的下行速率比上行速率（　　　）。
   A. 随情况变化　　B. 相同　　　　C. 更慢　　　　D. 更快

7. BBS表示（　　　）。
   A. 网络寻呼　　　B. 网络新闻组　　C. 电子公告牌　　D. 博客

8. （　　　）信息不可在互联网上传输。
   A. 声音　　　　　B. 图像　　　　C. 文字　　　　D. 快递

9. 互联网上专门提供网上搜索的工具叫作（　　　）。
   A. 浏览器　　　　B. 搜索引擎　　C. 查找　　　　D. 查询

10. 下列不属于即时聊天软件的是（　　　）。
    A. MSN　　　　B. 阿里旺旺　　　C. 酷狗　　　　D. 微信

二、判断题

1. QQ、微信都是常见的即时通信工具。　　　　　　　　　　　　（　　　）

2. E-mail只能发送文本文件。　　　　　　　　　　　　　　　（　　　）

3. 文件传输协议使用的是FTP，远程登录使用Telnet协议。　　　（　　　）

4. 在浏览器地址栏中输入中文域名"新华网.中国"，可以访问新华网。　　（　　　）

5. 现在普通小区所采用的光纤入户技术通常为EPON。　　　　　　　（　　　）

三、填空题

1. 综合业务数字网，俗称"一线通"，英文简称是_____。

2. 互联网中计算机域名的最高域名表示地区或组织性质，其中代表商业组织的域名代码是_____。

3. Web页面是一种结构化的文档，它采用的主要语言是_____。

4. DNS域名查询分为递归查询和_____。

5. HFC采用了_____网络接入Internet。

单元检测卷　试卷Ⅱ

一、单项选择题

1. 在IE浏览器中输入IP地址209.124.46.209，可以浏览到某网站，但是当输入该网站名www.czind.com时却发现无法访问，可能的原因是（　　　）。

　　A. 该网络未能提供域名服务管理　　　B. 该网络在物理层有问题

　　C. 本机的IP地址设置有问题　　　　　D. 本网段交换机的设置有问题

2. 提供Telnet服务的默认TCP端口号是（　　　）。

　　A. 21　　　　　　B. 23　　　　　　C. 80　　　　　　D. 110

3. 当你在网上下载软件时，你享受的网络服务类型是（　　　）。

　　A. FTP　　　　　B. Telnet　　　　C. HTTP　　　　D. SMTP

4. 如果用户希望将自己计算机中的照片发给朋友，可以使用Internet提供的（　　　）。

　　A. 万维网服务　　　　　　　　　　B. 电子公告牌服务

　　C. 电子邮件服务　　　　　　　　　D. 文件传输服务

5. 下列表示URL的是（　　　）。

　　A. 177.12.25.36　　　　　　　　　B. www.bac.com

　　C. http://www.baidu.com　　　　　D. abc@163.com

6. Internet Explorer浏览器的收藏夹的主要作用是（　　　）。

　　A. 保存图片　　　B. 保存邮件　　　C. 保存文档　　　D. 保存网址

7. 无线局域网的协议标准是（　　　）。

　　A. IEEE 802.9　　B. IEEE 802.10　　C. IEEE 802.11　　D. IEEE 802.12

8. 下列不属于Internet接入方式的是（　　　）。

　　A. ISDN　　　　　　B. ADSL　　　　　C. ATM　　　　　D. PPP

9. 简单邮件传输协议的英文简称是（　　　）。

　　A. RARP　　　　　　B. SNMP　　　　　C. SMTP　　　　　D. HTTP

10. Internet对于企业界影响最大的是（　　　）两种服务，其次才是其他服务种类。

　　A. E-mail和WWW　　　　　　　　　B. 电子公告板和E-mail

　　C. E-mail和Gopher　　　　　　　　D. WWW和Whats

二、多项选择题

1. 下列是电子邮件常见协议的有（　　　）。

　　A. SMTP　　　　　　B. POP3　　　　　C. MAP4　　　　　D. IMAP

2. 下列域名的表示中，正确的有（　　　）。

　　A. shizi.sheic.edu.cn　　　　　　　B. online.sh.cn

　　C. xyz.weibei.edu.cn　　　　　　　D. sh163,net,cn

3. 下列属于URL组成部分的有（　　　）。

　　A. 协议名称　　　　B. 域名或IP地址　　　C. 存放资源的路径

　　D. 文件名　　　　　E. 端口号

4. 下列选项中，属于Internet基本功能的有（　　　）。

　　A. 电子邮件　　　　B. 文件打印　　　　C. 文件传输　　　　D. 远程登录

　　E. 即时通信

5. 家庭计算机用户上网可使用的技术有（　　　）。

　　A. 电话线加Modem　　　　　　　　B. 有线电视电缆加Cable Modem

　　C. 电话线加ADS　　　　　　　　　D. 光纤到户

　　E. WLAN

三、判断题

1. 邮件账户的格式为：用户名@邮件服务器域名。　　　　　　　　　　　　　（　　）

2. 在互联网的域名体系中，商业组织的顶级域名是cn。　　　　　　　　　　　（　　）

3. 浏览器与Web服务器之间使用的协议是SNMP。　　　　　　　　　　　　　（　　）

4. 所谓下载就是把本地硬盘上的软件、文字、图片、图像与声音信息转到远程的主机上。　　　　　　　　　　　　　　　　　　　　　　　　　　　　　　　　　　（　　）

5. 域名地址一般都通俗易懂，大多采用英文名称的缩写来命名。　　　　　　　（　　）

四、填空题

1. 发送邮件以及在邮件之间的传输协议是_____。

2. 使用电话线路接入Internet的客户端必须具有的设备是_____。

3. 我们在浏览万维网信息时鼠标指针变成手型表明此处有_____。

4. WLAN的含义是_____。

5. Internet的每台主机至少有一个IP地址,而且这个IP地址在全网中必须是_____。

五、简答题

1. 请写出域名的一般结构并举例说明常见的顶级域名有哪些。

2. 请补全下表内容。

协　　议	中 文 名 称	功　　能
	简单邮件传输协议	
HTTP		
DNS		
SNMP		实现网络的管理
	动态主机配置协议	实现对网络中的计算机自动分配IP地址
POP3		用来接收电子邮件
	文件传输协议	实现主机之间的文件传送

单元6
网络操作系统

　　网络操作系统是构建计算机网络的软件核心与基础。本单元以微软Windows Server 2016和Linux网络操作系统为例，从架构计算机网络的整体角度出发，突出实用性、系统性，应用Windows Server 2016和Linux建构网络环境的方法，完成系统服务的配置与管理。

　　本单元内容包含DNS、DHCP、WWW、FTP等网络服务的配置和管理与维护，同时简单介绍了华为鸿蒙操作系统。

6.1　认识网络操作系统

学习目标

➤ 理解网络操作系统的定义与功能。
➤ 理解网络操作系统的工作模式。
➤ 认识常见的网络操作系统。
➤ 掌握Windows网络操作系统的基本应用。
➤ 掌握Linux操作系统的基本应用。

内容梳理

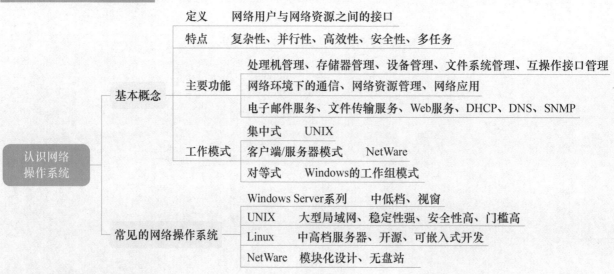

知识概要

　　网络操作系统主要是指运行在各种服务器上的操作系统，目前主要有UNIX、Linux、

Windows Server系列以及Netware等系统。各操作系统在网络应用方面都有各自的优势，而在实际应用上却千差万别，这种局面促使各操作系统都极力提供跨平台的应用支持。

1. 网络操作系统基本概念

1）网络操作系统的定义。网络操作系统（Network Operating System，NOS）主要是指运行在各种服务器上，能够控制和管理网络资源的特殊系统，是网络的心脏和灵魂，也是网络用户与网络资源之间的接口。

2）网络操作系统的特点。网络操作系统普遍具有复杂性、并行性、高效性和安全性等特点，技术上具有支持多任务、支持大内存、支持对称处理、支持负载均衡、支持远程管理等特征。

3）网络操作系统的体系结构。网络操作系统本质也是操作系统，故其体系结构与单机操作系统类似，从内到外依次是硬件、内核、操作系统、应用程序和用户界面。

2. 常见的网络操作系统

目前主流的网络操作系统主要有Windows Server系列、UNIX、Linux、NetWare等，具体见表6-1。

表6-1 常见的操作系统

类　　别	主　要　特　点	主　要　用　途
Windows Server系列	视窗界面，操作简单，入门快	中低档服务器
UNIX	稳定性强，安全性高，门槛高	大型网络
Linux	开放源代码，内核免费，硬件要求低	中高档服务器
NetWare	IPX/SPX，支持无盘工作站，兼容性好	中小型企业

1）Windows Server系列。Windows Server操作系统是Microsoft（微软）公司开发的。它对服务器的硬件要求较高，但稳定性不是很高，所以一般只是用在中低档服务器中。在局域网中，微软的网络操作系统主要有：Windows NT 4.0 Server、Windows Server 2008、Windows Server 2012、Windows Server 2016等。其中Windows NT 4.0是中、小型企业局域网首选的标准操作系统，它采用多任务、多流程操作以及多处理器系统（SMP）。在SMP系统中，工作量比较均匀地分布在各个CPU上，使其拥有极佳的系统性能。

2）UNIX。UNIX最早是指由美国贝尔实验室发明的一种多用户、多任务的通用操作系统。经过长期的发展和完善，目前已成长为一种主流的操作系统技术和基于这种技术的产品大家族。由于UNIX具有技术成熟、可靠性高、网络和数据库功能强、伸缩性突出和开放性好等特点，目前它已经成为主要的工作站平台和重要的企业操作平台。

3）Linux。Linux是一种开源的、免费的、多用户、多任务的操作系统。它具有强大的网络功能，能够提供WWW、FTP、E-mail等服务。Linux系统可靠、稳定，可用于关键任务，并支持多种硬件平台。目前Linux也有中文版本的，如REDHAT（红帽子）、红旗Linux等。

4）NetWare。Netware是Novell公司推出的多任务、多用户的网络操作系统。Netware

5.0网络操作系统是目前较优秀的局域网网络操作系统之一,它支持所有的重要台式操作系统(DOS、Windows Server、OS/2、UNIX、Macintosh等)以及IBM SAA环境,为需要在多厂商产品环境下进行复杂的网络计算的企事业单位提供了高性能的综合平台。NetWare可以不用专用服务器,任何一种计算机都可作为服务器。

应知应会

1. 网络操作系统的主要功能

1)具有普通操作系统的所有功能:处理机管理、存储器管理、设备管理、文件系统管理、互操作接口管理等。

2)强化的网络管理功能:网络环境下的通信、网络资源管理、网络应用等特定功能管理。

3)提供丰富的网络服务与管理功能:电子邮件服务、文件传输服务、Web服务、DHCP、DNS、SNMP等。

2. 网络操作系统的工作模式

网络操作系统的工作模式大致可分为三类:集中式、客户端/服务器模式、对等式,具体见表6-2。

表6-2 网络操作系统的工作模式

工 作 模 式	基 本 特 征	典 型 代 表
集中式	由一台主机与若干终端组成,NOS仅用于主机	UNIX
客户端/服务器模式	主流组网模型,NOS分为服务器端操作系统与客户端操作系统	NetWare
对等式	所有计算机安装同一操作系统,都具有服务器与客户机的功能	Windows的工作组模式

1)集中式。集中式网络操作系统是由分时操作系统加上网络功能演变的。系统的基本单元由一台主机和若干台与主机相连的终端构成,信息的处理和控制是集中的。UNIX就是这类系统的典型。

2)客户端/服务器模式。客户端/服务器模式即Client-Server(C/S)结构。服务器负责数据的管理,客户端负责完成与用户的交互任务。

3)对等式。采用对等式模式的站点都是对等的,网络中每台机器都具有客户端和服务器的功能,既可以作为客户访问其他站点,又可以作为服务器向其他站点提供服务。这种模式具有分布处理和分布控制的功能。

典型例题

【例1】(判断题)网络操作系统是网络用户与计算机网络之间的接口。( )

【解析】本题主要考查网络操作系统的基本概念,网络操作系统是指运行在各种服务器上,能够控制和管理网络资源的特殊系统,是网络的心脏和灵魂,是网络用户与网络资源之间的接口。

【答案】正确

【例2】（多项选择题）下列属于网络操作系统的是（　　）。

    A. Linux   B. UNIX   C. NetWare   D. Windows Server

    E. Windows XP

【解析】本题主要考查常见的网络操作系统分类，目前业内主流的网络操作系统有Windows Server系列、UNIX、Linux、NetWare等，Windows XP是单机操作系统，不是网络操作系统。

【答案】ABCD

【例3】（单项选择题）下列对网络操作系统特点描述正确的是（　　）。

    A. 单用户、单任务   B. 单用户、多任务

    C. 多用户、单任务   D. 多用户、多任务

【解析】本题主要考查网络操作系统的普遍特征，网络操作系统是多用户、多任务的操作系统。

【答案】D

【例4】（单项选择题）某IT创业公司需要在网络上部署一台Web服务器，现在公司的采购部门向软件工程师小明询问系统要求，那小明最可能选择的是（　　）系统。

    A. DOS   B. Windows 7   C. UNIX   D. Linux

【解析】本题主要考查常见的网络系统及其特征，DOS与Windows 7均不是网络操作系统，UNIX是网络操作系统，但一般用在大型网站，费用较贵。按照创业公司规律，一般初始规模较小，选择Linux更经济、更合适。

【答案】D

【例5】（单项选择题）某办公室因工作需要共享文件及打印机等资源，需要将办公室每个成员的计算机组成一个小局域网，已知成员的计算机系统均为Windows，最简单的就是将所有计算机以（　　）工作模式组成一个工作组。

    A. 集中式   B. 共享式

    C. 对等式   D. 客户端/服务器模式

【解析】本题主要考查网络操作系统的工作模式，Windows的工作组是对等式的典型例题，在这种模式组网简单，每台计算机地位平等。

【答案】C

知识测评

一、单项选择题

1. 网络操作系统是（　　）和（　　）之间的接口。

    A. 网络用户　服务器   B. 网络用户　网络资源

    C. 计算机用户　计算机硬件   D. 计算机用户　计算机软件

2. 网络操作系统的英文全拼及缩写正确的是（　　　　）。

    A. Network Operating System; NOS   B. Network Operating System; IOS

    C. Network Operation System; NOS   D. Network Operation System; IOS

3. 下列不是网络操作系统基本功能的是（　　　　）。

    A. 文件管理   B. 设备管理   C. 视频编辑   D. 互操作接口

4. 下列网络操作系统工作模式为对等式的是（　　　　）。

    A. UNIX   B. Windows XP的工作组模式

    C. Windows Server 2008域模式   D. Windows NT的工作组模式

5. 下列网络操作系统内核代码完全开放的是（　　　　）。

    A. UNIX   B. Linux

    C. DOS   D. Windows Server 2016

6. 跨国银行对服务器的系统稳定性与安全性要求很高，因此一般建议使用（　　　　）网络操作系统。

    A. Windows Server 2016   B. Windows XP

    C. UNIX   D. Linux

7. 某服装设计部门需要配置一台服务器用来管理部门的网上办公平台OA及FTP服务器，部门没有专门配置系统管理员，建议他们在服务器上安装（　　　　）操作系统。

    A. Windows 7   B. Windows Server 2016

    C. UNIX   D. Linux

8. IPX/SPX协议一般用于（　　　　）网络环境。

    A. UNIX   B. Linux   C. Windows   D. NetWare

9. 网络操作系统是一种（　　　　）软件。

    A. 应用   B. 系统   C. 网络管理   D. 网络服务

10. 下列不属于Linux操作系统特点的是（　　　　）。

    A. 多用户   B. 安全性   C. 经济性   D. 易用性

二、多项选择题

1. 网络操作系统的特性有（　　　　）。

    A. 经济性   B. 并行性   C. 复杂性   D. 安全性

    E. 开源性

2. 以下属于网络操作系统功能的有（　　　　）。

    A. 支持多任务   B. 设备管理   C. 办公软件服务   D. 支持大内存

    E. 提供网络语音服务

3. 常见的网络操作系统有（　　　　）。

    A. DOS   B. Android   C. Linux   D. Windows NT

    E. iOS

4. Linux是UNIX系统的完整实现，它继承了UNIX的（　　　　）特性。

    A. 安全性   B. 高效性   C. 稳定性   D. 开源性

    E. 多用户多任务

5. 网络操作系统的工作模式有以下三种，即（　　　　）。

    A. 分布式   B. 集中式   C. C/S模式   D. 对等式

    E. 共享式

三、判断题

1. 网络操作系统和单机操作系统不同，所以不具有单机操作系统的功能。 （　　　）

2. 网络操作系统是服务器操作系统，所以不能安装在个人机上。 （　　　）

3. Linux网络操作系统可以从互联网上免费下载使用。 （　　　）

4. UNIX是多用户多任务的实时操作系统。 （　　　）

5. NetWare是微软公司推出的一款网络操作系统。 （　　　）

四、填空题

1. 网络操作系统的英文缩写为_____。

2. Novell公司推出_____网络操作系统，支持无盘建站组网。

3. UNIX网络操作系统一般使用的工作模式是_____。

4. 整个局域网中的核心与灵魂是_____。

5. 与UNIX系统最相似的操作系统是_____。

五、简答题

1. 小东听说网络操作系统是功能更强大的操作系统，为了追求大型游戏软件运行更流畅，他特意把自己的计算机从Windows 10换成Windows Server 2016。请问小东的做法正确吗？为什么？

2. 小巴图是个软件开发创业公司，当前公司资金较为紧张，因业务开展需要布置一台Web服务器，请为他们的服务器选择合适的操作系统，并说明原因。

6.2 Windows Server应用基础

学习目标

➤ 熟练掌握Windows Server的系统安装。

➤ 熟练掌握Windows Server的基本配置。

➤ 掌握DNS和DHCP的作用及安装部署。

➤ 掌握Web和FTP服务器的作用及安装部署。

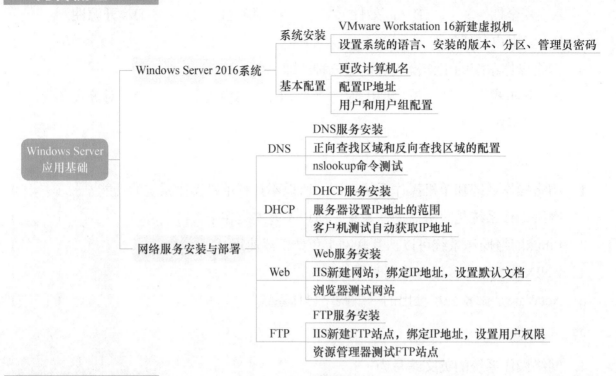

Windows server是Microsoft（微软）公司开发的网络操作系统。Microsoft公司的Windows系统不仅在个人操作系统中占有绝对优势，在网络操作系统中也具有非常强劲的竞争力。Windows网络操作系统在中小型局域网配置中是最常见的，但由于它对服务器的硬件要求较高，一般只用在中低档服务器中。本节以Windows Server 2016为平台进行讲解。

1. Windows Server系列网络操作系统

1）发展历程。Windows Server家族产品发展历程见表6-3。

表6-3　Windows Server家族产品发展历程

版　本	代　号	内核版本号	发 行 日 期
Windows Server 2000	NT5.0 Server	NT5.0	2000年2月17日
Windows Server 2003	Whistler Server, NET Server	NT5.2	2003年4月24日
Windows Server 2003 R2	Realease2	NT5.2	2005年12月6日
Windows Server 2008	Longhorn Server	NT6.0	2008年2月27日
Windows Server 2008 R2	Server 7	NT6.1	2009年10月22日
Windows Server 2012	Server 8	NT6.2	2012年9月4日
Windows Server 2012 R2	Server Blue	NT6.3	2013年10月17日
Windows Server 2016	Threshold Server, Redstone Serve	NT10.0	2016年10月13日
Windows Server 2019	Redstone Server	NT10.0	2018年11月13日
Windows Server 2022	Sun Vallery Server	NT10.0	2021年11月5日

2）用户与用户组。①用户：在Windows Server 2016系统里，每个用户账户都具有唯一的安全标识符SID，不同的用户可以有不同的权限。系统默认有两个内置账户：Administrator（超级管理员）和Guest（来宾账户，默认不启用）。②用户组：常用来进行

权限管理，默认情况下，系统为用户分了7个组，即管理员组(Administrators)、高权限用户组（Power Users）、普通用户组（Users）、备份操作组（Backup Operators）、文件复制组（Replicator）、来宾用户组（Guests）以及认证用户组（Authenticated Users）。

3）文件系统。Windows系统主要支持以下三种文件系统：①FAT：分区大小不超过2GB，常用于早期Windows 95系统。②FAT32：分区大小可扩大到2TB，但单文件大小不超过4GB。③NTFS：安全性和稳定性得到增强，支持超大文件存储，Windows Server系统需要安装在NTFS磁盘分区中。

4）Windows Server 2016安装与配置。本节的实验需在VMware Workstation 16虚拟机软件上进行。

① VMware Workstation的概述。VMware Workstation虚拟机软件可以在一台计算机上模拟出若干台虚拟计算机，每台虚拟计算机可以运行单独的操作系统而互不干扰。比如，在Windows 10的宿主计算机上运行VMware Workstation软件，利用虚拟机软件模拟出来多台虚拟机，可以同时运行Windows Server 2008、Linux、DOS等多个操作系统。VMware Workstation 16界面如图6-1所示。

图6-1　VMware Workstation 16界面

② Windows Server 2016虚拟机的安装。设置Windows Server 2016的ISO映像文件（见图6-2）、语言、安装的版本（见图6-3）、分区、管理员密码等，完成系统的安装。

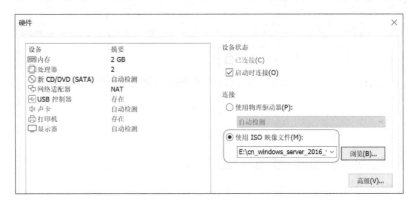

图6-2　选择ISO映像文件

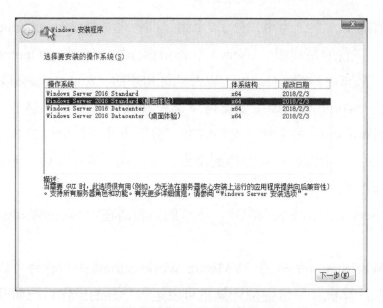

图6-3　选择Windows安装的版本

③更改计算机名。打开"服务器管理器",单击原本的计算机名"WIN-C32GMP7SE6T"(见图6-4),进入"系统属性"界面,单击"更改"按钮,输入计算机名"W2016-A1"(见图6-5)。计算机名更改后需要重启系统,方能生效。

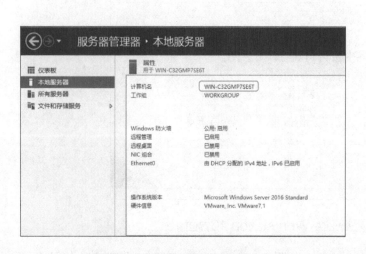

图6-4　服务器管理器窗口

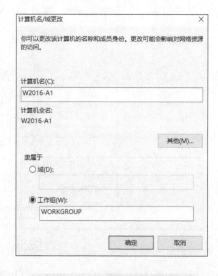

图6-5　更改计算机名

④配置IP地址。打开"网络连接"界面,进入本地连接配置界面,在"状态"窗口,单击"属性"按钮,选择"Internet协议版本4(TCP/IPv4)",根据需要,配置相应的IP地址、子网掩码、默认网关以及DNS服务器地址,如图6-6所示。

⑤用户和用户组的配置。在PowerShell使用net命令管理用户和用户组,命令如下:

创建用户命令:net user /add　新用户名　密码

创建用户组命令:net localgroup /add 新组名

用户加入组命令:net localgroup /add 组名　用户名列表

在PowerShell模式下,创建用户User01和User02,用户密码都为Pass-1234,同时创建用户组UserGroup,并将User01和User02加入用户组,如图6-7所示。

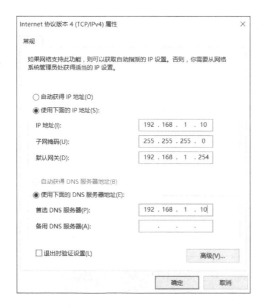

图6-6　设置IP参数　　　　　　　　　　图6-7　管理用户和用户组

2. DNS服务器

1）DNS的概述。DNS（Domain Name System，域名系统）的作用是对域名和IP地址进行相互转换，使人们可以使用易记的域名来代替IP地址访问互联网。域名解析分为正向解析和反向解析。正向解析是根据域名（主机名）查找对应的IP地址；反向解析是根据IP地址查找对应的域名（主机名）。

2）DNS服务器的安装与配置。

① 安装DNS服务。首先配置DNS服务器的IP地址，然后打开"服务器管理器"，单击"添加角色和功能"，根据向导安装DNS服务，如图6-8所示。

图6-8　选择安装的服务器

② 配置DNS服务器。打开DNS，配置区域skills.com，添加正向区域与反向区域，新建主机www，指向IP地址192.168.1.10（见图6-9），同时创建相关指针（PTR）记录。创建完成后，可以在正向查找区域和反向查找区域查看结果，如图6-10所示。

图6-9 新建主机

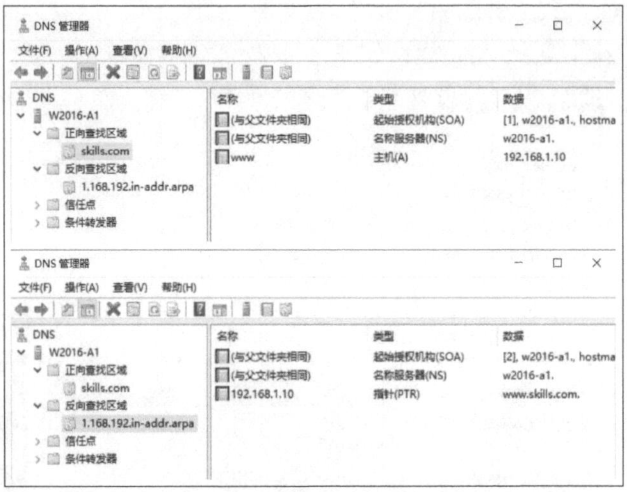

图6-10 正向和反向查找区域记录

③ 测试：在虚拟机上使用nslookup命令进行域名解析测试，如图6-11所示。

3. DHCP服务器

1）DHCP的概述。DHCP（动态主机配置协议）服务器的作用是将已设置的一段IP地址范围自动分配给客户端使用。采用DHCP自动分配IP地址后，管理员无须为每一个客户手动配置IP地址，从而减轻了网络管理员的负担。

图6-11 域名解析测试

2）DHCP服务器的安装与配置。

① 在虚拟机W2016-A1安装DHCP服务。安装DHCP服务，可参考上述安装DNS服务的步骤。

② 在虚拟机W2016-A1配置DHCP服务器。打开DHCP，配置可分配IP地址范围(192.168.1.100-192.168.1.200)（见图6-12）、默认网关（192.168.1.254）、DNS信息（192.168.1.10）等。

③ 虚拟机W2016-A2测试。开另一台虚拟机W2016-A2，设置自动获取IP地址进行测试，如图6-13所示。

图6-12 IP地址范围

图6-13 设置自动获取IP地址

4．Web服务器和FTP服务器

Windows Server 2016常使用IIS（Internet信息服务）来配置Web服务和FTP服务，IIS还可以添加NNTP和SMTP等其他服务。

Web服务器采用客户端/服务器（C/S）工作模式，使用TCP端口80，向用户提供以超文本技术为基础的全图形浏览界面。由于Web客户端一般为浏览器，所以其工作模式也常称为bit/s模式。

FTP服务器采用客户机/服务器方式，默认使用两个端口：控制端口（21）和数据端口（20），其基本功能为允许用户将本地计算机中的文件上传到远端的计算机中，或将远端计算机中的文件下载到本地计算机中。

应知应会

1．VMware Workstation虚拟机软件的网络模式

VMware Workstation的网络模式有三种，分别是桥接模式、仅主机模式和NAT模式，如图6-14所示。当安装了VMware Workstation后，在宿主机（物理计算机）上会多出两个网卡，分别是VMnet1（仅主机模式）和VMnet8（NAT模式），如图6-15所示。

图6-14　VMware Workstation网络模式　　　　图6-15　宿主机的网络连接

1）桥接模式。桥接模式需要依赖外部网络环境，VMware中的虚拟机就像是局域网中一台独立的主机，需要手工为虚拟机配置IP地址。虚拟机的IP地址必须和宿主机的IP地址是同一个网段，类似于虚拟机和宿主机是插在同一台交换机上的两台计算机。

2）仅主机模式。在仅主机模式下，虚拟网络是一个全封闭的网络，它唯一能够访问的就是宿主机。当然多个虚拟机之间也可以互相访问。仅主机模式是无法进行上网的。

3）NAT模式。使用VMware提供的NAT（网络地址转换）和DHCP服务，虚拟机使用宿主机中的虚拟网卡VMnet8作为网关，这种方式可以实现宿主机和虚拟机通信，虚拟机也

单元6 网络操作系统

183

能够访问互联网，但是互联网不能访问虚拟机。

2. DNS解析测试

1）nslookup命令测试。nslookup是一个在命令行界面下的网络工具，它有交互和非交互两种模式。进入交互模式后，在命令行界面直接输入nslookup并按回车（<Enter>键），非交互模式则是后面跟上查询的域名或者IP地址后按回车，如图6-16所示。

2）ping命令测试。利用ping命令进行域名解析，如图6-17所示。

图6-16　nslookup非交互模式测试　　　　图6-17　ping命令域名解析

3. Web服务器的安装与配置

1）Web服务的安装。Windows Server 2016使用"服务器管理器"添加角色"Web服务器(IIS)"，并勾选"FTP服务器"，即可同时完成Web与FTP服务器的安装。

2）配置Web服务器。打开IIS，新建web1站点，物理路径为C:/web1，主页文件为index.htm，网站IP地址为192.168.1.10。注意，主页文件必须添加在默认文档中。具体步骤详如图6-18～图6-20所示。

3）测试。通过浏览器访问Web站点进行测试，如图6-21所示。

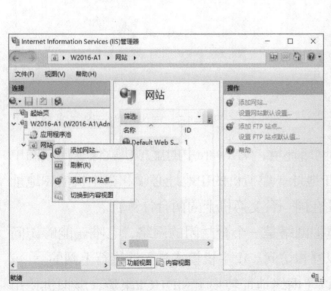

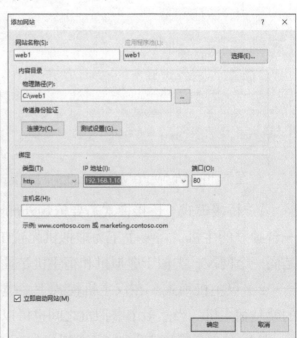

图6-18　添加网站　　　　图6-19　配置网站名称、物理路径、IP地址

图6-20 默认文档　　　　　　　　　　　图6-21 网站测试

4. FTP服务器的安装与配置

1）安装FTP服务。安装Web服务的同时已经同步安装FTP服务。

2）配置FTP服务器。架设一个FTP站点，名称为ftp1，IP地址为192.168.1.10，将C:/ftp1的文件夹内容提供给匿名用户进行访问，访问权限为读取和写入。具体步骤详如图6-22~图6-25所示。

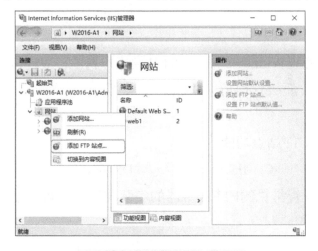

图6-22 添加FTP站点　　　　　　　　图6-23 设置站点名称和物理路径

图6-24 绑定IP地址　　　　　　　　　图6-25 身份验证和授权信息

3）测试。通过资源管理器访问FTP站点进行测试，如图6-26所示。

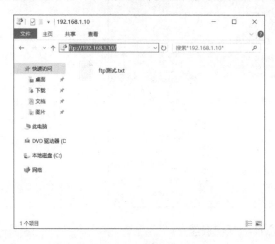

图6-26　测试FTP站点

典型例题

【例1】（多项选择题）下列是Windows Server 2008的内置账户的有（　　　　）。

A．guest 　　　　　B．root 　　　　　C．host 　　　　　D．anyone

E．administrator

【解析】2019年福建省学考真题，主要考查Windows Server的内置账户属性，Windows Server系统只有两个内置账户：administrator（超级管理员）和guest（来宾）。

【答案】AE

【例2】（单项选择题）以下选项能发布FTP站点功能的是（　　　　）。

A．SMTP 　　　　B．DNS 　　　　C．IIS 　　　　D．POP3

【解析】2020年福建省学考真题，主要考查常见的FTP服务器的安装与部署，可以使用IIS创建Web、FTP、SMTP、NNTP等服务。

【答案】C

【例3】（判断题）Web服务器站点的TCP端口号是80。（　　　　）

【解析】2020年福建省学考真题，主要考查Web服务器的基本知识，Web服务器默认使用的TCP端口号为80。

【答案】正确

【例4】（单项选择题）某公司需要在部署一个网站，在上面向公众发布一些公司的宣传信息及材料，已知公司的服务器使用的是Windows Server 2016系统，则使用（　　　　）软件部署最简单。

A．IE 　　　　B．HTTP 　　　　C．Dreamweaver 　　　　D．IIS

【解析】本题主要考查Web服务器的安装与部署，Windows Server环境下可以使用IIS进行Web、FTP等服务的快速部署。

【答案】D

【例5】（填空题）小明在家拿出新买的华为手机，点击连接上家里的Wi-Fi不用配置IP地址即可上网。我们可以确定小明家的Wi-Fi有提供＿＿＿＿＿服务。

【解析】本题主要考查DHCP服务的功能，DHCP可以为连接的终端自动分配TCP/IP配置信息，包括IP地址、子网掩码、默认网关、DNS等。

【答案】DHCP

知识测评

一、单项选择题

1. Windows Server 2016新建的用户默认归属在（　　　）用户组。

    A. Administrators   B. Guests   C. Roots   D. Users

2. Windows Server 2016系统必须安装（　　　）格式磁盘。

    A. Fat16   B. Fat32   C. NTFS   D. 任意

3. 小明使用www.baidu.com进行上网，使用到DNS的（　　　）功能。

    A. 正向查询   B. 反向查询   C. IP查询   D. 随机查询

4. 某公司使用C类地址网段，原有60台台式计算机，公司使用固定IP地址策略，现公司员工常常会携带笔记本、手机等终端到公司使用，导致固定IP地址不够用，您会建议在服务器上安装（　　　）服务。

    A. DNS   B. DHCP   C. IIS   D. FTP

5. 某台计算机使用IP地址访问腾讯网站正常，但使用www.qq.com访问时出现页面找不到的情况，这可能是（　　　）服务异常。

    A. Web   B. FTP   C. DHCP   D. DNS

6. Windows Server 2016创建用户user1的命令可以是（　　　）。

    A. user add user1   B. new user1

    C. net user /add user1   D. net localgroup /add user1

7. 匿名访问FTP服务器使用的账户名是（　　　）。

    A. 本地计算机名   B. 本地用户   C. guest   D. anonymous

8. 下列关于用户与用户组说法正确的是（　　　）。

    A. 一个用户只能属于一个组，用户权限即该组的所有权限

    B. 用户可以属于多个组，用户权限看最高权限的组

    C. 用户可以属于多个组，用户权限看最低权限的组

    D. 用户可以属于多个组，用户权限可以是所有组权限的并集

9. 下列关于DHCP服务器说法正确的是（　　　）。

    A. DHCP服务通过提高IP地址数，让更多终端可以上网

    B. DHCP服务IP地址的自动分配，让更多用户可以上网

C. DHCP服务实现IP地址的动态回收，让更多用户可以上网

D. DHCP服务实现一个IP同时让多个用户使用，让更多用户可以上网

10. 使用IIS创建一个网站一定要设置（　　　　）。

 A. 默认文档　　　　B. IP地址　　　　C. 端口号　　　　D. 主目录

二、多项选择题

1. 局域网的终端可以从DHCP服务器自动获取到（　　　　）参数。

 A. MAC地址　　　　B. IP地址　　　　C. 子网掩码　　　　D. 默认网关

 E. DNS地址

2. FTP服务默认使用两个TCP端口，分别作为控制端口和数据传输使用，这两个端口是（　　　　）。

 A. 20　　　　B. 21　　　　C. 23　　　　D. 25

 E. 520

3. 某终端访问www.skills.com时，如果本地DNS域名服务器不存在该记录，则可能出现（　　　　）。

 A. 终端无法访问该页面　　　　B. 终端向其他域名服务器发起请求

 C. 终端可以访问该页面　　　　D. 终端向根域服务器发起查询

 E. 本地域名服务器向其他域名服务器发起查询

4. IIS同时创建多个站点，可以通过绑定不同的（　　　　）来区分。

 A. 主目录　　　　B. 主机头　　　　C. TCP端口号　　　　D. IP地址

 E. 用户名

5. 用户访问ftp.skill.com网站使用的服务或协议有（　　　　）。

 A. DNS　　　　B. Web　　　　C. FTP　　　　D. HTTP

 E. SMTP

三、判断题

1. Windows Server 2016的Guest不用可以删除。　　　　　　　　　　（　　　）

2. 安装DHCP服务器需要先手动设置服务器IP地址。　　　　　　　　（　　　）

3. 在NTFS文件系统下，可以对文件设置权限，而FAT和FAT32文件系统只能对文件夹设置共享权限，不能对文件设置权限。　　　　　　　　　　　　　（　　　）

4. DNS解析域名是按从前往后顺序依次解析的。　　　　　　　　　　（　　　）

5. 小明从网上邻居下载文件使用的是FTP。　　　　　　　　　　　　（　　　）

四、填空题

1. 在文件传输服务中，将文件从服务器加载到客户机称为_____文件。

2. 用户访问银行支付网站使用的安全传输协议是_____。

3. FTP进行数据传输时，服务端默认使用的端口号是_____。

4. 小明上网出现异常，可以用_____命令重新从DHCP获取TCP/IP配置信息。

5. Windows Server 2016有两种管理模式，即工作组模式和_____。

五、简答题

1. 公司市场部新来的员工小林需要使用服务器，请使用命令方式为他新建一个账户，账户名为xiaolin，密码为abc123，并将该用户加入到已存在市场部组（market）里。

2. 因员工常常携带其他终端到公司使用，为方便员工上网，公司需要在Windows Server服务器（IP为10.151.10.1）上添加DHCP服务。公司网段10.151.10.0/24，原来的网关地址为10.151.10.254，公司域名服务器为10.151.10.1，为不影响公司原先计算机，要求10.151.10.1～50为固定IP地址范围不参与动态分配，请简述设置方法。

6.3 Linux应用基础

学习目标

➢ 掌握Linux系统的基础操作命令。

➢ 熟练掌握Linux系统的网卡配置和yum安装的部署。

➢ 掌握DNS、DHCP、WEB、FTP服务的简单部署。

➢ 掌握服务部署的简单故障排除。

内容梳理

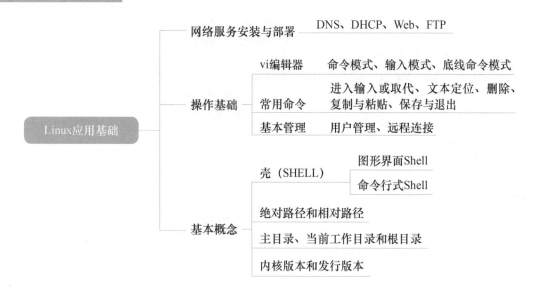

知识概要

Linux全称为GNU/Linux，是一套免费使用和自由传播的类UNIX操作系统，其内核由林纳斯·本纳第克特·托瓦兹于1991年首次发布，它主要受到Minix和UNIX思想的启发，是一个基于POSIX的多用户、多任务、支持多线程和多CPU的操作系统。它能运行主要的UNIX工具软件、应用程序和网络协议。它支持32位和64位硬件。

Linux继承了UNIX以网络为核心的设计思想，是一个性能稳定的多用户网络操作系统。Linux有上百种不同的发行版，如基于社区开发的Debian、Arch Linux，和基于商业开发的Red Hat Enterprise Linux、SUSE、Oracle Linux等。本节以CentOS 7为平台介绍DNS、DHCP、WWW和FTP的应用。

1. CentOS 7的DNS部署

Linux系统的常见DNS服务器软件有BIND、NSD、Unbound等，CentOS支持Unbound创建DNS服务器，在本节我们以Unbound简述DNS服务器的安装与部署。

> **案例1：** 在CentOS01中安装Unbound，创建DNS正向和反向解析，创建DNS条目包含www1.skills.com，对应地址为10.10.10.110；ftp1.skills.com，对应地址为10.10.10.110。

根据案例1的要求，操作步骤如下。

第1步：安装Unbound。由于测试DNS需要用到bind-utils工具，因此一起安装。

```
#yum install -y bind-utils unbound*
```

第2步：配置unbound.conf文件。

```
#vim /etc/unbound/unbound.conf
38  interface: 0.0.0.0                                          #去掉38行的#号
……                                                              ……
177 ccess-control: 10.10.10.0/24 allow                          #去掉177行的#号，更新网段
……                                                              ……
461 local-data: "www1.skills.com. IN A 10.10.10.110"            #在460行后插入正向解析
462 local-data: ftp1.skills.com. IN A 10.10.10.110
463 local-data-ptr: "10.10.10.110 www1.skills.com"              #插入反向解析
464 local-data-ptr: "10.10.10.110 ft1.skills.com"
```

第3步：重启Unbound服务，并且设置开机自启动。

```
# systemctl restart unbound
# systemctl enable unbound
```

第4步：测试DNS正向与反向解析。

```
[root@dns ~]# nslookup
> www1.skills.com                                               #正向解析
Server:10.10.10.110
Address: 10.10.10.110#53
```

```
Name: www1.skills.com
Address: 10.10.10.110
> ftp1.skills.com                                           #正向解析
Server: 10.10.10.110
Address:  10.10.10.110#53
Name: ftp1.skills.com
Address: 10.10.10.110
> 10.10.10.110                                              #反向解析
Server: 10.10.10.110
Address:  10.10.10.110#53
110.10.10.10.in-addr.arpa  name = www1.skills.com.
110.10.10.10.in-addr.arpa  name = ft1.skills.com.
>
```

2. CentOS 7的DHCP部署

CentOS 7提供了配置DHCP服务器的模板，支持详细参数设置，是高效的DHCP服务器搭建平台。下面通过简单案例学习DHCP服务器安装与部署。

> 案例2：在CentOS 7平台安装DHCP服务器，部署地址范围为10.10.10.200～250，网关地址为10.10.10.254，DNS服务器地址为10.10.10.110。

根据案例2的要求，操作步骤如下。

第1步：安装DHCP服务器。

```
#yum install -y dhcp
```

第2步：配置dhcpd.conf。按照案例2要求的地址范围、网关地址、DNS进行配置。

```
#vim /etc/dhcp/dhcpd.conf
subnet 10.10.10.0 netmask 255.255.255.0{
range 10.10.10.200 10.10.10.250;                           #设置地址范围
option routers 10.10.10.254;                               #设置网关地址
option domain-name-servers 10.10.10.110;                   #设置DNS地址
}
```

第3步：重启DHCP服务器，并且设置开机自启动。

```
#systemctl restart dhcpd
#systemctl enable dhcpd
```

第4步：利用Windows02测试CentOS 7的DHCP服务器是否配置成功。经过重新获取IP地址，发现Windows02正确获得CentOS 7分配的IP地址，如图6-27所示。

3. CentOS 7的WWW部署

Apache HTTP Server（简称Apache）是Apache软件基金会的一个开放源码的Web服务器软件。大多数人都是通过访问网站开始接触互联网，而网站服务就是Web服务，一般是指允许用户通过浏览器访问互联网中各种资源的服务。Web服务是一种被动的访问服务程序，即只有接收到互联网中其他主机发出的请求后才会响应，提供Web服务的服务器通过HTTP（超文本传输协议）或HTTPS（安全超文本传输协议），把请求的内容传送给用户，如图6-28所示。下面通过简单的案例学习Web服务器安装与部署。

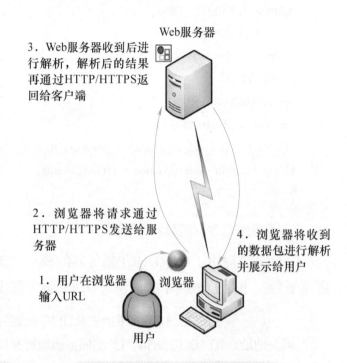

图6-27　CentOS 7 DHCP服务器应用测试　　　　图6-28　Web服务工作原理

案例3：在CentOS 7 中安装Web服务器，完成简单配置，测试Web站点。

根据案例3的要求，操作步骤如下。

第1步：安装httpd组件。

#yum install –y httpd

第2步：创建测试网页及其所在目录。

mkdir –p /www   #创建目录
echo "Welecom skills's website">>/www/index.html   #创建文档

第3步：配置httpd.conf，只需在httpd.conf文档最后添加下列内容即可。

<VirtualHost 10.10.10.110:80>   #主机地址和端口
　　DocumentRoot /www   #设定文件所在位置（路径）
　　ServerName www1.skills.com   #指定域名
　　DirectoryIndex index.html   #指定Web主页
　　<Directory /www>   #指定文件系统的路径
　　Require all granted   #全部授权
　　</Directory>   #文件系统路径结束
</VirtualHost>   #虚拟主机结束

第4步：重启httpd服务，并且设定开机自启动。

```
# systemctl restart httpd
# systemctl enable httpd
```

第5步：利用CentOS 7和Windows02分别进行Web测试。

CentOS 7测试结果如下：

```
[root@dns ~]# curl www1.skills.com
Welecom skills's website
[root@dns ~]#
```

Windows02测试结果如图6-29所示。

图6-29　CentOS 7 Web服务器配置测试

4. CentOS的FTP部署

vsftpd是"very secure FTP daemon"的缩写，安全性是它的一个最大特点，其主要运行在类UNIX操作系统上，是一个完全免费的、开发源代码的FTP服务器软件。vsftpd具有带宽限制、良好的可伸缩性、可创建虚拟用户、支持IPv6、速率高等优势。下面通过简单案例学习CentOS下vsftpd服务器的搭建。

> **案例4：** 在CentOS中安装FTP服务器，通过配置实现匿名文件下载功能。

根据案例4的要求，操作步骤如下。

第1步：安装vsftpd组件。为了便于测试，同时安装FTP。

```
#yum install –y vsftpd ftp
```

第2步：创建测试文档。

```
#echo "First Ftp Case.">>/var/ftp/1001.txt
```

第3步：重启vsftpd组件，并且设置开机自启动。

```
#systemctl restart vsftpd
#systemctl enable vsftpd
```

第4步：分别在CentOS 7和Windows02测试FTP匿名登录之后的功能。

基于CentOS 7匿名登录下载：

```
[root@dns ~]# ftp ftp1.skills.com                          #以域名登录
Connected to ftp1.skills.com (10.10.10.110).
220 (vsFTPd 3.0.2)
Name (ftp1.skills.com:root): anonymous                     #输入匿名用户
331 Please specify the password.
Password:                                                  #密码为系统密码
```

```
230 Login successful.
Remote system type is UNIX.
Using binary mode to transfer files.
ftp> dir                                          #查看文件
227 Entering Passive Mode (10,10,10,110,116,88).
150 Here comes the directory listing.
-rw-r--r-- 1 0 0 16 Apr 21 15:06 1001.txt
drwxr-xr-x 2 0 0 6 Nov 20 2015 pub
226 Directory send OK.
ftp> get 1001.txt                                 #下载文件
local: 1001.txt remote: 1001.txt
227 Entering Passive Mode (10,10,10,110,231,161).
150 Opening BINARY mode data connection for 1001.txt (16 bytes).
226 Transfer complete.
16 bytes received in 1.3e-05 secs (1230.77 Kbytes/sec)
ftp> exit                                         #退出ftp
221 Goodbye.
[root@dns ~]# ls                                  #查看下载结果
1001.txt anaconda-ks.cfg
[root@dns ~]#
```

基于Windows02测试FTP下载功能，如图6-30所示。

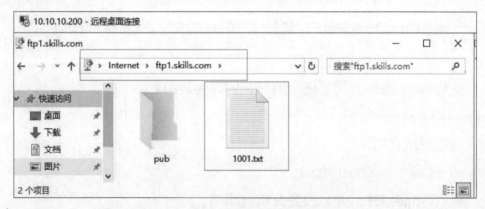

图6-30　CentOS 7的FTP服务器下载测试

5. 文书编辑器

所有的UNIX Like系统都会内建vi文书编辑器，其他的文书编辑器则不一定会存在。vi是Visual Interface的简称，是Linux中最为经典的文本编辑器，vi的核心设计思想是让程序员的手指始终保持在键盘的核心区域，就能完成所有编辑操作。vim是vi的升级版，具有程序编辑的能力，可以主动地以字体颜色辨别语法的正确性，方便程序设计。

vi/vim共分为三种模式，即命令模式（Command mode），输入模式（Insert mode）和底线命令模式（Last line mode），模式之间的切换如图6-31所示，常用的命令见表6-4。

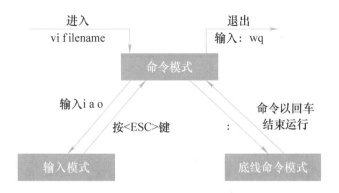

图6-31 命令模式、输入模式、底线命令模式三者的关系

1）命令模式。用户刚刚启动vi/vim，便进入了命令模式。此状态下敲击键盘动作会被vim识别为命令，而非输入字符。比如我们此时按下i，并不会输入一个字符，i被当作了一个命令。注意，在命令模式下输入的命令大小写功能是不同的。

2）输入模式。在命令模式下执行插入命令即可切换到输入模式，在界面的左下角有"-- INSERT --"或者类似的提示字样，表示进入到另一种操作模式。在输入模式下就可以像编辑txt一样在文本内自由输入，按<ESC>键回到命令模式。

3）底线命令模式。在命令模式下输入转义符号（大多数时候为":"冒号）进入底行模式，在底行模式下可以执行一些字符数量较长的增强命令。常用的保存命令":w"、退出命令":q"等以转义符号开头的命令都是底行命令。

表6-4 常用命令

进入输入或取代的编辑模式	
i, I	进入输入模式（Insert mode）：i为从目前光标所在处输入，I为在目前所在行的第一个非空格符处开始输入
a, A	进入输入模式（Insert mode）：a为从目前光标所在的下一个字符处开始输入，A为从光标所在行的最后一个字符处开始输入
o, O	进入输入模式（Insert mode）：o为在目前光标所在的下一行处输入新的一行，O为在目前光标所在的上一行处输入新的一行
r, R	进入取代模式（Replace mode）：r只会取代光标所在的那一个字符一次；R会一直取代光标所在的文字，直到按下<ESC>键为止
文本定位命令	
:set nu	显示行号，设定之后会在每一行的前缀显示该行的行号
:set nonu	与set nu相反，为取消行号
gg	移动到文本第一行
G	移动到文本最后一行
:n	移动到文本第n行
删除、复制与粘贴	
x, X	在一行字当中，x为向后删除一个字符（相当于<DEL>键），X为向前删除一个字符（相当于<BackSpace>，即空格键）
nx	n为数字，连续向后删除n个字符。举例来说，要连续删除10个字符为『10x』
dd	剪切游标所在的那一整行，用p/P可以粘贴
ndd	n为数字。剪切光标所在的向下n行，例如20dd是剪切20行（常用），用p/P可以粘贴

删除、复制与粘贴	
yy	复制游标所在的那一行
nyy	n为数字。复制光标所在的向下n行，例如20yy是复制20行
p, P	p为将已复制的数据在光标下一行贴上，P为贴在游标上一行
u	复原前一个动作（常用）
[Ctrl]+r	重做上一个动作（常用）
.	小数点。重复前一个动作。如果想要重复删除、重复贴上等动作，按下小数点即可
保存与退出命令（注意区分底行模式和命令模式）	
:w	保存
:q	退出
:q!	强制退出
:wq或:x	保存退出
ZZ	保存退出

6. 基本管理

1）用户管理。Linux系统是一个多用户多任务的分时操作系统，任何一个要使用系统资源的用户，都必须先向系统管理员申请一个账号，然后以这个账号的身份进入系统。用户的账号一方面可以帮助系统管理员对使用系统的用户进行跟踪，并控制他们对系统资源的访问；另一方面也可以帮助用户组织文件，并为用户提供安全性保护。每个用户账号都拥有一个唯一的用户名和与之对应的口令。用户在登录时输入正确的用户名和口令后，就能够进入系统和自己的主目录。

实现用户账号的管理，要完成的工作主要有如下几个方面：用户账号的添加、删除与修改；用户口令的管理；用户组的管理。

在Linux CentOS系列系统中，有四个文件用于存储用户信息，具体见表6-5。

表6-5 存储用户信息的文件

文 件 名 称	作 用
/etc/passwd	记录该用户的一些基本属性 用户名：口令：用户标识号：组标识号：注释性描述：主目录：登录Shell
/etc/shadow	记录用户的加密口令 登录名：加密口令：最后一次修改时间：最小时间间隔：最大时间间隔：警告时间：不活动时间：失效时间：标志（保留字段）
/etc/group	记录用户组的所有信息 组名：口令：组标识号：组附加用户列表
/etc/gshadow	记录用户组的加密口令 组名：加密口令：组管理员：组附加用户列表

2）远程连接。CentOS系统在配置网络连接以后即可使用SSH远程连接操作系统。SecureCRT是一款支持SSH（SSH1和SSH2）的终端仿真程序，它是Windows Server下登录UNIX或Linux服务器主机的软件。SecureCRT支持SSH，同时支持Telnet和rlogin协议。SecureCRT的SSH协议支持DES、3DES和RC4密码和密码与RSA鉴别。在实验过程中，可以直接使用IP作为主机名远程登录Linux。

1. 壳（SHELL）

Shell俗称壳（用来区别于核），是指"为使用者提供操作界面"的软件（command interpreter，命令解析器）。Shell基本上分为两大类：

1）图形界面Shell（Graphical User Interface Shell，即GUI Shell）。例如应用最为广泛的Windows Explorer（微软的Windows系列操作系统），还有广为人知的Linux Shell，其中Linux Shell包括X-Windows Manager（Black Box和Fluxbox），以及功能更强大的CDE、GNOME、KDE、Xfce等。

2）命令行式Shell（Command Line Interface Shell，即CLI Shell）。例如：

① Bourne Shell（sh）/csh/tcsh/bash/ksh/zsh/fish等（UNIX及类UNIX）；

② COMMAND.COM（CP/M系统；MS-DOS、PC-DOS、DR-DOS、FreeDOS等DOS；Windows 9x）；

③ cmd.exe/命令提示符（OS/2、Windows NT、React OS）；

④ Windows PowerShell（支持.NET Framework技术的Windows NT）。

文字操作系统与外部最主要的接口叫作Shell，Shell是操作系统最外面的一层。传统意义上的Shell指的是命令行式的Shell，其中bash就是在学习配置Linux中所使用的Shell。

bash是一个交互式的命令解释器和命令编程语言，是大多数Linux系统以及Mac OS X默认的Shell，它能运行于大多数类UNIX风格的操作系统之上。作为一个交互式的Shell，按下<Tab>键即可自动补全已部分输入的程序名、文件名、变量名等。

交互式Shell实现用户和操作系统之间的交互过程：一，等待用户输入命令；二，向操作系统解释用户的输入（将文字命令转化成内核可执行的操作指令）；三，处理并显示各种各样的操作系统的输出结果。

2. 绝对路径和相对路径

完整描述文件位置的路径是绝对路径，是以"根目录"为参考基础的目录路径。绝对路径名的指定是从树形目录结构顶部的"根目录"开始到某个目录或文件的路径，由一系列连续的目录组成，中间用斜线分隔，直到要指定的目录或文件，路径中的最后一个名称即为要指向的目录或文件。其中绝对指在任意工作目录状态下指向同一个文件时，所使用的路径都是一样的。

相对路径就是指由这个文件所在的路径引起的跟其他文件（或文件夹）的路径关系。在bash中的相对路径就是基于当前工作目录与要指向的文件之间的路径关系，指向同一个文件的相对路径会根据当前目录的变化而变化。

在Linux系列文件目录下，绝对路径和相对路径最明显的区别就是，绝对路径开头一定有根目录"/"，而相对路径开头没有根目录。

3. 主目录、当前工作目录和根目录

1）主目录。home directory是指操作系统为每个用户设置的默认工作目录，一般和用

户名同名，里面存放用户的基本配置文件，每个用户都有自己的独立主目录，在bash中可以用"~"表示。

2）当前工作目录。每个运行在计算机上的程序都有一个"当前工作目录"，当前工作目录是进程解释相对路径名的参照点。Shell作为运行在操作系统上的接口程序，自然也有它当前执行指令的参照点，即当前工作目录。可以将系统内的所有文件夹都看作是一间间房间，每当打开一个Shell，就相当于派遣一位操作员到相应的房间内执行操作，在bash下查看当前工作目录的命令是"pwd"。

3）根目录。根目录指逻辑驱动器的最上一级目录，它是相对子目录来说的。在Windows系列系统下，打开"我的计算机"，双击C盘就进入了C盘的根目录"C:\"，双击D盘就进入了D盘的根目录"D:\"，以此类推。根目录在文件系统建立时即被创建，其目的就是存储子目录（也称为文件夹）或文件的目录项。它就像一颗长着目录的树，树的最根本就是它的根（根目录）。在Linux系列系统中，一般采用有别于Windows系统的逻辑卷分区方法，所以在Linux系统内看到的根目录一般是"/"。

4. 内核版本和发行版本

1）内核版本。内核是一个操作系统的核心，是基于硬件的第一层软件扩充，提供操作系统的最基本功能，是操作系统工作的基础。它负责管理系统的进程、内存、设备驱动程序、文件和网络系统，决定着系统的性能和稳定性。查看当前系统的内核版本可以使用命令"uname –r"。

2）发行版本。Linux发行版本是由Linux内核、GNU工具和库以及软件集合构成的操作系统。一些组织或厂商将 Linux 内核与各种软件和文档包装起来，并提供系统安装界面和系统配置、设定与管理工具，这就构成了Linux 的发行版本。

Linux的各个发行版本使用的是同一个Linux内核，因此在内核层不存在兼容性问题。Linux的发行版本可以大体分为两类：商业公司维护的发行版本，以著名的Red Hat为代表；社区组织维护的发行版本，以Debian为代表。

典型例题

【例1】（多项选择题）默认情况下[root@localhost ~] #的当前工作目录是（　　　　）。

A. /root

B. root

C. root用户的主目录

D. root用户的根目录

【解析】本题主要考察当前工作目录和主目录的概念，当前工作目录是当前终端正在操作的目录，在提示符[]内右侧显示，这里显示的是"~"，"~"代表当前用户的主目录，也就是当前工作目录是当前用户的主目录，当前用户为root，其主目录绝对路径为/root。

【答案】AC

【例2】（单项选择题）下列命令执行的结果是（   ）。

[root@localhost ~]#mkdir –p /log/demodir

[root@localhost ~]#mv /etc/syslog/textdir /log/demodir/demotextdir

[root@localhost ~]#cd /log

[root@localhost log]#pwd

  A. /log/demotextdir   B. /demotextdir

  C. /log   D. /textdir

【解析】本题考查使用交互式命令行操作系统时的显示内容，"[root@localhost_]#pwd"的上一行是一个切换文件夹的命令，所以此处应为切换后的文件夹最后一级的名称，即log。该命令行执行的是pwd显示当前文件夹绝对路径的命令，当前文件夹为log，其绝对路径为/log。

【答案】C

知识测评

一、单项选择题

1. 在vi编辑器中返回命令模式的快捷键是（   ）。

  A. Enter   B. Space   C. ESC   D. BackSpace

2. vi编辑器中底行模式一般用（   ）符号进入。

  A. #   B. :   C. %   D. &

3. yum软件仓库的配置文件后缀名为（   ）。

  A. .repo.d   B. .iso   C. .yum   D. .repo

4. 使用systemctl查看一个服务状态使用的选项为（   ）。

  A. status   B. stop   C. start   D. restart

5. 下列指令能立即关闭系统的是（   ）。

  A. shutdown   B. shutdown now   C. reboot   D. init 6

6. 实现挂载操作使用的命令为（   ）。

  A. load   B. install   C. setup   D. mount

7. 在命令提示符[root@localhost ~]#下不能切换到主目录的命令是（   ）。

  A. cd /   B. cd   C. cd~   D. cd /root

8. （   ）是系统管理员的提示符。

  A. #   B. :   C. %   D. &

9. （   ）可以是挂载本地ISO文件的源路径。

  A. /mnt   B. /dev/cdrom   C. /opt/centos   D. /cdrom

10. 重命名一个文件可以使用（   ）命令。

  A. cp   B. rm   C. cd   D. mv

二、多项选择题

1. 下列属于vi编辑器内操作模式的是（　　　　）。

   A．插入模式　　　　　B．命令模式　　　　　C．底行模式　　　　　D．特权模式

2. 下列属于vi编辑器底行模式命令的是（　　　　）。

   A．:noh　　　　　　　B．q　　　　　　　　　C．dd　　　　　　　　D．:set nu

3. 下列属于yum可识别的配置文件的是（　　　　）。

   A．/etc/yum.repo.d/local　　　　　　　　B．/etc/yum.repo.d/1.repo

   C．/etc/yum.repo.d/repo.repo　　　　　　D．/etc/yum.repo

4. 使用systemctl重启一个服务使用的选项为（　　　　）。

   A．status　　　　　　B．stop　　　　　　　C．start　　　　　　　D．restart

5. 在vi编辑器中可以执行保存退出操作的是（　　　　）。

   A．:wq　　　　　　　B．ZZ　　　　　　　　C．:w!q!　　　　　　　D．;wq!

三、判断题

1. vi编辑器中可以从输入模式直接进入底行模式。（　　　）

2. 修改了配置文件后服务能立即应用新的配置。（　　　）

3. 只要后缀为.repo的文件都是yum可识别的配置文件。（　　　）

4. 临时指令是指当前立即生效，关机后失效。（　　　）

5. 在Linux目录树中，绝对路径和相对路径的区别是绝对路径开头必然是"/"根目录，而相对路径开头没有。（　　　）

四、填空题

1. 永久关闭SElinux的配置选项是_____。

2. 使用yum执行安装软件的选项是_____。

3. 使用systemctl配置一个服务开启自启的选项是_____。

4. 切换到上一级文件夹的命令是_____。

5. 查看当前工作目录绝对路径的命令是_____。

五、简答题

写出使用Unbound配置DNS服务的阶段及命令。

6.4　鸿蒙操作系统概述

学习目标

➤ 掌握鸿蒙操作系统的定义、发展历史以及特征。

➤ 了解OpenHarmony与HarmonyOS的关系。

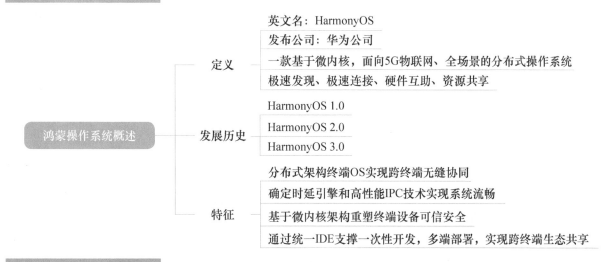

鸿蒙操作系统是华为公司开发的一款基于微内核，面向5G物联网、全场景的分布式操作系统。

1. 鸿蒙操作系统（HarmonyOS）的定义

鸿蒙的英文名是HarmonyOS，意为和谐。鸿蒙操作系统可以将手机、计算机、平板、电视、工业自动化控制、无人驾驶、车机设备和智能穿戴统一成一个操作系统，并且该系统是面向下一代技术而设计的，能兼容全部安卓应用的所有Web应用。

华为鸿蒙系统创造了一个超级虚拟终端互联的世界，将人、设备、场景有机地联系在一起，使消费者在全场景生活中接触到多种智能终端，实现极速发现、极速连接、硬件互助和资源共享，并用合适的设备提供场景体验。

2. 鸿蒙操作系统（HarmonyOS）的发展历史

表6-6 鸿蒙版本

版　本	发　行　日	更　新　说　明
HarmonyOS 1.0	2019-8-9	正式发布，并推出搭载HarmonyOS的荣耀智慧屏，改变全球操作系统格局
HarmonyOS 2.0	2020-9-10	基于开源项目OpenHarmony 2.0开发的面向多种全场景智能设备的商用版本，在关键的分布式能力上进行全面升级，并与国内多家知名家电厂商达成合作，发布搭载HarmonyOS的新家电产品
HarmonyOS 3.0	2022-7-27	优化了控制中心的界面显示，提升游戏的流畅度，加强安全防护能力及系统稳定性

1. 华为鸿蒙操作系统的特征

1）分布式架构终端OS实现跨终端无缝协同。

2）确定时延引擎和高性能IPC技术实现系统流畅。

3）基于微内核架构重塑终端设备可信安全。

4）通过统一IDE支撑一次性开发，多端部署，实现跨终端生态共享。

2. OpenHarmony与HarmonyOS的关系

OpenHarmony是开放原子开源基金会孵化及运营的开源项目，其基础是华为于2020与2021年捐赠的HarmonyOS基本能力代码，而HarmonyOS是华为基于开源项目OpenHarmony开发的面向多种全场景智能设备的商用版本。

典型例题

【例1】（单项选择题）HarmonyOS是（   ）的操作系统。

  A. Android   B. IOS   C. Linux   D. 独立产权

【解析】本题主要考察华为鸿蒙操作系统的基本知识，HarmonyOS是华为开发，具有独立产权的国产操作系统。

【答案】D

【例2】（多项选择题）鸿蒙操作系统特点是（   ）。

  A. 基于微内核 B. 面向5G   C. 面向全场景 D. 分布式

  E. 实时

【解析】本题主要考察鸿蒙操作系统的特点，它是一款基于微内核、面向5G物联网、全场景（移动办公、运动健康、社交通信、媒体娱乐等）的分布式操作系统。

【答案】ABCD

【例3】（单项选择题）以下是国产操作的是（   ）。

  A. Windows XP B. Linux   C. HarmonyOS D. iOS

【解析】本题主要了解国产操作系统的基本知识，选项中只有HarmonyOS是国产的。

【答案】C

知识测评

一、单项选择题

1. 鸿蒙生态系统是（   ）。

  A. 封闭的   B. 开放的   C. 收费的   D. 无序的

2. 华为鸿蒙操作系统于（   ）年发布。

  A. 2000   B. 2009   C. 2019   D. 2020

3. 华为鸿蒙操作系统的英文名为（   ）。

  A. HarmonyOS B. HWOS   C. iOS   D. Android

4. 鸿蒙操作系统是（   ）发布的。

  A. 苹果公司   B. 谷歌公司   C. 电信公司   D. 华为公司

5. 鸿蒙操作系统是面向（   ）的分布式操作系统。

  A. 2G   B. 3G   C. 4G   D. 5G

二、判断题

1. 鸿蒙操作系统只能在华为设备上使用。   （   ）

2. 鸿蒙操作系统只有中文版本。　　　　　　　　　　　　　　　　（　　）

3. HarmonyOS是Android的一个版本。　　　　　　　　　　　　　（　　）

4. 华为公司对鸿蒙操作系统具有独立产权。　　　　　　　　　　　（　　）

5. 鸿蒙操作系统支持将不同类型的终端设备连接在一起。　　　　　（　　）

三、简答题

上网查找并简述当前鸿蒙操作系统最新版本及特点。

6.5 单元测试

单元检测卷　试卷I

一、单项选择题

1. 网络操作系统的英文缩写是（　　　）。

   A. iOS　　　　　　　B. NOS　　　　　　　C. OSI　　　　　　　D. DOS

2. 下列属于网络操作系统基本功能的是（　　　）。

   A. 打字服务　　　　B. 绘图服务　　　　C. 文件管理　　　　D. 即时通信服务

3. 终端通过DHCP服务器不可以获取（　　　）配置信息。

   A. MAC　　　　　　B. IP　　　　　　　C. 子网掩码　　　　D. DNS地址

4. 若想查看"test.htm"文件内容，不可以使用（　　　）软件。

   A. 记事本　　　　　B. 画图　　　　　　C. IE　　　　　　　D. Dreamweaver

5. 在Windows Server 2016里FTP服务可以使用（　　　）来创建管理。

   A. vsFTP　　　　　B. IE　　　　　　　C. IIS　　　　　　　D. Dreamweaver

二、判断题

1. Windows Server 2016是开源的网络操作系统。　　　　　　　　（　　）

2. 网络操作系统是安装在服务器的操作系统，也称作服务器操作系统。（　　）

3. 考虑到安全因素，每个网络操作系统只能建立一个用户。　　　　（　　）

4. 用户上网一定需要用到DNS服务。　　　　　　　　　　　　　　（　　）

5. 一台服务器可以同时启用多个Web站点服务。　　　　　　　　　（　　）

三、填空题

1. 常见的网络操作系统有Windows Server系列、_____、Linux以及Netware。

2. 网络操作系统的特点是多用户、_____。

3. Web服务默认使用_____80端口。

4. 将本地文件提交到FTP服务器的操作称作_____。

5. DNS的作用是_____与IP地址的相互转换。

一、单项选择题

1. Linux系统的超级管理员用户是（　　　）。

　　A. guest　　　　　　B. root　　　　　　C. admin　　　　　　D. administrator

2. 张三通过网上邻居功能将其本身只有"读取"权限文件夹A共享出去，共享权限设置为everyone完全控制，那么通过网络邻居同工作组的其他计算机（　　　）。

　　A. 可以复制该文件夹文件到本地　　　　B. 不可以复制该文件夹文件到本地

　　C. 可以修改文件夹里的内容　　　　　　D. 可以删除文件夹里的文件

3. Windows系统中如果要单独设置文件的权限，则文件系统至少必须是（　　　）。

　　A. Fat　　　　　　　B. Fat32　　　　　　C. NTFS　　　　　　D. ext2

4. 下列关于网络服务说法正确的是（　　　）。

　　A. DNS默认使用TCP端口53号进行域名解析

　　B. DHCP默认使用TCP端口67号进行数据交换

　　C. Web默认使用TCP端口80号进行传输web数据

　　D. FTP默认使用TCP端口21号进行文件数据传输

5. Linux系统中可以使用（　　　）命令查看本地TCP/IP配置信息。

　　A. ipconfig　　　　　B. ping　　　　　　C. nslookup　　　　　D. ifconfig

二、多项选择题

1. Linux网络操作系统的特性有（　　　）。

　　A. 高效性　　　　　B. 并行性　　　　　C. 复杂性　　　　　D. 安全性

　　E. 开源性

2. 下列关于Windows Server 2016说法正确的有（　　　）。

　　A. 它是内核开源的网络操作系统

　　B. 根据需求可以选择不同的版本

　　C. 提供视窗界面，操作简单

　　D. 安全性强，常在大型服务器或跨国公司使用

　　E. 仿照UNIX设计，兼容几乎所有UNIX设备

三、填空题

1. 某FTP服务器的域名为ftp.skills.com，端口使用默认端口，现在若要用IE浏览器从该服务器下载文件，则需要在浏览器地址栏输入_____访问该站点。

2. 可以使用_____命令来查询DNS记录信息，测试DNS是否工作正常。

四、简答题

请列举常见的网络操作系统并简述其特征。

单元7
局域网组建

　　局域网（Local Area Network，LAN）是指在某一区域内由多台计算机互联成的计算机组，一般是方圆几千米以内。局域网可以实现文件管理、应用软件共享、打印机共享、工作组内的日程安排、电子邮件和传真通信服务等功能。局域网是封闭型的，可以由办公室内的两台计算机组成，也可以由一个公司内的上千台计算机组成。局域网的三个关键技术是网络拓扑、传输介质和介质访问控制方法。

7.1 局域网与IEEE 802标准

学习目标

➢ 理解局域网参考模型。
➢ 熟悉局域网的主要特点。
➢ 掌握局域网三大基本技术（拓扑结构、传输介质、访问控制方式）。
➢ 熟悉IEEE 802标准。
➢ 实现培育构建局域网能力的目标。

内容梳理

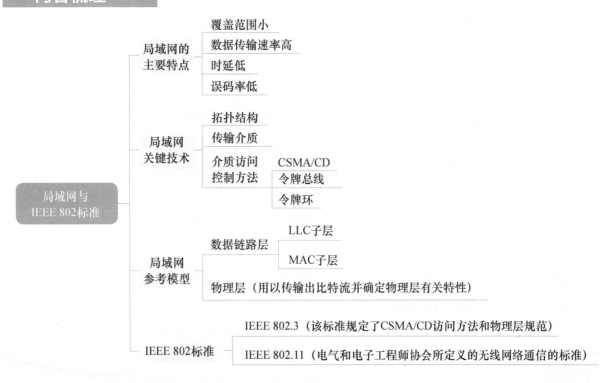

IEEE 802（LAN /MAN Standards Committee，局域网/城域网标准委员会）致力于研究局域网和城域网的物理层和MAC层中定义的服务和协议，对应OSI网络参考模型的最低两层，即物理层和数据链路层。

IEEE 802标准将局域网层次模型分为三层。其中，物理层（PHY）主要处理物理链路上传输的比特流，实现比特流的传输与接收、同步前序的产生和删除；媒体访问控制（MAC）负责介质访问控制机制的实现，即处理局域网中各站点对共享通信介质的争用问题；逻辑链路控制（LLC）负责屏蔽MAC子层的不同实现，将其变成统一的LLC界面，从而向网络层提供一致的服务。

1. 局域网主要特点

局域网由于数据传输速率高、成本低、组网方便、使用灵活、误码率低而被大量使用。其主要特点如下：①地理分布范围小；②数据传输速率高、时延低；③误码率低；④以微机为主要联网对象，综合成本低；⑤实用性强，使用广泛；⑥一般为一个部门或单位所有。

2. 局域网的关键技术

决定局域网特性的三个主要技术是：拓扑结构、传输介质和介质访问控制方法。在这三种技术中最为重要的是介质访问控制方法，它对网络的吞吐量、响应时间、传输效率等网络特性起着十分重要的作用，包括：①带有冲突检测的载波监听多路访问（CSMA/CD）方法；②令牌总线（Token Bus）方法；③令牌环（Token Ring）方法。

3. 局域网参考模型

IEEE 802标准描述的局域网只描述了OSI/RM的物理层和数据链路层两层。根据局域网的特点，数据链路层被分成逻辑链路控制（LLC）和介质访问控制（MAC）两个功能子层。

OSI参考模型与局域网参考模型对应关系如图7-1所示。

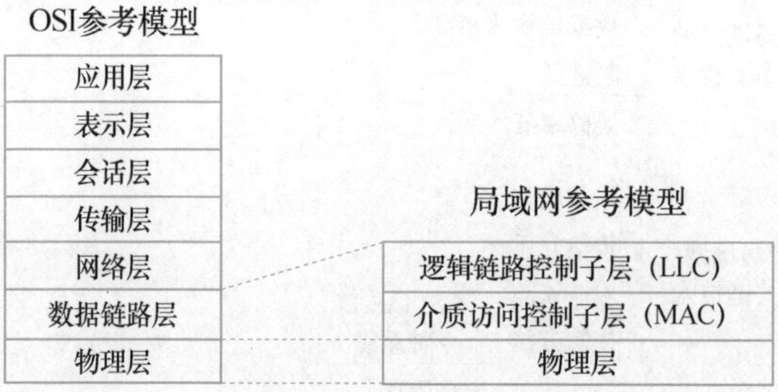

图7-1　OSI参考模型与局域网参考模型对应关系

局域网各层功能如下：

1）物理层。它主要实现了二进制比特流的透明传输，该层还规定了使用的信号、编码、传输介质、拓扑结构和传输速率。

2）MAC子层。它控制对传输介质的访问，该层描述了介质访问控制方法。

3）LLC子层。它向高层提供逻辑接口，具有发送和接收帧的功能。

4. IEEE 802标准

1980年2月，局域网标准化协会，即IEEE 802委员会成立。IEEE 802委员会制定了一系列局域网标准，统称为IEEE 802标准，见表7-1。

表7-1　IEEE 802系列标准

标　　准	说　　明
IEEE 802.1	概述、体系结构、网络管理、网络互联
IEEE 802.2	逻辑链路控制LLC
IEEE 802.3	CSMA/CD访问方法、物理层规范
IEEE 802.4	Token Bus令牌总线
IEEE 802.5	Token Ring令牌环访问方法、物理层规范
IEEE 802.6	城域网介质访问控制方法和物理层技术规范
IEEE 802.7	宽带技术
IEEE 802.8	光纤技术（光纤分布数据接口FDDI）
IEEE 802.9	综合业务数字网（ISDN）技术
IEEE 802.10	局域网安全技术
IEEE 802.11 （IEEE 802.11a、IEEE 802.11b、IEEE 802.11g、IEEE 802.11n）	无线局域网访问方法、物理层规范
IEEE 802.12	100VG-AnyLan快速局域网访问方法、物理层规范

在IEEE 802标准中，当属IEEE 802.3应用最为广泛。IEEE 802.3标准规定了CSMA/CD访问方法和物理层规范。

应知应会

1. 局域网的主要特点

局域网的主要特点是覆盖范围小、数据传输速率高、时延低以及误码率低。

2. 局域网的三大基本技术

局域网特性的三大主要技术是拓扑结构、传输介质和介质访问控制方法，在这三种技术中最为重要的是介质访问控制方法。

3. 局域网参考模型

根据IEEE 802标准，局域网只涉及OSI/RM的物理层和数据链路层两层，并根据局域网的特点，把数据链路层分成逻辑链路控制（LLC）和介质访问控制（MAC）两个功能子层。

4. IEEE 802标准

在IEEE 802标准中，当属IEEE 802.3应用最为广泛，符合IEEE 802.3标准的局域网统称为以太网。IEEE 802.11是IEEE委员会制定的一个无线局域网标准，主要用于解决局域网中，用户与用户终端的无线接入。

【例1】（单项选择题）以下不属于局域网主要特点的是（　　　）。

 A. 时延低　　　　　　　　　　　B. 数据传输速率高

 C. 误码率高　　　　　　　　　　D. 覆盖范围小

【解析】本题主要考查学生对局域网主要特点的了解情况。局域网基本特征是：覆盖范围小、数据传输速率高、时延低和误码率低，所以误码率高不属于局域网的主要特点。

【答案】C

【例2】（单项选择题）以下不属于局域网的三大主要技术的是（　　　）。

 A. 拓扑结构　　　　　　　　　　B. 链路距离

 C. 传输介质　　　　　　　　　　D. 介质访问控制方法

【解析】本题主要考查学生对局域网的三大主要技术的了解情况。决定局域网特性的三个主要技术是：拓扑结构、传输介质和介质访问控制方法，所以链路距离不属于局域网的主要技术。

【答案】B

【例3】（单项选择题）局域网参考模型一般不包括（　　　）。

 A. 物理层　　　　B. 网络层　　　　C. 数据链路层　　　　D. 介质访问控制层

【解析】本题主要考查学生对局域网参考模型的了解情况，局域网只涉及OSI/RM的物理层和数据链路层两层，并根据局域网的特点，把数据链路层分成逻辑链路控制和介质访问控制两个功能子层，因此局域网模型不包括网络层。

【答案】B

知识测评

一、单项选择题

1. 局域网的特点不包括（　　　）。

 A. 覆盖地理范围小　　　　　　　B. 综合成本高

 C. 一般为一个部门或单位所有　　D. 误码率低

2. 符合（　　　）标准的局域网统称为以太网。

 A. IEEE 802.2　　B. IEEE 802.3　　C. IEEE 802.4　　D. IEEE 802.5

3. 以下不属于局域网模型的层次结构的是（　　　）。

 A. 数据链路层　　B. 物理层　　　C. MAC　　　　D. 应用层

4. （　　　）是IEEE委员会制定的一个无线局域网标准。

 A. IEEE 802.11　　B. IEEE 802.12　　C. IEEE 802.13　　D. IEEE 802.17

5. 以下不属于局域网在拓扑结构上主要采用的拓扑结构的是（　　　）。

 A. 星形　　　　　B. 环形　　　　C. 网状　　　　D. 总线型

6. （　　　）主要应用在远距离、高速传输数据的网络环境中，其可靠性很高，具有许多其他传输介质无法比拟的优点。

    A. 双绞线　　　　　　B. 粗缆　　　　　　C. 细缆　　　　　　D. 光纤

7. （　　　）指控制多个节点利用公共传输介质发送和接收数据的规则。

    A. 传输协议　　　　　　　　　　B. 控制协议

    C. 介质访问控制方法　　　　　　D. 局域网标准

8. 以下（　　　）标准描述的是令牌总线。

    A. IEEE 802.2　　B. IEEE 802.3　　C. IEEE 802.4　　D. IEEE 802.5

9. 在局域网模型中，（　　　）向高层提供逻辑接口，具有发送和接收帧的功能。

    A. 数据链路层　　B. 物理层　　　C. MAC　　　　D. LLC

10. 以下不属于介质访问控制方法的是（　　　）。

    A. 令牌总线方法　　　　　　B. CSMA/CD

    C. 无线局域网访问方法　　　D. 令牌环方法

二、多项选择题

1. 局域网的特点包括（　　　）。

    A. 覆盖地理范围小　　　　　　B. 综合成本高

    C. 一般为一个部门或单位所有　　D. 误码率低

    E. 数据传输速率高、时延高

2. 决定局域网特性的主要技术是包括（　　　）。

    A. 拓扑结构　　　B. 传输介质　　　C. 网络应用　　D. 网络操作系统

    E. 介质访问控制方法

3. 局域网在拓扑结构上主要采用的有拓扑结构（　　　）。

    A. 星形　　　　　B. 环形　　　　　C. 树形　　　　D. 总线型

    E. 网状

4. 以下（　　　）层次属于局域网的参考模型。

    A. 物理层　　　　B. LLC子层　　　C. 逻辑链路控制　　D. 数据链路层

    E. 介质访问控制

5. 以下属于介质访问控制方法的是（　　　）。

    A. 令牌总线方法　　　　　　B. CSMA/CD

    C. 无线局域网访问方法　　　D. 快速局域网访问方法

    E. 令牌环方法

三、判断题

1. 符合IEEE 802.3标准的局域网统称为以太网。　　　　　　　　　（　　　）

2. 根据IEEE 802标准，局域网只涉及OSI/RM的物理层和网络层两层。　（　　　）

3. LLC子层主要负责控制对传输介质的访问，该层描述了介质访问控制方法。

( )

4. IEEE 802.1是IEEE委员会制定的一个无线局域网标准，主要用于解决局域网中，用户与用户终端的无线接入。 ( )

5. 局域网基本特征是覆盖范围小、数据传输速率高、时延低和误码率低。 ( )

四、填空题

1. 局域网基本特征是：覆盖范围_____、数据传输速率_____、时延_____和误码率_____。

2. 决定局域网特性的三个主要技术是：拓扑结构、传输介质和_____。

3. 根据IEEE 802标准，局域网只涉及OSI/RM的物理层和_____两层。

4. 根据局域网的体系结构，数据链路层分成MAC和_____两个功能子层。

5. _____是IEEE委员会制定的一个无线局域网标准，主要用于解决局域网中，用户与用户终端的无线接入。

五、简答题

1. 简述局域网的特点。
2. 请画出局域网参考模型与OSI/RM的对应关系图。

7.2 CSMA/CD访问控制原理

学习目标

> 掌握CSMA/CD的含义。
> 掌握CSMA/CD的工作原理。

内容梳理

知识概要

载波监听多路访问/冲突检测方法（CSMA/CD）是早期共享式以太网用于解决冲突的协议，即介质访问控制方式。

1. CSMA/CD的含义

CSMA/CD中文为载波监听多路访问/冲突检测方法。"载波监听"（CS，Carrier Sense）就是用电子技术检测总线上是否有其他计算机也在发送，载波监听即检测信道，不管在发送前，还是发送中，每个站点都在不断地检测信道。"多路访问"（MA，Multiple Access）说明这是总线型网络，许多计算机以多路访问的方式连接在一根总线上。"冲突检测"（CD，Collision Detection）是指适配器边发送数据边检测信道上信号电压的变化，以便判断自己在发送数据时，其他站点是否也在发送。

2. CSMA/CD的工作原理

CSMA/CD采用了最简单的随机接入，并采用了合适的协议来减少冲突。总线上同一时间只允许一个节点发送数据，而其他节点都只能接收该信息。如果出现同一时刻两个或以上节点利用总线发送信息的情况，则所有节点停止发送，等到没有节点发送数据时再发送数据。

CSMA/CD协议的工作原理可以概括为：先听后发、边听边发、冲突停止以及随机延迟后重发。在使用CSMA/CD协议时，一个站点不可能同时进行发送和接收数据，因此使用CSMA/CD协议的以太网不可能进行全双工通信，只能进行半双工通信。

应知应会

1. CSMA/CD介质访问控制方法

CSMA/CD是IEEE 802.3协议规定使用的介质访问控制方法。

2. CSMA/CD的工作原理

CSMA/CD的工作原理可以概括为：先听后发、边听边发、冲突停止，随机延迟后重发。①发送数据前首先侦听信道；②如果信道空闲，立即发送数据并进行冲突检测；③如果信道忙，继续侦听信道，直到信道变为空闲才继续发送数据并进行冲突检测；④ 如果站点在发送数据过程中检测到冲突，它将立刻停止发送数据并等待一个随机长的时间再重复上述过程。当冲突次数超过16次时，则表示发送失败，放弃发送。

典型例题

【例1】（单项选择题）CSMA/CD是指（   ）。

    A. 载波监听多路访问/冲突检测方法   B. 令牌总线介质访问方法

    C. 令牌环介质访问方法   D. 虚拟网传输方法

【解析】本题主要考查学生对CSMA/CD名词解释。CSMA/CD中文为载波监听多路访问/冲突检测方法，所以本题选A。

【答案】A

【例2】（单项选择题）CSMA/CD的CD是指（   ）。

    A. 载波监听   B. 多路访问   C. 冲突检测   D. 介质访问

【解析】本题主要考查学生对CSMA/CD名词解释。CS中文为载波监听；MA指的是多路访问；CD指的是冲突检测，所以本题选C。

【答案】C

【例3】（判断题）CSMA/CD协议的以太网可以进行全双工通信。（　　　）

【解析】本题主要考查学生对CSMA/CD原理的掌握情况。在使用CSMA/CD协议时，一个站点不可能同时进行发送和接收数据，因此使用CSMA/CD协议的以太网不可能进行全双工通信。因此本题为错误。

【答案】错误

知识测评

一、单项选择题

1. CSMA/CD是（　　　）协议规定使用的介质访问控制方法。

    A．IEEE 802.2   B．IEEE 802.3   C．IEEE 802.4   D．IEEE 802.11

2. CSMA/CD的CS是（　　　）。

    A．载波监听   B．多路访问   C．冲突检测   D．介质访问

3. CSMA/CD的MA是（　　　）。

    A．载波监听   B．多路访问   C．冲突检测   D．介质访问

4. 载波监听多路访问/冲突检测方法的英文简称是（　　　）。

    A．SCMA/CD   B．CSAM/CD   C．CSMA/CD   D．CSMA/DC

5. CSMA/CD协议的工作原理可以概括为：先听后发、边听边发、冲突停止，（　　　）。

    A．延迟16s后重发   B．等待延迟后重发

    C．等待16s后重发   D．随机延迟后重发

6. 载波监听多路访问/冲突检测中的"载波监听"指的是（　　　）。

    A．用电子技术检测总线上是否有其他计算机也在发送

    B．许多计算机以多路的方式连接在一根总线上

    C．适配器边发送数据边检测信道上的信号电压的变化

    D．随机接入减少冲突

7. 根据CSMA/CD协议的工作原理，当冲突次数超过（　　　）次时，则表示发送失败，放弃发送。

    A．14   B．15   C．16   D．17

8. CSMA/CD协议的以太网只能进行（　　　）。

    A．全双工通信   B．单工通信   C．半工通信   D．半双工通信

9. 根据CSMA/CD协议的工作原理，总线上线上同一时间只允许（　　　）个节点发送数据。

    A．0   B．1   C．2   D．3

10. 根据CSMA/CD协议的工作原理，如果出现同一时刻两个或以上节点利用总线发送信息的情况，则所有节点（　　　　）。

    A. 停止发送　　　　　　　　　　　B. 继续发送

    C. 等待16s后重发　　　　　　　　D. 令延迟16s后重发

二、多项选择题

1. CSMA/CD协议的工作原理包括（　　　　）。

    A. 先听后发　　　　B. 边听边发　　　　C. 冲突继续发送　　　D. 先发后听

    E. 冲突停止，随机延迟后重发

2. 以下关于CSMA/CD介质访问控制方法，说法正确的是（　　　　）。

    A. 总线上同一时间只允许一个节点发送数据

    B. 发送数据前首先侦听信道

    C. 边发送边检测信道

    D. 当冲突次数达到16次时，则表示发送失败，放弃发送

    E. 如果出现同一时刻两个或以上节点发送信息，则所有节点停止发送，等到没有节点发送数据时再发送数据

3. CSMA/CD不是（　　　　）协议规定使用的介质访问控制方法。

    A. IEEE 802.2　　　B. IEEE 802.3　　　C. IEEE 802.4　　　D. IEEE 802.4

    E. IEEE 802.11

4. 对载波监听多路访问/冲突检测，解析正确的有（　　　　）

    A. "载波监听"就是用电子技术检测总线上是否有其他计算机也在发送，即检测信道。

    B. "冲突检测"是指适配器边发送数据边检测信道上的信号电压的变化。

    C. "多路访问"说明这是总线型网络，许多计算机以多路访问的方式连接在一根总线上。

    D. 使用CSMA/CD协议时，一个站点不可能同时进行发送和接收数据。

    E. 用CSMA/CD协议的以太网可以进行全双工通信。

5. 以下不属于IEEE 802.3协议描述的介质访问控制方法的是（　　　　）。

    A. 令牌总线方法　　　　　　　　　B. CSMA/CD

    C. 无线局域网访问方法　　　　　　D. 快速局域网访问方法

    E. 令牌环方法

三、判断题

1. CSMA/CD协议的工作原理可以概括为：先发后听、边听边发、冲突停止，随机延迟后重发。　　　　　　　　　　　　　　　　　　　　　　　　　　　（　　　）

2. CSMA/CD是IEEE 802.3协议规定使用的介质访问控制方法。　　　（　　　）

3. CSMA/CD中的"MA"代表"载波监听"。 （　　）

4. CSMA/CD协议的以太网只能进行半双工通信。 （　　）

5. 如果站点在发送数据过程中，检测到冲突，它将立刻停止发送数据并等待一个随机长的时间，重复上述过程。当冲突次数达到16次时，则表示发送失败，放弃发送。

（　　）

四、填空题

1. CSMA/CD协议的工作原理可以概括为：先听后发、_____、冲突停止，随机延迟后重发。

2. CSMA/CD中文为_____。

3. CSMA/CD中的"CS"代表_____。

4. CSMA/CD中的"MA"代表_____。

5. CSMA/CD中的"CD"代表_____。

五、简答题

1. 请解释名词CSMA/CD。

2. 简述CSMA/CD的访问控制原理。

7.3 以太网和IEEE 802.3标准

学习目标

➢ 熟悉以太网的发展历程。

➢ 理解传统以太网标准和组网方法。

➢ 熟悉高速以太网的基本特征。

内容梳理

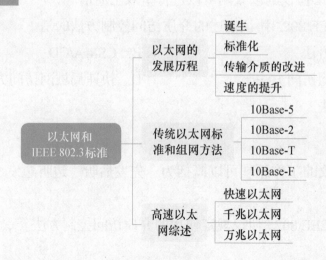

计算机网络技术基础教程

IEEE 802.3标准是一种基带总线型的局域网标准，它描述了物理层和数据链路层中MAC子层的实现方法。以太网逻辑上是总线形拓扑结构，以太网中的所有计算机共享同一条总线，信息以广播方式发送。为了保证数据通信的方便性和可靠性，以太网简化了通信流程并使用了CSMA/CD方式对总线进行访问控制。

1. 以太网的发展历程

1）以太网的诞生：1973年，Xerox公司发明了以太网，把一批高级计算机连接起来。

2）以太网的标准化：1979年，Xerox与DEC公司联合起来，致力于以太网技术的标准化和商品化。

3）以太网传输介质的改进：20世纪80年代中后期，细同轴电缆、双绞线等多种传输介质被引入以太网。

4）以太网速度的提升：21世纪以来，以太网不断突破速度极限，已从10Mbit/s发展到10Gbit/s。

2. 传统以太网标准和组网方法

传统以太网的标准包括10Base-5、10Base-2、10Base-T和10Base-F。

以上传统以太网标准的参数对比见表7-2。

表7-2　传统以太网标准的参数对比

标　准	10Base-5	10Base-2	10Base-T	10Base-F
传输速率	10Mbit/s	10Mbit/s	10Mbit/s	10Mbit/s
传输介质	粗同轴电缆	细同轴电缆	双绞线	多模光纤
单网段最大长度	500m	185m	100m	2500m
网络最大长度（跨距）	2500m	925m	500m	—
节点间最小距离	2.5m	0.5m	2.5m	—
单网段的最多节点数	100	30	1024	1024
拓扑结构	总线型	总线型	物理连接：星形 逻辑连接：总线型	—
传输类型	基带传输	基带传输	基带传输	基带传输
连接器	AUI	BNC	RJ-45	SC或STII连接器
最大网段数	5	5	5	—
优点	用于主干网	最便宜的系统	易于维护	最适用于楼宇间
说明	10Base-5： 数字10表示传输速率，单位是Mbit/s； Base表示传输的类型是基带传输； 数字5表示单段的最大单段长度，单位是100m。 			

3. 高速以太网综述

1）快速以太网：100Base-T2、100Base-T4、100Base-TX和100Base-FX。

2）千兆以太网：1000Base-SX、1000Base-LX、1000Base-CX和1000Base-T。

3）万兆以太网：IEEE 802.3ae、IEEE 802.3ak和IEEE 802.3an。

应知应会

1. 传统以太网的标准

传统以太网的标准包括10Base-5、10Base-2、10Base-T和10Base-F。

1）10Base-5：又称为粗缆以太网，使用直径为10mm的粗同轴电缆，最大单段长度为500m，网络最大长度2500m，采用基带传输方法，拓扑结构为总线型。

2）10Base-2：又称为细缆以太网，使用直径为5mm的细同轴电缆，最大单段长度为185m，网络最大长度925m，采用基带传输方法，拓扑结构为总线型。

3）10Base-T：使用非屏蔽双绞线连接的以太网，最大单段长度为100m，物理连接为星形拓扑结构，逻辑连接为总线型拓扑结构。10Base-T具有技术简单、价格低廉、可靠性高、易于布线、易于管理和维护等特点。

4）10Base-F：10Base-F是使用多模光纤组建的以太网。

2. 高速以太网综述

1）快速以太网：速率达到100Mbit/s的以太网称为快速以太网。

2）千兆以太网：又称为吉比特以太网，传输速率达到1Gbit/s。

3）万兆以太网：又称为10吉比特以太网，支持10Gbit/s的传输速率。

典型例题

【例1】（单项选择题）10Base-5采用的是（   ）。

    A. 粗同轴电缆，星形拓扑结构   B. 粗同轴电缆，总线型拓扑结构

    C. 细同轴电缆，星形拓扑结构   D. 细同轴电缆，总线型拓扑结构

【解析】本题主要考查学生对10Base-5的了解情况。10Base-5使用粗同轴电缆，拓扑结构为总线型，所以本题选B。

【答案】B

【例2】（单项选择题）10Base-5中，Base表示（   ）。

    A. 基带传输   B. 宽带传输   C. 频带传输   D. 模拟传输

【解析】本题主要考查学生对10Base-5的了解情况。10Base-5中的Base表示传输的类型是基带传输，所以本题选A。

【答案】A

【例3】（单项选择题）10Base-5中，10表示（   ）。

    A. 10bit/s   B. 100bit/s   C. 10Mbit/s   D. 100Mbit/s

【解析】本题主要考查学生对10Base-5的了解情况。10Base-5中，数字10表示传输速率，单位是Mbit/s，所以本题选C。

　　【答案】C

知识测评

一、单项选择题

1. 10Base-5中10表示（　　　）。

    A. 传输距离　　　　　B. 传输速率　　　　　C. 传输介质　　　　　D. 传输时间

2. 10Base-5中5表示（　　　）。

    A. 传输距离　　　　　B. 传输速率　　　　　C. 传输介质　　　　　D. 传输时间

3. 10Base-2以太网的最大单段长度为（　　　）。

    A. 100m　　　　　B. 500m　　　　　C. 200m　　　　　D. 185m

4. 10Base-2以太网采用的是（　　　）拓扑结构。

    A. 总线型　　　　　B. 网状　　　　　C. 星形　　　　　D. 环形

5. 10Base-5结构采用的连接器是（　　　）。

    A. BNC　　　　　B. AUI　　　　　C. RJ-45　　　　　D. RJ-11

6. 10Base-2结构采用的连接器是（　　　）。

    A. BNC　　　　　B. AUI　　　　　C. RJ-45　　　　　D. RJ-11

7. 10Base-T中T代表（　　　）。

    A. 双绞线　　　　　B. 粗缆　　　　　C. 细缆　　　　　D. 光纤

8. 吉比特以太网传输速率可达（　　　）。

    A. 10Gbit/s　　　　　B. 1Gbit/s　　　　　C. 1Mbit/s　　　　　D. 10Mps

9. 10Base-F中F代表（　　　）。

    A. 双绞线　　　　　B. 粗缆　　　　　C. 细缆　　　　　D. 光纤

10. 万兆以太网速度可达（　　　）。

    A. 10Gbit/s　　　　　B. 100Gbit/s　　　　　C. 10Mbit/s　　　　　D. 100Mbit/s

二、多项选择题

1. 10Base-T的网络特点包括（　　　）。

    A. 访问控制方法为CSMA/CD　　　　　B. 最大单段传输距离为500m

    C. 可连接的工作站96个　　　　　D. 传输速率为10Mbit/s

    E. 采用基带传输

2. 以下（　　　）采用的是CSMA/CD访问控制法，符合IEEE 802.3标准。

    A. 传统以太网　　　B. 快速以太网　　　C. 千兆以太网　　　D. 万兆以太网

    E. 10M以太网

3. 传统以太网的标准包括（　　　　）。
   A. 10Base–5　　　　B. 100Base–H　　　C. 10Base–T　　　D. 10Base–F
   E. 10Base–2
4. 以下标准网络结构为总线型的是（　　　　）。
   A. 10Base–5　　　　B. 100Base–F　　　C. 10Base–T　　　D. 10Base–F
   E. 10Base–2
5. 以下标准采用的是双绞线的是（　　　　）。
   A. 10Base–T　　　　B. 10Base–2　　　C. 100Base–TX　　　D. 100Base–FX
   E. 1000Base–T

三、判断题

1. 10Base–2以太网采用的是总线型拓扑结构。（　　　）
2. 10Base–T以太网的传输介质是光纤。（　　　）
3. 速率达到100Mbit/s的以太网称为快速以太网。（　　　）
4. 万兆以太网只支持全双工模式，因此不存在冲突问题，所以不使用CSMA/CD。
　（　　　）
5. 千兆以太网采用了与10M以太网相同的帧格式、网络协议，可从现有的传统以太网和快速以太网的基础上平滑地过渡得到。（　　　）

四、填空题

1. _____是当今现有局域网采用的最通用的通信协议标准。
2. 速率达到的_____的以太网称为快速以太网。
3. 10Base–5又称为粗缆以太网，使用的传输介质为_____。
4. 10Base–T的物理拓扑结构为_____。
5. 细缆以太网网络最大长度为_____。

五、简答题

1. 10Base–5中的10、Base、5分别表示何意？
2. 简述传统以太网的标准。

7.4　无线局域网组网方法

学习目标

- ➢ 理解无线网络的含义。
- ➢ 熟悉无线局域网的主要硬件设备。
- ➢ 熟悉无线局域网标准。
- ➢ 掌握无线局域网应用。
- ➢ 实现具备构建无线局域网的能力目标。

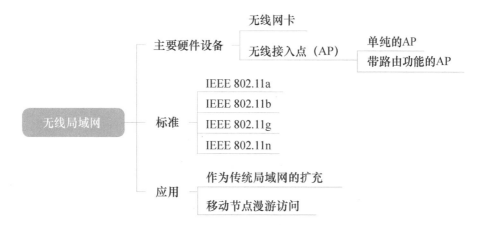

无线局域网
- 主要硬件设备
  - 无线网卡
  - 无线接入点（AP）
    - 单纯的AP
    - 带路由功能的AP
- 标准
  - IEEE 802.11a
  - IEEE 802.11b
  - IEEE 802.11g
  - IEEE 802.11n
- 应用
  - 作为传统局域网的扩充
  - 移动节点漫游访问

知识概要

在无线局域网（WLAN）发明之前，人们要想通过网络进行联络和通信，必须先用物理线缆——铜绞线组建一个电子运行的通路。后来为了提高效率和速度，又发明了光纤。当网络发展到一定规模后，人们又发现，这种有线网络无论组建、拆装还是在原有基础上进行重新布局和改建，都非常困难，且成本和代价也非常高，于是WLAN的组网方式应运而生。基于IEEE 802.11标准的无线局域网允许在局域网络环境中使用不必授权的ISM（Industrial Scientific Medical）频段中的2.4GHz或5GHz射频波段进行无线连接，广泛应用于从家庭到企业再到Internet的热点接入。

1. 无线局域网的主要硬件设备

无线局域网组建所需的主要硬件设备为无线网卡和无线接入点（Access Point，AP）。

1）无线网卡。①计算机MCIA无线网卡：仅适用于笔记本计算机，支持热插拔，能便捷地实现移动式无线接入。②计算机I接口无线网卡：适用于普通的台式计算机，但要占用主机的计算机I插槽。③USB接口无线网卡：它适用于笔记本计算机和台式计算机，支持热插拔。

2）无线接入点。AP主要分单纯的AP和带路由功能的AP两种。前者是最基本的AP，仅仅提供一个无线信号发射的功能；而路由AP（如无线路由器），可以实现自动拨号上网功能，并且有相对完善的安全防护功能。

2. 无线局域网标准

无线局域网标准就是IEEE 802.11及其相关标准。无线局域网的常见标准有：①IEEE 802.11a；②IEEE 802.11b；③IEEE 802.11g；④IEEE 802.11n。

3. 无线局域网应用

1）作为传统局域网的扩充。

2）移动节点漫游访问。

1. 无线局域网的含义

无线局域网，简称WLAN，是指在距离较小的范围内（如一个园区、一栋楼宇、一间办公室）使用无线传输介质的计算机网络。WLAN技术是为了弥补有线网络的不足而出现的。

2. 无线局域网的主要硬件设备

无线局域网组建所需的主要硬件设备为无线网卡和无线接入点（AP）。

3. 无线局域网标准

无线局域网标准就是IEEE 802.11及其相关标准。无线局域网的常见标准见表7-3。

表7-3 几种IEEE 802.11标准的对比

标　准	频　段	最高传输速率
IEEE 802.11a	5GHz	54Mbit/s
IEEE 802.11b	2.4GHz	11Mbit/s
IEEE 802.11g	2.4GHz	54Mbit/s
IEEE 802.11n	2.4GHz/5GHz	600Mbit/s
IEEE 802.11ac	2.4GHz/5GHz	1730Mbit/s
IEEE 802.11ad	60GHz	7000Mbit/s

典型例题

【例1】（单项选择题）无线局域网简称（　　　）。

    A. LAN　　　　　　B. WAN　　　　　　C. MAN　　　　　　D. WLAN

【解析】本题主要考查学生对无线局域含义的了解情况。无线局域网，简称WLAN，所以本题选D。

【答案】D

【例2】（单项选择题）以下标准属于无线局域网标准的是（　　　）。

    A. IEEE 802.3　　　B. IEEE 802.4　　　C. IEEE 802.11　　　D. IEEE 802.5

【解析】本题主要考查学生对无线局域网标准的了解情况。无线局域网标准就是IEEE 802.11及其相关标准，所以本题选C。

【答案】C

【例3】（单项选择题）以下无线局域网标准中数据传输速率最快的是（　　　）。

    A. IEEE 802.11a　　B. IEEE 802.11b　　C. IEEE 802.11g　　D. IEEE 802.11n

【解析】本题主要考查学生IEEE 802.11及其相关标准。IEEE 802.11a最大传输速率约为54Mbit/s，IEEE 802.11b最大传输速率约为11Mbit/s，IEEE 802.11g最大传输速率约为54Mbit/s，IEEE 802.11n最大传输速率约为600Mbit/s。因此本题选D。

【答案】D

一、单项选择题

1. 无线接入点简称为（　　　）。

    A．WAN   B．WAP   C．AP   D．WP

2. （　　　）是无线局域网中接收电磁波信号的一个必不可少的部件。

    A．无线网卡   B．无线接入点   C．无线路由器   D．无线天线

3. 以下属于AP的是（　　　）。

    A．计算机I接口无线网卡   B．USB接口无线网卡

    C．无线天线   D．无线路由器

4. 以下无线局域网标准的频段是5GHz的是（　　　）。

    A．IEEE 802.11a   B．IEEE 802.11b   C．IEEE 802.11g   D．IEEE 802.11n

5. 以下适用于笔记本计算机和台式计算机，支持热插拔的网卡的是（　　　）。

    A．计算机MCIA无线网卡   B．计算机I接口无线网卡

    C．USB接口无线网卡   D．AUI接口无线网卡

6. IEEE 802.11协议是一种（　　　）。

    A．以太网协议   B．蓝牙协议

    C．无线局域网协议   D．无线扩频协议

7. IEEE 802.11b采用的频段是（　　　）。

    A．5GHz   B．2.4GHz   C．4.8GHz   D．5.4GHz

8. 在我们日常生活中，Wi-Fi几乎都来自于（　　　）。

    A．无线网卡   B．AP   C．无线路由器   D．单纯的AP

9. 作为临时性小型办公室首选的联网传输介质为（　　　）。

    A．无线网络   B．双绞线   C．光纤   D．同轴电缆

10. IEEE 802.11b协议的传输带宽为（　　　）。

    A．1~2Mbit/s   B．11Mbit/s   C．36Mbit/s   D．54Mbit/s

二、多项选择题

1. 无线局域网组建所需的主要硬件设备有（　　　）。

    A．无线网卡   B．无线接入点   C．无线天线   D．AP

    E．调制解调器

2. 以下属于无线局域网标准的是（　　　）。

    A．IEEE 802.11a   B．IEEE 802.11b   C．IEEE 802.11g   D．IEEE 802.11n

    E．IEEE 802.11ac

3. 以下场所适合使用无线局域网的是（　　　）。

    A．金融服务   B．历史古建筑物   C．大型展览会   D．临时性小办公室

    E．漫游校园

4. 以下可以作为无线信号发射源的是（　　　　）。

A. 无线网卡 B. USB接口无线网卡

C. AP D. 无线接入点

E. 无线路由器

5. 以下无线局域网标准的频段是2.4GHz的是（　　　　）。

A. IEEE 802.11a　B. IEEE 802.11b　C. IEEE 802.11g　D. IEEE 802.11n

E. IEEE 802.11ad

三、判断题

1. 无线网卡是无线信号的发射源。 （　　　）

2. WLAN技术是为了取代有线网。 （　　　）

3. IEEE 802.11a与802.11不可以兼容。 （　　　）

4. 无线局域网是指在距离较小的范围内（如一个园区、一栋楼宇、一间办公室）使用无线传输介质的计算机网络。 （　　　）

5. AP是无线局域网中接收电磁波信号。 （　　　）

四、填空题

1. 无线局域网，简称_____。

2. _____是无线局域网中接收电磁波信号的一个必不可少的部件。

3. 无线局域网标准就是_____及其相关标准。

4. _____是所有无线局域网标准中最著名的标准，也是普及最广的标准。

5. AP主要分单纯的AP和_____。

五、简答题

1. 简述无线局域网组建所需的主要硬件设备。

2. 简述无线局域网标准。

7.5 常用的网络命令

学习目标

➢ 掌握ping的功能和使用。

➢ 掌握tracert命令的功能和使用。

➢ 掌握ipconfig的功能和使用。

➢ 掌握nslookup命令的功能和使用。

内容梳理

ping —— 功能 —— 检测网络连通性
　　　 —— 用法 —— ping -t
　　　　　　　　　 ping -a
　　　　　　　　　 ping -n count
　　　　　　　　　 ping -l size

tracert —— 功能 —— 路由跟踪
　　　　 —— 语法 —— tracert [IP地址/域名]

常用的网络命令

ipconfig —— 功能 —— 显示当前主机的TCP/IP的配置信息
　　　　　 —— 语法 —— ipconfig / all
　　　　　　　　　　　 ipconfig / release
　　　　　　　　　　　 ipconfig / renew
　　　　　　　　　　　 ipconfig / flushdns
　　　　　　　　　　　 ipconfig / displaydns

nslookup —— 功能 —— 查看域名解析是否正常
　　　　　 —— 语法 —— nslookup
　　　　　　　　　　　 nslookup[/域名]

知识概要

在使用计算机网络的过程中，总会遇到一些网络故障，而排查这些故障时经常会用到一些实用命令，利用这些命令可以有效地排查、分析和最终解决常见的网络故障。

1. ping命令

1）功能：测试本地主机与另一台主机的连接状态。

2）语法：ping [–t] [–a] [–n count] [–l size]

① ping –t：不停地ping指定的主机，直到停止。若要停止，则按快捷键<Ctrl+C>。

② ping –a：将地址解析为NetBIOS主机名。

③ ping –n count：定义发送的测试包的个数。

④ ping –l size：定义测试包的数据量。

2. tracert命令

1）功能：用于确定IP数据包访问目标时所选择的路径，也被称为Windows路由跟踪命令。

2）语法：tracert [IP地址/域名]

3. ipconfig命令

1）功能：用于显示当前主机的TCP/IP的配置信息。

2）语法：ipconfig [alll/release/renew/flushdns/displaydns]

① ipconfig / all: 显示当前主机的TCP/IP的配置信息。

② ipconfig / release：DHCP用户端手工释放IP地址。

③ ipconfig / renew：DHCP用户端手工向服务器提出刷新请求，请求租用一个IP地址。

④ ipconfig / flushdns：刷新DNS缓存。

⑤ ipconfig / displaydns：显示DNS内容。

4. nslookup命令

1）功能：用于查询DNS记录，查看域名解析是否正常，在网络故障时用来诊断网络问题。

2）语法：nslookup [/域名]

① nslookup：解析本地DNS服务器的信息。

② nslookup 域名：查询该域名及其所对应的IP地址。

应知应会

1. ping命令

功能：测试本地主机与另一台主机的连接状态。①检测网络连通性；②获取计算机的IP地址。

2. ipconfig命令

1）功能：用于显示当前主机的TCP/IP的配置信息。

2）语法：ipconfig/all

显示当前主机的TCP/IP的配置信息。

典型例题

【例1】（单项选择题）ping命令的作用是（ ）。

　　A. 测试网络配置　　B. 测试网络性能　　C. 统计网络信息　　D. 测试网络连通性

【解析】本题主要考查学生对ping命令功能的掌握情况。ping命令功能主要用于检测网络连通性，还可以用来获取计算机的IP地址，所以本题选D。

【答案】D

【例2】（单项选择题）ipconfig / all命令的作用是（ ）。

　　A. 查看所有的TCP/IP配置　　　　　　　B. 释放地址

　　C. 获取地址　　　　　　　　　　　　　D. 发现DHCP服务器

【解析】本题主要考查学生对ipconfig / all命令的掌握情况。ipconfig / all命令的作用是显示当前主机的TCP/IP的配置信息，如本机的IP地址、子网掩码、网关、DNS、MAC地址等，所以本题选A。

【答案】A

【例3】（单项选择题）ping命令的参数-t是指（ ）。

　　A. 指定发送数据的大小　　　　　　　　B. 指定发送报文的数量

　　C. 将IP地址解析为计算机名　　　　　　D. 不断地向指定的计算机发送报文

【解析】本题主要考查学生对ping命令的参数-t掌握情况。ping -t是指不停地ping指定的主机，直到停止，因此本题选D。

【答案】D

一、单项选择题

1. 测试网络连通的命令（　　　）。
   A. nslookup　　　　B. ping　　　　C. ipconfig　　　　D. tracert

2. 终止ping –t 10.1.1.2的快捷键是（　　　）。
   A. Ctrl+A　　　　B. Ctrl+Z　　　　C. Ctrl+C　　　　D. Esc

3. 以下命令的功能是释放IP地址的是（　　　）。
   A. ipconfig / release　　　　　　　　B. ipconfig / renew
   C. ipconfig / all　　　　　　　　　　D. ipconfig / flushdns

4. 以下命令的功能是刷新DNS缓存的是（　　　）。
   A. ipconfig / release　　　　　　　　B. ipconfig / renew
   C. ipconfig / all　　　　　　　　　　D. ipconfig / flushdns

5. （　　　）是手工向服务器提出刷新请求，请求租用一个IP地址。
   A. ipconfig / release　　　　　　　　B. ipconfig / renew
   C. ipconfig / all　　　　　　　　　　D. ipconfig / flushdns

6. 以下命令可以查看物理地址的是（　　　）。
   A. ipconfig / release　　　　　　　　B. ipconfig / renew
   C. ipconfig / all　　　　　　　　　　D. ipconfig / flushdns

7. ping命令的参数–n是指（　　　）。
   A. 指定发送数据的大小　　　　　　　B. 指定发送报文的数量
   C. 将IP地址解析为计算机名　　　　　D. 不断地向指定的计算机发送报文

8. 以下命令可以查看域名解析是否正常的是（　　　）。
   A. nslookup　　　　B. ping　　　　C. ipconfig　　　　D. tracert

9. ping命令的参数–l是指（　　　）。
   A. 指定发送数据的大小　　　　　　　B. 指定发送报文的数量
   C. 将IP地址解析为计算机名　　　　　D. 不断地向指定的计算机发送报文

10. 以下哪个命令可以显示DNS内容的是（　　　）。
    A. ipconfig / release　　　　　　　　B. ipconfig / renew
    C. ipconfig / displaydns　　　　　　 D. ipconfig / flushdns

二、多项选择题

1. 以下命令中可以获取某域名的IP地址的有（　　　）。
   A. ping　　　　B. nslookup　　　　C. ipconfig　　　　D. nbstat
   E. tracert

2. 以下命令都是通过发送ICMP数据包来检测与目标连通性的是（　　　）。
   A. ping　　　　B. nslookup　　　　C. ipconfig　　　　D. ipconfig / all
   E. tracert

3. ipconfig / all命令可以获取到本机的（　　　　）。
  A. IP地址　　　　　　B. 子网掩码　　　　C. 网关　　　　　　D. DNS
  E. MAC地址
4. ipconfig命令作用包括（　　　　）。
  A. 显示当前主机的TCP/IP的配置信息　　B. 手工释放IP地址
  C. 刷新IP地址　　　　　　　　　　　　D. 刷新DNS缓存
  E. 显示DNS内容
5. 以下命令可以测试本地主机与另一台主机的连接状态的是（　　　　）。
  A. ping　　　　　　B. nslookup　　　　C. ipconfig　　　　D. nbstat
  E. tracert

三、判断题

1. ipconfig / release功能是释放IP地址。　　　　　　　　　　　　　　　　（　　）
2. ipconfig / renew命令功能是刷新DNS缓存。　　　　　　　　　　　　　　（　　）
3. ipconfig / flushdns命令功能是显示DNS内容。　　　　　　　　　　　　　（　　）
4. ipconfig / all命令功能是显示当前主机的TCP/IP的配置信息。　　　　　　（　　）
5. 查询百度域名及其所对应的IP地址，则可在调出的DOS窗口下输入"nslookup www.baidu.com"。　　　　　　　　　　　　　　　　　　　　　　　　　　　　（　　）

四、填空题

1. 查看物理地址的命令是_____。
2. 本机发送6个10字节的数据包给百度官网，测试网络连接情况，则在调出的DOS窗口下应该输入_____。
3. 如果在DHCP用户端手工释放IP地址，在调出的DOS窗口下应该输入_____。
4. 如果在DHCP用户端手工向服务器提出刷新请求，请求租用一个IP地址，则在调出的DOS窗口下应该输入_____。
5. 如果需要刷新DNS缓存，则在调出的DOS窗口下应该输入_____。

五、简答题

1. 简述ping的功能和使用。
2. 简述ipconfig的功能和使用。

7.6　组建小型共享局域网

学习目标

➤ 能够对网络设备进行准确连接并设置无线路由器，实现家庭网络共享上网。

➤ 能够设置文件夹共享，实现文件资源共享。

➤ 能够设置打印机共享，实现打印机共享。

内容梳理

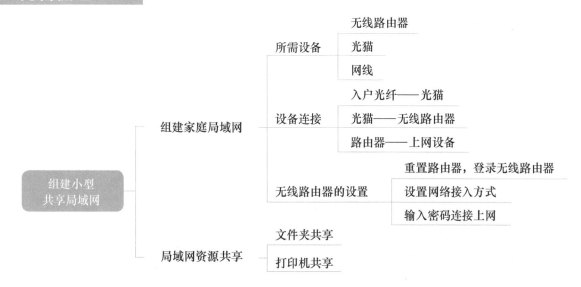

知识概要

小型局域网是指在某一区域内，一般是方圆几千米以内，由多台计算机互联组成的计算机组。局域网可以实现文件管理、应用软件共享、打印机共享、工作组内的日程安排、电子邮件和传真通信服务等功能。局域网是封闭型的，可以由办公室内的两台计算机组成，也可以由一个公司内的上百台计算机组成。

1. 组建家庭局域网

【所需设备】无线路由器、光猫、网线。

【具体操作】

（1）设备连接（见图7-2）

1）入户光纤——光猫。

2）光猫——无线路由器。

3）路由器——上网设备。

图7-2　设备连线图

（2）无线路由器的设置

1）重置路由器后，登录无线路由器。

2）设置网络接入方式。

3）输入密码连接上网。

2. 设置文件夹共享

【具体操作】

1）右击要共享的文件夹，选择"属性"→"共享"命令，再选中页面上的"高级共享"。

2）进入"高级共享"设置，设置共享名，单击"权限"按钮。

3）进入"共享权限"设置，选中共享的组或用户。

4）完成本次文件夹共享。

3. 设置打印机共享

【具体操作】

1）先将打印机设置为共享打印机。①打印机连接局域网中的一台计算机，在该计算机桌面上，单击"开始"→"控制面板"→"查看设备和打印机"命令，右击选择要共享的打印机，单击"打印机属性"；②在打印机属性面板中选择"共享"选项卡，勾选"选择共享这台打印机"，并设置共享名。

2）其他用户连接共享打印机。其他用户可以通过以下两种方法连接共享打印机：①使用"网络发现"连接共享打印机：通过单击"开始"→"网络"命令，单击想要连接的网络共享打印机，系统就会自动在用户计算机内安装此打印机。②使用"添加打印机向导"连接共享打印机：单击"开始"→"控制面板"→"添加打印机"→"添加网络、无线或Bluetooth打印机"命令，根据提示找到打印机，安装即可。

应知应会

组建家庭局域网

【所需设备】无线路由器、光猫、网线。

【具体操作】

（1）设备连接

1）将入户的光纤插入光猫的光纤接口（PON口）。

2）为光猫的RJ-45网络口（LAN口）插入一根网络跳线，跳线一端连接到无线路由器的WAN口。

3）将两根网络跳线一端分别连接路由器的两个LAN口，另外一端分别连接入网络电视机顶盒、台式计算机主机箱的上网口。

（2）设置无线路由器

1）重置路由器后，登录无线路由器。

计算机网络技术基础教程

2）设置网络接入方式：

①选择"设置向导"，然后单击"下一步"按钮进行设置。

②进入WAN口设置界面，选择上网方式为"PPPoE"（宽带拨号），输入上网账号和口令，即ISP申请的用户名和密码，保存。

③设置Wi-Fi的名称（SSID）和Wi-Fi密码。

3）上网设备可以通过输入Wi-Fi密码连接上网。

典型例题

【例1】（单项选择题）目前，家庭用来连接多台计算机共享上网的设备是（　　）。

    A. 网桥　　　　　　B. 集线器　　　　　　C. 网关　　　　　　D. 无线路由器

【解析】本题主要考查学生对家庭局域网组建设备的掌握情况。光纤入户的家庭局域网组建设备包括：无线路由器、光猫和网线，所以本题选D。

【答案】D

【例2】（单项选择题）正确的无线路由器连接方式为（　　）。

    A. 计算机连接路由器的LAN口，路由器的WAN口连接外网

    B. 外网连接路由器的LAN口，路由器的WAN口连接计算机

    C. 计算机连路由器的LAN口，路由器的WAN口无须连接

    D. 路由器的LAN口无须连接，路由器的WAN口连接外网

【解析】本题主要考查学生组建家庭共享局域网时，对设备的连接的掌握情况。无线路由器的WAN口连接外网，LAN口用于连接上网设备的上网口，所以本题选A。

【答案】A

【例3】（判断题）无线网络通常使用无线路由器来搭建，只要在无线路由器有效的覆盖范围内，个人计算机、手机终端都可以采用无线的方式进行连接。（　　）

【解析】本题主要考查学生对无线路由器的掌握情况。在组建家庭局域网时通常使用无线路由器来搭建，有效的覆盖范围内，个人计算机、手机终端都可以采用无线的方式进行连接，因此本题为正确。

【答案】正确

知识测评

一、单项选择题

1. 将入户的光纤插入光猫的（　　）。

    A. LAN口　　　　　B. PON口　　　　　C. WAN口　　　　　D. 上网口

2. 光猫的RJ-45网络口（LAN口）插入一根网络跳线，跳线一端连接到无线路由器（　　）。

    A. LAN口　　　　　B. PON口　　　　　C. WAN口　　　　　D. 上网口

3. 路由器的（　　）用于连接上网设备的上网口。

    A. LAN口　　　　　B. PON口　　　　　C. WAN口　　　　　D. 上网口

4. 重置路由器后，通过计算机或者手机端连接路由器的Wi-Fi（计算机也可以通过网线与路由器相连），然后打开IE浏览器，登录无线路由器的（　　　）。

    A. 设置界面　　　　　B. Web管理界面　　C. 应用界面　　　　　D. 网络界面

5. 设置无线路由器时，进入WAN口设置界面，选择上网方式为（　　　）。

    A. DDN　　　　　　　B. ISDN　　　　　　C. ADSL　　　　　　D. PPPoE

6. 设置无线路由器时，进入WAN口设置界面，输入上网账号和口令，即ISP申请的（　　　）。

    A. Wi-Fi的名称和Wi-Fi密码　　　　　　B. SSID和密码

    C. 用户名和密码　　　　　　　　　　　D. 手机号和密码

7. 在局域网中应通过（　　　）将文件夹设置为共享文件夹。

    A. 选中文件夹，右击选择"属性"命令存档

    B. 选中文件夹，右击选择"发送到桌面快捷方式"命令

    C. 选中文件夹，右击选择"共享和安全"命令

    D. 选中文件夹，右击选择"属性"命令，选择"共享"选项卡，再选中页面上的"高级共享"

8. 在局域网中想把一文件共享但不允许改变或删除，则应该将文件所在的文件夹共享权限设置为（　　　）。

    A. 更改　　　　　　　B. 读取　　　　　　C. 不共享　　　　　D. 完全控制

9. 通过设置（　　　），可以将打印机共享给同一局域网内的其他用户。

    A. 文件夹共享　　　　B. 打印机共享　　　C. 设备共享　　　　D. 网络共享

10. 添加共享打印机的方法是（　　　）。

    A. 打印服务器中的添加打印机向导　　　B. 打印服务器属性

    C. 打印服务器中的管理打印机　　　　　D. 管理打印机作业

二、多项选择题

1. 光纤入户的家庭局域网组建设备包括（　　　）。

    A. 网线　　　　　　　B. 集线器　　　　　C. 网关　　　　　　D. 无线路由器

    E. 光猫

2. 其他用户可通过（　　　）方法连接上共享打印机。

    A. 使用"文件夹共享"连接共享打印机

    B. 使用"网络发现"连接共享打印机

    C. 使用"共享模式"连接共享打印机

    D. 使用"添加打印机向导"连接共享打印机

    E. 使用"Web管理界面"连接共享打印机

3. 设置共享文件夹时，可以设置（　　　）。

    A. 访问时间　　　　　　　　　　　　　B. 共享名称

    C. 允许访问的用户数量　　　　　　　　D. 访问数量

    E. 访问权限

4. 以下设备之间可以用网络跳线连接的是（　　　　）。

    A. 入户光纤——光猫　　　　　　　　B. 光猫——无线路由器

    C. 无线路由器——计算机主机　　　　D. 无线路由器——电视机顶盒

    E. 光猫——计算机主机

5. 以下可以通过无线方式连入家庭局域网的是（　　　　）。

    A. 手机　　　　　B. 平板计算机　　　C. 笔记本计算机　　D. 文件夹

    E. 打印机

三、判断题

1. 设置无线路由器不需要重置路由器。（　　　）

2. 通过计算机或者手机端连接路由器的Wi-Fi，均可以打开 IE 浏览器并登录无线路由器的Web管理界面。（　　　）

3. 光猫的RJ-45网络口（WAN口）用网线连接无线路由器的 LAN口。（　　　）

4. 上网账号和口令，即ISP 申请的用户名和密码。（　　　）

5. 通过设置"文件夹共享"，可以将文件夹共享给同一局域网内的其他用户，其他用户就可以根据共享者设定的权限来访问此文件夹内的文件。（　　　）

四、填空题

1. 光纤入户的家庭局域网组建设备包括_____、光猫和网线。

2. 无线路由器的_____口用于连接外网。

3. 路由器的_____口用于连接上网设备的上网口。

4. 上网账号和口令，即ISP 申请的_____和_____。

5. 设置无线局域网时，设置的Wi-Fi名称，又称为_____。

五、简答题

1. 简述家庭局域网组建方法。

2. 简述文件夹共享的设置。

7.7　单元测试

单元检测卷　试卷Ⅰ

一、单项选择题

1. 局域网的特点不包括（　　　）。

    A. 覆盖地理范围小　　　　　　　　B. 传输速率低

    C. 一般为一个部门或单位所有　　　D. 误码率低

2. 采用一条公共的数据通路，所有的节点连接到总线，同一时间只允许一个节点发送数据的网络拓扑结构称为（　　　）。

    A. 星形拓扑　　　B. 总线型拓扑　　　C. 环形拓扑　　　　D. 树形拓扑

3. 以下属于IEEE 802.3描述的介质访问控制方法的是（　　　　）。

    A. 令牌总线方法　　　　　　　　　　B. 令牌环方法

    C. 无线局域网访问方法　　　　　　　D. CSMA/CD

4. 以下（　　　）标准描述的是令牌总线。

    A. IEEE 802.2　　　B. IEEE 802.3　　　C. IEEE 802.4　　　D. IEEE 802.5

5. （　　　）是IEEE委员会制定的一个无线局域网标准。

    A. IEEE 802.11　　　B. IEEE 802.12　　　C. IEEE 802.13　　　D. IEEE 802.17

6. 1000BASE-T标准使用五类非屏蔽双绞线，其最大长度为（　　　）。

    A. 550m　　　　　B. 100m　　　　　C. 3000m　　　　　D. 300m

7. 具有冲突检测的载波侦听多路访问技术（CSMA/CD），只适用于（　　　）网络拓扑结构。

    A. 令牌总线型　　　B. 环形　　　　　C. 总线型　　　　　D. 网状

8. 局域网中的MAC与OSI参考模型中的（　　　）相对应。

    A. 物理层　　　　　B. 数据链路层　　　C. 传输层　　　　　D. 网络层

9. 以下表示传输速率为100Mbit/s的光纤的是（　　　）。

    A. 10Base-T　　　B. 10Base-2　　　C. 100Base-TX　　　D. 100Base-FX

10. 10Base-5以太网的最大单段长度为（　　　）。

    A. 100m　　　　　B. 200m　　　　　C. 500m　　　　　D. 185m

11. 在对标准"100BASE-T"的解释中，下列解释中错误的是（　　　）。

    A. 100表示最大传输距离为100m　　　B. BASE表示传输方式是基带传输

    C. T表示传输介质为双绞线　　　　　D. 该标准是快速以太网标准

12. 无线局域网相对于有线局域网的主要优点是（　　　）。

    A. 可移动性　　　　B. 传输速率快　　　C. 安全性高　　　　D. 抗干扰性强

13. 10BASE-T使用标准的RJ-45接插件与13类或5类非屏蔽双绞线连接网卡与集线器。网卡与集线器之间双绞线的最大长度是（　　　）。

    A. 15m　　　　　B. 50m　　　　　C. 100m　　　　　D. 500m

14. 以下（　　　）标准描述的是令牌环网。

    A. IEEE 802.2　　　B. IEEE 802.3　　　C. IEEE 802.4　　　D. IEEE 802.5

15. 以下可为吉比特以太网的传输介质的是（　　　）。

    A. 粗缆　　　　　B. 细缆　　　　　C. 5类以下双绞线　D. 光缆

16. WLAN使用的传输介质是（　　　）。

    A. 双绞线　　　　B. 同缆电缆　　　C. 光缆　　　　　D. 无线电波

17. 以下属于无线接入点的是（　　　）。

    A. Wi-Fi　　　　　B. 无线路由器　　　C. 网卡　　　　　D. WAN

18. 在局域网中，MAC指的是（　　　）。

    A. 逻辑链路控制子层　　　　　　　　B. 介质访问控制子层

    C. 物理层　　　　　　　　　　　　　D. 数据链路层

19. 目前局域网的传输介质主要是双绞线、同轴电缆和（　　　　）。

    A. 通信卫星　　　　B. 公共数据网　　　　C. 电话网　　　　D. 光纤

20. 10兆以太网采用的传输方式是（　　　　）。

    A. 频带　　　　B. 宽带　　　　C. 基带　　　　D. 微波

21. 测试网络是否连通可以使用（　　　　）命令。

    A. Telnet　　　　B. ping　　　　C. ftp　　　　D. nslookup

22. CSMA/CD所解决的问题是（　　　　）。

    A. 冲突　　　　B. 增加带宽　　　　C. 降低延迟　　　　D. 提高吞吐量

23. WLAN技术使用的传输介质是（　　　　）。

    A. 光纤　　　　B. 同轴电缆　　　　C. 光纤　　　　D. 无线电波

二、判断题

1. 使用ping命令可以解决所有的网络线路问题。　　　　　　　　　　（　　　）

2. 无线局域网相对于有线局域网的主要优点是传输速度快。　　　　（　　　）

3. 在局域网中，主要采用的是频带数据传输方式。　　　　　　　　（　　　）

4. 千兆以太网对介质的访问采用半双工和全双工两种方式。　　　（　　　）

5. 无线局域网技术的出现可以取代有线网。　　　　　　　　　　　（　　　）

6. IEEE 802.11a与 IEEE 802.11b可以兼容。　　　　　　　　　　（　　　）

7. 局域网中的物理拓扑结构跟逻辑拓扑结构一定相同。　　　　　（　　　）

8. 10Base-T采用AUI接头。　　　　　　　　　　　　　　　　　（　　　）

三、填空题

1. 根据局域网的体系结构，数据链路层分为LLC和＿＿＿＿＿两个功能子层。

2. 决定局域网特性的三个主要技术是：介质访问控制方法、传输介质和＿＿＿＿＿。

3. 10Base-5以太网，使用的传输介质为＿＿＿＿＿。

4. 10Base-2的拓扑结构为＿＿＿＿＿。

5. 速率达到的＿＿＿＿＿的以太网称为吉比特以太网。

6. WLAN中文为＿＿＿＿＿。

7. ＿＿＿＿＿无线信号的发射源，它所起的作用就是给无线网卡提供网络信号。

8. 带有冲突检测的载波监听多路访问的英文缩写是＿＿＿＿＿。

9. 查看MAC地址的命令是＿＿＿＿＿。

10. 无线路由器的＿＿＿＿＿口用于连接光猫。

单元检测卷　试卷Ⅱ

一、单项选择题

1. IEEE 802.11a采用的频段是（　　　　）。

    A. 5GHz　　　　B. 2.4GHz　　　　C. 4.8GHz　　　　D. 5.4GHz

2. 以下协议带宽最低的为（　　　）。

    A. IEEE 802.11a   B. IEEE 802.11b   C. IEEE 802.11g   D. IEEE 802.11n

3. 目前局域网上的数据传输速率范围一般在（　　　）。

    A. 9600bit/s~56kbit/s   B. 64kbit/s~128kbit/s

    C. 10Mbit/s~1000Mbit/s   D. 1000Mbit/s~10000Mbit/s

4. 以太网协议是一个（　　　）协议。

    A. 无冲突   B. 有冲突   C. 多令牌   D. 单令牌

5. IEEE 802网络协议只覆盖了OSI参考模型的（　　　）。

    A. 应用层和传输层   B. 应用层和网络层

    B. 数据链路层与物理层   D. 应用层和物理层

6. 光纤分布式接口FDDI采用的拓扑结构是（　　　）。

    A. 星形   B. 环形   C. 总线型   D. 树形

7. （　　　）是无线局域网中接收电磁波信号的一个必不可少的部件。

    A. 无线网卡   B. 无线接入点   C. 无线路由器   D. 无线天线

8. 添加共享打印机的方法是（　　　）。

    A. 在打印服务器中添加打印机向导   B. 打印服务器属性

    C. 在打印服务器中管理打印机   D. 管理打印机作业

9. 如果非屏蔽双绞线组建以太网，需要购买（　　　）接口的以太网。

    A. RJ–45   B. F/O   C. AUI   D. BNC

10. 10Base–5中5表示（　　　）。

    A. 传输距离   B. 传输速率   C. 传输介质   D. 传输时间

11. 100Base–TX中传输介质为（　　　）。

    A. 双绞线   B. 粗缆   C. 细缆   D. 光纤

12. IEEE 802.11协议是一种（　　　）。

    A. 以太网协议   B. 蓝牙协议   C. 无线局域网协议 D. 无线扩频协议

二、多项选择题

1. 局域网的特点包括（　　　）。

    A. 时延高   B. 综合成本高

    C. 一般为一个部门或单位所有   D. 误码率高

    E. 数据传输速率高

2. 决定局域网特性的主要技术包括（　　　）。

    A. 拓扑结构   B. 传输介质   C. 网络应用   D. 网络操作系统

    E. 介质访问控制方法

3. （　　　）属于局域网的参考模型。

    A. 物理层   B. 数据链路层   C. 网络层   D. 逻辑链路控制

    E. 介质访问控制

4. 载波监听多路访问/冲突检测（CSMA/CD）的工作原理是（　　　）。

    A. 发送数据前首先侦听信道

    B. 如果信道空闲，立即发送数据并进行冲突检测

    C. 如果信道忙，继续侦听信道，直到信道变为空闲，才继续发送数据并进行冲突检测

    D. 如果站点在发送数据过程中检测到冲突，它将立即停止发送数据并等待一个随机长的间，重复上述过程

    E. 获取令牌并发送数据帧

5. 以下属于无线局域网协议的是（　　　）。

    A. IEEE 802.3　　　　B. IEEE 802.11b　　C. IEEE 802.4　　　　D. IEEE 802.11g

    E. IEEE 802.5

三．判断题

1. 千兆以太网和快速以太网使用相同的数据帧格式。　　　　　　　　　　　　　　（　　）

2. 万兆以太网不使用CSMA/CD，只支持全双工模式。　　　　　　　　　　　　　（　　）

3. 符合IEEE 802.13标准的局域网统称为以太网。　　　　　　　　　　　　　　　（　　）

4. 细缆以太网网络最大长度为2500m。　　　　　　　　　　　　　　　　　　　　（　　）

5. 本机发送5个8字节的数据包给百度官网，测试网络连接情况，则在调出的DOS窗口下应该输入ping –l5 –n8 www.baidu.com。　　　　　　　　　　　　　　　　　　（　　）

6. 100Base–TX里面的 TX表示光纤。　　　　　　　　　　　　　　　　　　　　　（　　）

7. 在以太网中用中继器连接网段，网段数最多为5个。　　　　　　　　　　　　　（　　）

8. 10Mbit/s、100Mbit/s、1000Mbit/s以太网均采用IEEE 802.3标准的CSMA/CD介质访问控制方法。　　　　　　　　　　　　　　　　　　　　　　　　　　　　　　　（　　）

9. 千兆以太网的传输介质可以使用100Base–T双绞线。　　　　　　　　　　　　（　　）

10. 在局域网中，数据传输的主要方式是基带传输。　　　　　　　　　　　　　　（　　）

四、填空题

1. 目前，在桌面视频会议、高清晰图像等应用领域应用中，一般采用＿＿＿＿Mbit/s以太网。

2. 计算机要能接收Wi–Fi信号必须要具有＿＿＿＿。

3. 局域网以太网采用的通信协议是＿＿＿＿。

4. 输入＿＿＿＿命令可以显示当前主机的TCP/IP的配置信息。

5. 千兆以太网的传输介质可使用5类以上双绞线或＿＿＿＿。

五、简答题

1. 简述CSMA/CD协议的工作原理。

2. 简述ipconfig命令的功能。

单元8
网络管理与网络安全

建立和平、安全、开放、合作、有序的网络空间是数字化时代面临的重大任务。因此，网络管理与网络安全是维护网络空间正常运行的重要手段。网络管理就是监测、控制和记录电信网络资源的性能和使用情况，使网络有效运行，为用户提供一定质量水平的监视、测试、配置、分析、评价和控制等服务。网络安全技术涉及容灾与恢复、入侵容忍、网络生存等技术。在一个网络系统中，往往需要综合应用防护、检测、响应及恢复等技术，形成动态保护体系，增强系统的信息对抗能力。

8.1 计算机网络安全概述

学习目标

- ➢ 理解并掌握网络安全的概念及分类。
- ➢ 能够准确描述网络安全的特征。
- ➢ 能够熟练运用常用的网络诊断命令对故障进行诊断。
- ➢ 熟悉网络管理的概念及目标。
- ➢ 掌握网络安全的应对机制。

内容梳理

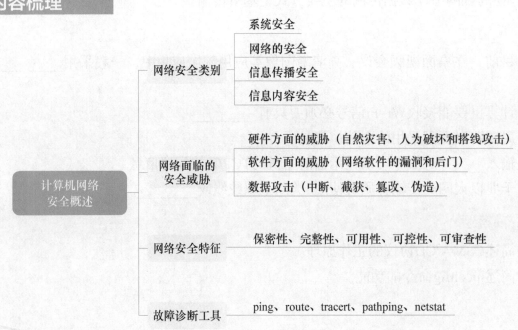

网络安全技术主要包括用于防范已知和可能的攻击行为对网络的渗透，防止对网络资源的非授权使用的相关技术，用于保护两个或两个以上网络的安全互联和数据安全交换的相关技术，用于监控和管理网络运行状态和运行过程安全的相关技术，用于网络在遭受攻击、发生故障或意外情况下及时反馈，并持续提供网络服务的相关技术。

1. 计算机网络安全事例

1）数据泄露事件。①疑似超过2亿条国内个人信息在国外"暗网"论坛兜售。②全国首例适用于《民法典》的个人信息保护案宣判。③镇江丹阳30人贩卖6亿条个人信息获利800余万。④央视曝光APP偷听隐私语音。

2）网络攻击事件。①政府、医疗、教育、运营商等多个行业感染incaseformat病毒。②境外域名注册并托管，针对农信社和城商行的短信钓鱼攻击。③澳门卫生局计算机系统遭恶意攻击，影响医疗系统的正常运作。④2021年7月，西安市公安局莲湖分局侦破首例破坏医院计算机信息系统案。

2. 计算机网络面临的安全威胁

1）网络安全的概念及分类。网络安全是指网络系统的硬件、软件以及系统中的数据受到应有的保护，不会因为偶然或恶意攻击而遭到破坏、更改和泄露，系统能连续、可靠、正常地运行且网络服务不中断。

由于不同的环境和应用，网络安全产生了不同的类型。主要有以下几种：①系统安全；②网络的安全；③信息传播安全；④信息内容安全。

2）网络安全威胁的概念及攻击类型。网络安全威胁是指某个人、物、事件或概念对某一资源的机密性、完整性、可用性或合法性所造成的危害。常见的攻击类型如下：①中断：指系统资源遭到破坏或变得不能使用，这是对可用性的攻击。例如，对一些硬件进行破坏、切断通信线路或禁用文件管理系统等。②截获：指未授权的实体得到了资源的访问权，这是对保密性的攻击，未授权实体可能是一个人、一个程序或一台计算机。例如，为了捕获网络数据的窃听行为，以及在未授权的情况下复制文件或程序的行为。③篡改：指未授权的实体不仅得到了访问权，还篡改了资源，这是对完整性的攻击。例如，在数据文件中改变数值、改动程序使其按不同的方式运行、修改在网络中传送的消息内容等。窃听或篡改攻击的过程如图8-1所示。④捏造：指未授权的实体向系统中插入伪造的对象，这是对真实性的攻击。例如，向网络中插入欺骗性的消息或者在文件中插入额外的记录。

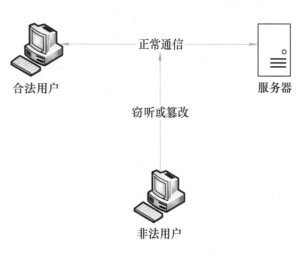

图8-1 窃听或篡改攻击的过程示意图

3. 网络安全应对机制

1）网络管理的概念。网络管理：是指用软件手段对网络上的通信设备及传输系统进行有效的监视、控制、诊断和测试，包括网络服务提供、网络维护以及网络处理三个方面的内容。

2）网络管理的目标。网络管理的目标是确保计算机网络的持续正常运行，使其能够有效、可靠、安全、经济地提供服务，并在计算机网络系统运行出现异常时能及时响应并排除故障。广义：包括技术、制度、政策、法规、措施等方面。狭义：从技术角度出发，了解网络系统的运行状态并加以监控和优化。

3）应对机制。计算机网络安全措施主要包括保护网络安全、保护应用服务安全和保护系统安全三个方面，各个方面都要结合考虑安全防护的物理安全、防火墙、信息安全、Web安全、媒体安全等。①物理层：防止搭线偷听。②数据链路层：采用通信保密进行加密和解密。③网络层：使用防火墙技术处理信息在内、外网络间的流动。④传输层：进行端到端的加密。⑤应用层：对用户进行身份验证，建立安全的通信信道，设计确保认证、访问控制、机密性、数据完整性、不可否认性、Web安全性、EDI和网络支付等应用的安全性。

应知应会

1. 网络安全的特征

1）保密性：信息不泄露给非法授权用户、实体或过程，或供其利用的特性。

2）完整性：信息在存储或传输过程中保持不被修改、不被破坏、不被插入、不延迟、不乱序和不丢失的特性，这是最基本的安全特征。

3）可用性：保证信息确实能为授权使用者所用，即保证合法用户在需要时可以使用所需信息。

4）可控性：信息和信息系统时刻处于合法所有者或使用者的有效掌握与控制之下。

5）可审查性：是在出现安全问题时可提供依据与手段。

2. 网络安全威胁的分类

网络安全威胁主要可分为以下两类：

1）被动攻击。其目的主要是收集信息而不是进行访问，攻击者主要是观察和分析协议数据，而不干扰信息的传输（重点在于不修改数据），数据的合法用户无法察觉这种活动，被动攻击不会对网络造成实质性的破坏，比如窃听攻击形式。

2）主动攻击。其目的包含攻击者访问所需要信息的故意行为，修改或破坏协议数据，主动攻击相较于被动攻击更倾向于修改网络数据和干扰网络正常运行。它主要包括篡改和植入恶意程序等攻击形式。

3. 网络故障诊断工具

常见的网络故障诊断工具（硬件工具和软件工具）见表8-1。

表8-1　网络故障诊断工具

TCP/IP体系结构	OSI参考模型	网络故障组件	故障诊断工具	测试重点
应用层	应用层	应用程序、操作系统	浏览器、各类网络软件、网络性能测试软件、nslookup命令	网络性能、计算机系统
	会话层			
传输层	传输层	各类网络服务器	网络协议分析软件、网络协议分析硬件、网络流量监控工具	服务器端口设置、网络攻击与病毒
网络层	网络层	路由器、计算机网络配置	路由及协议设置、计算机的本地连接、ping命令、route命令、tracert命令、pathping命令、netstat命令	计算机IP设置、路由器设置
网络接入层	数据链路层	交换机、网卡	设备指示灯、网络测试仪、交换机配置命令、arp命令	网卡及交换机硬件、交换机设备、网络环路、广播风暴
	物理层	双绞线、光纤、无线传输、电源	电缆测试仪、光纤测试仪、电源指示灯	双绞线、光纤接口及传输特性

4. 个人网络安全的防范措施

1）网上注册内容时不要填写个人私密信息。

2）尽量远离社交平台中涉及互动的活动。

3）定期安装或者更新病毒防护软件。

4）不要在公众场所连接未知的Wi-Fi账号。

5）警惕手机诈骗短信及电话。

6）妥善处理好涉及个人信息的单据。

典型例题

【例1】（单项选择题）2000年2月7日至9日，美国几个著名的网站遭黑客攻击，使这些网站的服务器一直处于"忙"状态，因而无法向发出请求的客户提供服务，这种攻击属于（　　）。

　　　　A．通信劫持　　　　B．特洛伊木马　　　　C．计算机蠕虫　　　　D．拒绝服务

【解析】本题考查拒绝服务攻击的概念。拒绝服务是指攻击者向互联网上某个服务器不停地发送大量访问数据，使互联网或服务器无法提供正常的服务，或者对其他资源的合法访问被无条件拒绝、推迟时间。

【答案】D

【例2】（单项选择题）下列网络攻击中，不属于主动攻击的是（　　）。

　　　　A．特洛伊木马　　　　　　　　　B．通信量分析方法

　　　　C．篡改攻击　　　　　　　　　　D．拒绝服务攻击

【解析】本题考查安全威胁中的主动攻击和被动攻击。通信量分析也称为"流量分析"，即截获，属于被动攻击。

【答案】B

【例3】（单项选择题）下列网络安全措施中不正确的是（   ）。

    A. 安装系统补丁程序   B. 为管理员账户添加密码

    C. 删除所有应用程序   D. 关闭某些不使用的端口

【解析】本题考查网络安全应对机制。删除所有应用程序不属于网络安全措施。

【答案】C

知识测评

一、单项选择题

1. 计算机网络的安全是指（   ）。

    A. 网络中设备设置环境的安全   B. 网络使用者的安全

    C. 网络可共享资源的安全   D. 网络的财产安全

2. 信息风险主要指（   ）。

    A. 信息存储安全   B. 信息传输安全   C. 信息访问安全   D. 以上都正确

3. （   ）不是保证网络安全的要素。

    A. 信息的保密性   B. 发送信息的不可否认性

    C. 数据交换的完整性   D. 数据存储的唯一性

4. 信息安全就是要防止非法攻击和病毒的传播，保障电子信息的有效性，从具体的意义上来理解，需要保证（   ）的内容。

    Ⅰ. 保密性   Ⅱ. 完整性   Ⅲ. 可用性   Ⅳ. 可控性   Ⅴ. 不可否认性

    A. Ⅰ、Ⅱ和Ⅳ   B. Ⅰ、Ⅱ和Ⅲ   C. Ⅱ、Ⅲ和Ⅳ   D. 都是

5. 下列选项中，不属于计算机网络系统主要安全威胁的是（   ）。

    A. 计算机病毒   B. 黑客攻击   C. 软件故障   D. 拒绝服务

6. 计算机安全不包括（   ）。

    A. 操作安全   B. 实体安全   C. 信息安全   D. 系统安全

7. 下列不属于保护网络安全的措施的是（   ）。

    A. 安装防火墙   B. 设定用户权限   C. 清除临时文件   D. 数据加密

8. 在保证网络安全的措施中，最根本的网络安全策略是（   ）。

    A. 先进的网络安全技术   B. 严格的管理

    C. 威严的法律   D. 可靠的供电系统

9. 信息不泄露给非授权的用户、实体或过程，指的是信息的（   ）特性。

    A. 保密性   B. 完整性   C. 可用性   D. 可控性

10. 对企业网络最大的威胁是（   ）。

    A. 黑客攻击   B. 外国政府

    C. 竞争对手   D. 内部员工的恶意攻击

二、多项选择题

1. 网络安全的特征包括（　　　　　）。

　　A. 可靠性　　　　　　B. 完整性　　　　　　C. 保密性　　　　　　D. 可控性

2. 以下关于网络信息安全的说法错误的是（　　　　　）。

　　A. 出现计算机运行速度变慢，一定是病毒引起的

　　B. 由于打开邮件容易中病毒，所以不能使用邮件

　　C. 防火墙能够抵制一切病毒的攻击

　　D. 出于安全考虑，建议计算机上要安装杀毒软件

3. 互联网提供了开放式的信息传播空间，因此，我们应该做到（　　　　　）。

　　A. 自觉遵守信息安全相关法律法规

　　B. 通过互联网诽谤他人

　　C. 善于通过互联网进行良好的信息交流

　　D. 不在互联网上传播不良信息

4. 网络的不安全性因素有（　　　　　）。

　　A. 网络黑客　　　　　　　　　　　　B. 非授权用户的非法存取和电子窃听

　　C. 计算机病毒的入侵　　　　　　　　D. 信息泄露或丢失

5. 下列正确的信息安全防范措施是（　　　　　）。

　　A. 为重要信息加密　　　　　　　　　B. 安装防盗系统

　　C. 随意删除信息　　　　　　　　　　D. 安装防雷系统

三、判断题

1. 使用ping命令可以解决所有的网络线路故障问题。　　　　　　　　　　（　　　）

2. 网络的安全性和可扩展性与网络的拓扑结构无关。　　　　　　　　　　（　　　）

3. ping命令的功能是查看DNS、IP、MAC等信息。　　　　　　　　　　（　　　）

4. 查看IP地址配置信息的指令是ipconfig。　　　　　　　　　　　　　　（　　　）

5. 网络管理就是指用软件手段对网络上的通信设备及传输系统进行有效的监视、控制、诊断和测试。　　　　　　　　　　　　　　　　　　　　　　　　　　（　　　）

四、填空题

1. 我国的_____法律首次界定了计算机犯罪。

2. 测试本机与网站www.baidu.com连通性，应输入的命令是_____。

3. _____命令可用于查看网卡的MAC地址。

4. 信息不被偶然或者蓄意地增加、删除、修改以及查看等破坏的属性指的是_____。

5. 网络管理主要包括网络服务提供、_____和网络处理三个方面。

五、简答题

1. 网络安全面临的主要风险有哪些？

2. 保护网络安全的主要措施有哪些？

学习目标

➢ 熟悉计算机病毒的概念及分类。

➢ 能够准确表述计算机病毒的传播方式。

➢ 能够准确说出并理解计算机病毒的特征。

➢ 掌握计算机防病毒软件的工作方式。

➢ 能够理解杀毒软件的功能。

➢ 掌握计算机病毒的防范措施，增强个人安全意识。

内容梳理

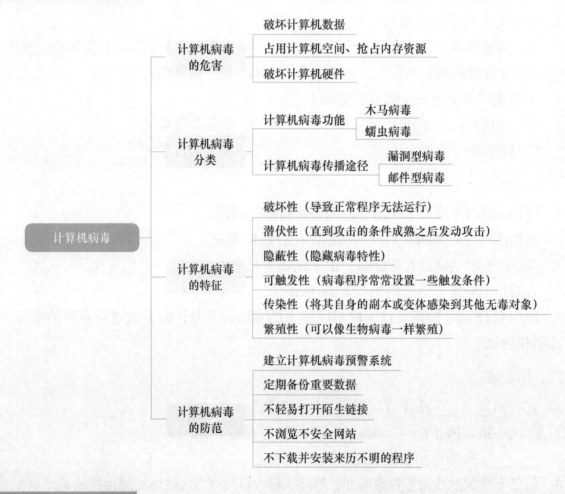

知识概要

计算机病毒是引起大多数软件故障的主要原因。计算机病毒其实是一种具备自我复制能力的程序或脚本语言，这些计算机程序或脚本语言利用计算机的软件或硬件的缺陷控制或破坏计算机，可使系统运行缓慢、不断进行重启或使用户无法正常操作计算机，甚至可能造成硬件的损坏。计算机病毒的主要危害表现在破坏内存、破坏文件、影响计算机运行速度、影响操作系统正常运行、破坏硬盘、破坏系统数据区等方面。

1. 计算机病毒的概述

计算机病毒是一段人为编制的、具有破坏性的特殊程序代码或指令。计算机病毒会破坏计算机硬件或毁坏数据，影响计算机的使用。"良性"病毒只是恶作剧性质，破坏性不大；"恶性"病毒会使软件系统崩溃，硬件损坏，木马病毒会使计算机用户网上银行账号、交易账号被盗，造成严重的经济损失。

因此，我国《计算机信息网络国际联网安全保护管理办法》第六条有明确规定，任何单位和个人不得从事下列危害计算机信息网络安全的活动：

（一）未经允许，进入计算机信息网络或者使用计算机信息网络资源的；

（二）未经允许，对计算机信息网络功能进行删除、修改或者增加的；

（三）未经允许，对计算机信息网络中存储、处理或者传输的数据和应用程序进行删除、修改或者增加的；

（四）故意制作、传播计算机病毒等破坏性程序的；

（五）其他危害计算机信息网络安全的。

2. 计算机病毒的分类

根据不同的角度，计算机病毒有不同的分类方式：

1）从计算机病毒功能区分，可以分为木马病毒和蠕虫病毒。

2）从计算机病毒传播途径区分，可以分为漏洞型病毒和邮件型病毒两种。

3. 计算机病毒的传播方式

计算机病毒有自己的传播模式和传播路径。其主要有以下三种传播方式：

1）通过移动存储设备进行病毒传播。比如U盘、CD、软盘、移动硬盘等。

2）通过网络来传播。这里指的网络形式较多，比如网页、电子邮件、QQ、BBS等都可以是计算机病毒进行网络传播的途径。

3）利用计算机系统和应用软件的弱点传播。近年来，越来越多的计算机病毒利用应用系统和软件应用的弱点传播出去，因此这种途径也被划分在计算机病毒的基本传播方式中。

4. 计算机防病毒软件的工作方式

计算机防病毒软件一般提供以下3种扫描方式：①实时扫描；②预置扫描；③人工扫描。

应知应会

1. 计算机病毒的特征

1）破坏性：这是计算机病毒的主要特征。

2）潜伏性：病毒埋伏在正常程序周围或插入合法程序里隐藏起来，等待特定的条件满足之后病毒就会发作。

3）隐蔽性：采用特殊技术，隐藏起来不容易被发现。

4）可触发性：即激发性，病毒的发作受一定条件控制，多数以日期或时间作为条件。

5）传染性：即传播性，病毒会不断自我复制，通过各种存储器和网络进行传播。

6）繁殖性：计算机病毒可以像生物病毒一样进行繁殖，当正常程序运行时，它也进行自身复制，是否具有繁殖、感染的特征是判断某段程序是否为计算机病毒的首要条件。

2. 杀毒软件的功能

计算机防病毒软件的主要功能包括预防、检测、清除病毒等。杀毒软件一般具有局限性，一种杀毒软件一般不可能查杀全部病毒，杀毒软件经常滞后于新病毒的出现。因此，杀毒软件要经常升级病毒库至最新版本才有效。

3. 计算机病毒的防范措施

现在计算机病毒无处不在，我们要加强安全防范意识，要有效避免计算机病毒危害，需要注意以下几点：

1）安装杀毒软件并定期升级，开启实时监控功能。

2）要对计算机中重要的数据定期进行备份，不能备份在同一台机器上，需要备份到不同的机器硬盘上。

3）不要轻易打开陌生链接，以防钓鱼类网站。

4）使用外来磁盘之前要先查杀病毒。

5）不要随意登录不文明、不健康的网站，不浏览不安全的陌生网站。

6）不轻易下载并安装来历不明的程序，不随意打开陌生邮件或在打开之前先查杀病毒。

典型例题

【例1】（单项选择题）下列不会对计算机系统造成威胁的是（　　　）。

    A. 蠕虫病毒　　　　B. 杀毒软件　　　　C. 后门程序　　　　D. 木马程序

【解析】本题考查常见的网络安全威胁。杀毒软件可以有效防止计算机病毒对计算机软硬件极其数据造成的损坏，因此不会对计算机系统造成威胁。

【答案】B

【例2】（单项选择题）计算机病毒是一种（　　　）。

    A. 有害生物　　　　B. 生物病毒　　　　C. 特殊细菌　　　　D. 特殊程序

【解析】本题考查计算机病毒的概念。计算机病毒是一种会"传染"其他程序的特殊程序。

【答案】D

【例3】（单项选择题）某用户打开Word文档编辑时，总是发现计算机自动把该文档传送到另一台FTP服务器上，这可能时因为Word程序已被黑客植入（　　　）。

    A. 特洛伊木马　　　B. 流氓软件　　　　C. FTP匿名服务　　D. 陷门

【解析】本题考查特洛伊木马的概念。特洛伊木马是一种与远程主机建立连接，使得远程主机能够控制本地主机的程序。

【答案】A

一、单项选择题

1. （   ）不能有效提高系统的病毒防治能力。

  A. 安装、升级杀毒软件   B. 不要轻易打开来历不明的邮件

  C. 定期备份数据文件   D. 下载安装系统补丁

2. 计算机病毒是指（   ）。

  A. 带细菌的磁盘   B. 已损坏的磁盘

  C. 被破坏的程序   D. 具有破坏性的特制程序

3. 下列说法中，错误的是（   ）。

  A. 病毒技术与黑客技术日益融合在一起

  B. 计算机病毒的编写变得越来越轻松，因为互联网上可以轻松下载病毒编写工具

  C. 计算机病毒的数量呈指数性成长，传统的依靠病毒码解毒的防病毒软件渐渐显得力不从心

  D. 计算机病毒制造者的主要目的是炫耀自己高超的技术

4. 以下叙述中，正确的是（   ）。

  A. 严禁在计算机上玩游戏是预防病毒的唯一措施

  B. 计算机病毒只破坏磁盘上的数据和程序

  C. 计算机病毒是一种人为编制的特殊程序

  D. 计算机病毒只破坏内存中的数据和程序

5. 计算机病毒的主要传播途径有（   ）。

  ①光盘   ②U盘   ③网络   ④显示器

  A. ①②③   B. ②③④   C. ①③④   D. ①②④

6. 蠕虫病毒发作时可以在短时间内感染并影响大量的计算机，这是其（   ）的体现。

  A. 隐蔽性   B. 传染性   C. 不可预见性   D. 潜伏性

7. 下列不是计算机病毒特点的是（   ）。

  A. 稳定性   B. 隐蔽性   C. 传染性   D. 破坏性

8. 下列说法中，正确的是（   ）。

  A. 计算机病毒不是计算机程序

  B. 计算机病毒可利用发送短信、彩信、电子邮件、浏览网站、下载铃声等方式进行传播

  C. 计算机病毒不具有攻击性和传染性

  D. 计算机病毒除了造成软件使用问题，甚至会造成SIM卡、芯片等损坏

9. （   ）无法防治计算机病毒。

  A. 下载安装系统补丁   B. 本机磁盘碎片整理

  C. 在安装新软件之前先进行病毒查杀   D. 安装并及时升级防病毒软件

10. 下列关于计算机病毒说法正确的是（　　　）。

    A. 一张无病毒的DVD-ROM光盘在有病毒的计算机上使用以后可能被感染病毒

    B. 计算机病毒是一种被破坏了的程序

    C. 目前主流的杀毒软件都能清除所有病毒

    D. 对于已经感染了病毒的U盘，最彻底的消除病毒的方法是对U盘进行格式化

二、多项选择题

1. 以下属于计算机病毒特征的是（　　　）。

    A. 潜伏性　　　　　　B. 传染性　　　　　C. 触发性　　　　　D. 攻击性

2. 下列关于计算机病毒表述错误的是（　　　）。

    A. 计算机病毒会传染给人　　　　　B. 计算机病毒是一种程序

    C. 计算机病毒是一种生物病毒　　　D. 计算机病毒不是人为制造的

3. 下列不属于杀毒软件的是（　　　）。

    A. 瑞星　　　　　　B. 360安全卫士　　C. 金山毒霸　　　　D. 汉王

4. 为了减少计算机病毒带来的危害，我们要注意做到（　　　）。

    A. 在计算机中安装杀毒软件

    B. 尽量不上网，阻断病毒传播途径

    C. 提高信息安全意识，不使用盗版软件

    D. 对计算机中的文件进行备份

5. 感染计算机病毒以后可能出现的状况是（　　　）。

    A. 系统报告内存不够　　　　　　　B. 数据丢失

    C. 反复重启　　　　　　　　　　　D. 文件不能打开

三、判断题

1. 计算机上安装杀毒软件能完全保证不中病毒。　　　　　　　　　　　（　　　）

2. 计算机病毒是一种生物病毒，会传染给人。　　　　　　　　　　　　（　　　）

3. 安装杀毒软件之后，就可以查杀所有的计算机病毒。　　　　　　　　（　　　）

4. 计算机病毒是可以造成机器故障的一种计算机芯片。　　　　　　　　（　　　）

5. 目前防病毒的手段，还没有达到查杀未知病毒的程度。　　　　　　　（　　　）

四、填空题

1. 计算机病毒可以在计算机系统中存在很长时间而不被发现，这主要体现的病毒特征是_____。

2. _____病毒总是含有对文档读写操作的宏命令并在.doc文档和.dot模板中以.BFF格式存放。

3. 从计算机病毒功能区分，可以分为_____病毒和蠕虫病毒。

4. 计算机防病毒软件一般实时扫描、_____和人工扫描3种扫描方式。

5. 计算机感染病毒导致文件被自动删除，这主要体现了计算机病毒的_____。

计算机网络技术基础教程

五、简答题

1. 目前计算机病毒最主要的传播途径是什么?
2. 计算机病毒的防范措施有哪些?

8.3 计算机网络渗透与防渗透

学习目标

➤ 准确理解黑客的概念。

➤ 掌握黑客入侵的攻击手段。

➤ 能够准确描述防范黑客攻击的方法。

➤ 了解数据加密技术的概念。

➤ 能够理解密钥加密算s法的过程。

➤ 掌握防火墙的概念及分类。

➤ 能够准确说出防火墙的功能及局限性。

内容梳理

网络渗透技术其实是计算机网络系统安全的技术，也是黑客用来入侵系统的技术。渗透通常分为Web渗透、APP渗透等。渗透需要熟练掌握编程技能、精通常见的漏洞原理并具备漏洞复现能力、精通Linux/Windows系统、精通常见的渗透工具或具备自己开发工具的能力、精通应急响应能力、精通各种漏洞的防御策略、精通各种安全产品、熟悉《网络安全法》、熟悉网络架构、精通网络协议。

1. 认识黑客

黑客（Hacker）是指在未经许可的情况下通过技术手段登录到他人的网络服务器甚至是连接在网络上的单机，并对网络进行一些未经授权操作的个人或组织。

2. 黑客攻击的防范

防范黑客入侵手段，不仅是技术问题，关键是还要制订严密、完整而又行之有效的安全策略。安全策略是指在一个特定的环境里，为保证提供一定级别的安全保护所必须遵守的规则，主要包括以下三个方面的手段：①法律手段；②技术手段；③管理手段。

3. 数据加密技术

数据加密技术是网络中最基本的安全技术，主要是通过对网络中传输的信息进行加密来保障其安全性，是一种主动的安全防御策略。常用的数据加密技术有私钥加密和公钥加密两种。

4. 防火墙的概念

防火墙（Firewall）是设置在被保护网络和外部网络之间的一道屏障，以防止发生不可预测的、潜在破坏性的侵入，是一系列软件、硬件等部件的组合。在逻辑上，防火墙是一个分离器、限制器、分析器，它有效地监控了内部网络和Internet之间的所有活动，保证了内部网络的安全。

5. 防火墙的分类

1）软件防火墙。主要服务于客户端计算机，Windows操作系统本身就自带防火墙，其他的如金山网镖、瑞星防火墙、360安全卫士、天网等都是目前比较流行的防火墙软件。

2）硬件防火墙。硬件防火墙有多种，其中路由器可以起到防火墙的作用，代理服务器也同样具备防火墙的功能。独立防火墙设备比较昂贵，较著名的独立防火墙生产厂商有华为、思科、D-Link、黑盾等。

3）芯片级防火墙。芯片级防火墙基于专门的硬件平台，没有操作系统。专有的ASIC芯片促使它们比其他种类的防火墙速度更快、处理能力更强、性能更高。

1. 黑客入侵的攻击手段

在Internet中，为了防止黑客入侵自己的计算机，就必须先了解黑客入侵目标计算机常用的攻击手段，例如：①非授权访问；②信息泄露或丢失；③破坏数据完整性；④拒绝服务攻击；⑤利用网络传播病毒。

2. 数据加密技术的特点

1）保障数据的安全性。数据加密技术能够让移动的数据信息得到更加安全的保障，不会因为位置的变化而加大泄露的风险。

2）保证数据的完整性。采用数据加密技术可以有效阻止黑客改变数据信息，能够最大限度的确保数据不会被篡改。

3）保护用户隐私。数据加密技术可以对机密信息进行保护，如个人信息。使用数据加密技术对个人信息进行加密处理，可以更好地对信息进行保护。

3. 密钥加密算法

目前存在多种加密技术，最常见的是密钥加密技术，密钥加密算法可分为对称密钥算法和非对称密钥算法。

1）对称密钥算法。对称密钥算法是应用较早的加密算法，技术成熟。在对称密钥算法中，数据发信方将明文（原始数据）和加密密钥一起经过特殊加密算法处理后，使其变成复杂的密文发送出去。接收方收到密文后，需要使用加密时用过的密钥及相同算法的逆算法对密文进行解密，才能使其恢复成可读明文。在对称加密算法中，使用的密钥只有一个，发收信双方都使用这个密钥对数据进行加密和解密，这就要求解密方事先必须知道加密密钥。

2）非对称密钥算法。需要两个密钥，即公开密钥（Public Key）和私有密钥（Private Key）。公钥与私钥是一对，如果用公钥对数据进行加密，只有用对应的私钥才能解密。因为加密和解密使用的是两个不同的密钥，所以这种算法叫作非对称加密算法。非对称密钥算法由于发送方用公钥加密，接收方用私钥解密，发送方并不知道接收方的私钥，所以保密性更强。

4. 防火墙的基本功能

防火墙技术是通过有机结合各种用于安全管理与筛选的软件和硬件设备，在计算机网络内、外网之间构建的一道相对隔绝的保护屏障，以保护用户资料与信息安全性的一种技术，其基本功能有以下几点：①保护端口信息；②过滤后门程序；③保护个人资料；④提供安全状况报告。

5. 防火墙的局限性

1）不能防范未经过防火墙产生的攻击。

2）不能防范由于内部用户不当操作所造成的威胁。

3）不能防止受到病毒感染的软件或文件在网络上传输。

4）很难防止数据驱动式攻击。

【例1】（单项选择题）某公司为了防范黑客的攻击，公司领导决定加强内部管理，建立审计和跟踪体系，提高全体员工的信息安全意识，这是运用了防范黑客攻击的（　　）手段。

　　A. 技术　　　　　　B. 法律　　　　　　C. 管理　　　　　　D. 以上都不是

【解析】本题考查防范黑客攻击的手段。技术手段是指用户采用先进的安全技术，针对网络、操作系统、应用系统、数据库、信息共享授权等提出具体的安全保护措施；法律手段是指通过建立与信息安全相关的法律、法规，使非法分子摄于法律，不敢轻举妄动；管理手段是指建立相应的信息安全管理办法，加强内部管理，建立审计和跟踪体系，提高整体信息安全意识。

【答案】C

【例2】（单项选择题）互联网上用于隔离外部网络与内部网络，防止内部网络被非法访问的是（　　）。

　　A. 加密机制　　　B. 路由控制机制　　C. 杀毒软件　　　　D. 防火墙

【解析】本题考查防火墙技术的概念。防火墙是一种加强网络之间访问控制，防止外部网络用户以非法手段通过外部网络进入内部网络、访问内部网络资源，保护内部网络操作环境的特殊网络互联设备。

【答案】D

知识测评

一、单项选择题

1. 对付计算机黑客进入自己计算机的最有效手段是（　　）。

　　A. 选择上网人数少的时段　　　　　　B. 设置安全密码

　　C. 向ISP请求提供保护　　　　　　　D. 安装防火墙

2. 下列属于信息安全产品的是（　　）。

　　A. 迅雷　　　　　　B. 调制解调器　　C. 防火墙　　　　　D. 交换机

3. Internet上使用"防火墙"可防止（　　）。

　　A. 对内部网的非法访问　　　　　　　B. 网络线路漏电起火

　　C. 网络设备丢失　　　　　　　　　　D. 网络服务器死机

4. 在下列网络威胁中，（　　）不属于信息泄露。

　　A. 数据窃听　　　　B. 偷窃用户账号　C. 流量分析　　　　D. 拒绝服务攻击

5. 防范黑客攻击的最有效的办法是（　　）。

　　A. 无线传输　　　　B. 数据加密　　　C. 安装防火墙　　　D. 隐藏服务器地址

6. 下列关于遵守网络道德规范的叙述，不正确的是（　　）。

　　A. 使用网络应该遵守《新时代青少年网络文明公约》

B. 沉溺于虚拟时空

C. 不做危害网络信息安全的事情

D. 不制作不传播计算机病毒

7. 网上"黑客"是指（　　　　）的人。

A. 匿名上网   B. 在网上私闯他人计算机系统

C. 总在晚上上网   D. 不花钱上网

8. 防范网络监听最有效的方法是（　　　　）。

A. 漏洞扫描   B. 安装病毒软件   C. 数据加密   D. 安装防火墙

9. 以下不属于网络攻击技术的是（　　　　）。

A. 网络扫描   B. 程序的BUG   C. 网络入侵   D. 网络监听

10. 对"防火墙本身是免疫的"这句话的正确理解是（　　　　）。

A. 防火墙本身是不会死机的

B. 防火墙本身具有清除计算机病毒的能力

C. 防火墙本身具有抗攻击能力

D. 防火墙本身具有对计算机病毒的免疫力

二、多项选择题

1. 网络安全防护技术包括（　　　　）。

A. 数据压缩技术   B. 杀毒技术   C. 数据加密技术   D. 防火墙技术

E. 数据备份与灾难恢复技术

2. 下列关于网络防火墙功能的描述中错误的是（　　　　）。

A. 网络安全的屏蔽   B. 提高网速

C. 防止火势蔓延   D. 抵御网络攻击

E. 隔离Internet和内部网络

3. 黑客入侵的攻击手段包括（　　　　）。

A. 信息泄露或丢失   B. 非授权访问

C. 拒绝服务攻击   D. 利用网络传播病毒

E. 破坏数据的完整性

4. 以下属于木马入侵常见方法的是（　　　　）。

A. 捆绑欺骗   B. 邮件冒名欺骗   C. 危险下载   D. 文件感染

E. 打开邮件中的附件

5. 防火墙的作用是（　　　　）。

A. 防止内部信息的外泄   B. 提高网络的吞吐量

C. 网络安全屏障   D. 强化网络安全策略

E. 对网络存取、访问进行监控

三、判断题

1. 黑客就是指违法犯罪的人，一般文化素质比较低。 (　　)
2. 假冒身份攻击、非法用户进入网络系统属于非授权访问。 (　　)
3. 防火墙也可以用于防病毒。 (　　)
4. 密钥技术是只能用于数据加密、解密的信息安全技术，对于身份识别无能为力。
   (　　)
5. 防火墙不仅可以阻断攻击，还能消灭攻击源。 (　　)

四、填空题

1. 防火墙可分为硬件防火墙和＿＿＿＿＿＿防火墙两大类。
2. 为了防止用户被冒名所欺骗，就要对信息源进行身份＿＿＿＿＿＿。
3. 网络安全机密性的主要防范措施是＿＿＿＿＿＿技术。
4. 在设置密码时，长度越短、使用的字符种类越少，密码强度越＿＿＿＿＿＿。
5. ＿＿＿＿＿＿是一种用来加强网络之间访问控制，防止外部网络用户以非法手段通过外网进入内网，访问内部资源，保护内部网络操作环境的特殊设备。

五、简答题

1. 什么是黑客？其常用的攻击手段有哪些？
2. 什么是防火墙？防火墙应具有的基本功能是什么？

8.4 防钓鱼攻击方法

学习目标

➤ 掌握并理解网络钓鱼的含义。
➤ 能够准确陈述常见的网络攻击技术。
➤ 掌握网络钓鱼的防范措施。

内容梳理

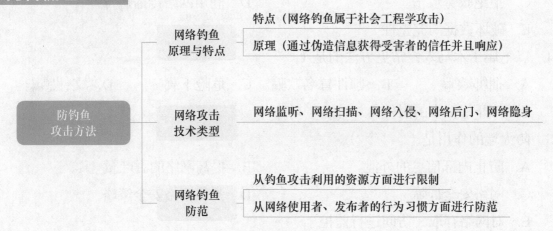

网络钓鱼是常见的网络渗透方式，网络钓鱼需要的基本技能包括信息收集能力，熟悉心理学，熟练应用"欺诈"能力，沟通能力强等。了解网络钓鱼的基本技能就可以有效防止网络钓鱼事件发生。

1. 网络钓鱼的含义

网络钓鱼属于社会工程学攻击方式之一，简单来说就是通过伪造信息获得受害者的信任并且响应。由于网络信息是呈爆炸性增长的，人们面对各种各样的信息往往难以辨认真伪，依托网络环境进行钓鱼攻击是一种非常可行的攻击手段。

2. 网络攻击技术

网络攻击技术主要包括以下几个方面：

1）网络监听：自己不主动去攻击别人，而是在计算机上设置一个程序，用于监听目标计算机与其他计算机间通信的数据，网络监听过程如图8-2所示。

2）网络扫描：利用程序去扫描目标计算机开放的端口等，目的是发现漏洞，为入侵该计算机做准备。

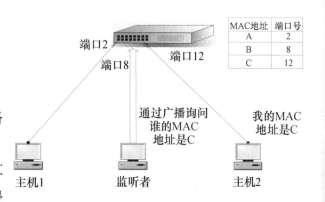

图8-2　网络监听过程示意图

3）网络入侵：当探测发现对方系统存在漏洞时，入侵到目标计算机以获取信息。

4）网络后门：成功入侵目标计算机后，为了实现对"战利品"的长期控制，在目标计算机中植入木马等后门程序。

5）网络隐身：入侵完毕退出目标计算机后，将自己入侵的痕迹清除，从而防止被对方管理员发现。

1. 网络钓鱼的防范

网络钓鱼的防范可以分为以下两个方面：

1）从钓鱼攻击利用的资源方面进行限制。一般网络钓鱼攻击所利用的资源是可控的，比如Web漏洞是Web服务提供商可以直接修补的，邮件服务商可以使用域名反向解析邮件发送服务器，提醒用户是否收到匿名邮件，利用IM软件传播的钓鱼URL链接是IM服务提供商可以封杀的。

2）从网络使用者、发布者的行为习惯方面进行防范，比如浏览器漏洞，大家就必须打上补丁防御攻击者直接使用客户端软件漏洞发起的钓鱼攻击，各个安全软件厂商也可以提供修补客户端软件漏洞的功能，同时各大网站有义务保护所有用户的隐私，有义务提醒所有的用户防止被网络钓鱼，提高用户的安全意识，积极防御钓鱼攻击。

【例1】（单项选择题）下列关于网络钓鱼的描述不正确的是（　　　　）。

　　A. 网络钓鱼（Phishing）一词，是"Fishing"和"Phone"的综合体

　　B. 网络钓鱼都是通过欺骗性的电子邮件来进行诈骗活动

　　C. 为了消除越来越多的以网络钓鱼和电子邮件欺骗的形式进行的身份盗窃和欺诈行为，相关行业成立了一个协会——反网络钓鱼工作小组

　　D. 网络钓鱼在很多方面和一般垃圾邮件有所不同，理解这些不同点对设计反网络钓鱼技术至关重要

【解析】本题考查网络钓鱼的概念。网络钓鱼（Phishing，与钓鱼的英语fishing发音相近，又名钓鱼法或钓鱼式攻击）是攻击者利用欺骗性的电子邮件或伪造的Web站点来进行诈骗活动，意图引诱收信人给出敏感信息（如用户名、密码、账号、ATM、PIN码或信用卡详细信息等）的一种攻击方式。因此，B选项的说法过于绝对。

【答案】B

【例2】（单项选择题）下面技术中不能防止网络钓鱼攻击的是（　　　　）。

　　A. 在主页的底部设有一个明显链接，以提醒用户注意有关电子邮件诈骗的问题

　　B. 利用数字证书（如USB KEY）进行登录

　　C. 根据互联网内容分级联盟（ICRA）提供的内容分级标准对网站内容进行分级

　　D. 安装杀毒软件和防火墙、及时升级、打补丁、加强员工安全意识

【解析】本题考查网络钓鱼的防范方法。防范网络钓鱼攻击常用的方法有检查网址、重视网站安全警告、留意防范电子邮件、检查链接的文本是否与合法的URL匹配以及提升自我警惕性等，C选项中提及的"根据互联网内容分级联盟（ICRA）提供的内容分级标准对网站内容进行分级"无法有效防止网络钓鱼攻击。

【答案】C

【例3】（单项选择题）下面病毒出现的时间最晚的类型是（　　　　）。

　　A. 携带特洛伊木马的病毒　　　　　　B. Office文档携带的宏病毒

　　C. 通过网络传播的蠕虫病毒　　　　　D. 以网络钓鱼为目的的病毒

【解析】本题考查计算机病毒的发展历程。计算机病毒伴随计算机、网络信息技术的发展而日趋复杂多变，其破坏性和传播能力也不断增强，因此网络病毒比单机病毒出现的时间更晚一些，而以网络钓鱼为目的的病毒，更是变幻着以不同的形式出现在大众视野当中，因此其出现的时间更晚一些。

【答案】D

知识测评

一、单项选择题

1. 钓鱼网站的危害主要是（　　　　）。

　　A. 单纯的对某网页进行挂马　　　　　B. 窃取个人隐私信息

　　C. 破坏计算机系统　　　　　　　　　D. 体现黑客的技术水平

2. 以下关于网络钓鱼的说法中，不正确的是（　　　）。

   A. 网络钓鱼融合了伪装、欺骗等多种攻击方式

   B. 网络钓鱼与Web服务没有关系

   C. 典型的网络钓鱼攻击都将被攻击者引诱到一个通过精心设计的钓鱼网站上

   D. 网络钓鱼是"社会工程学攻击"的一种形式

3. 以下网络攻击方式中，（　　　）实施的攻击不是网络钓鱼的常用手段。

   A. 利用社会工程学   B. 利用虚假的电子商务网站

   C. 利用假冒网上银行、网上证券网站   D. 利用密罐

4. 从网络安全的角度看，当你收到陌生电子邮件时，处理其中附件的正确做法是（　　　）。

   A. 马上删除   B. 暂时先保存，日后再打开

   C. 先用防病毒软件进行检测再做决定   D. 立即打开

5. 如果你是公司财务人员，且已经落入网络钓鱼的圈套，应采取（　　　）的措施。

   A. 向电子邮件地址或网站被伪造的公司报告该情形

   B. 更改账户的密码

   C. 立即检查财务报表

   D. 以上全部都是

二、多项选择题

1. 小张收到一条短信："在我公司举办的抽奖活动中，您有幸获得小轿车一辆，价值20万元，咨询电话：130******44。"关于这条信息真伪性的鉴别，正确的说法是（　　　）。

   A. 这条信息留有电话，可以打电话咨询

   B. 这条信息来历不明，不可信

   C. 这条信息没有领奖时效限制，不可靠

   D. 这条信息没有获奖时间，不可信

2. 网络钓鱼是指攻击者利用伪造的网站或欺骗性的电子邮件进行的网络诈骗活动，（　　　）属于网络钓鱼常见的攻击手段。

   A. 伪造相似域名的网站   B. 显示虚假IP地址而非域名

   C. 超链接欺骗   D. 弹出窗口欺骗

3. 在网络安全领域，社会工程学常被黑客用于（　　　）。

   A. 踩点阶段的信息收集   B. 获得目标WebShell

   C. 组合密码的爆破   D. 定位目标真实信息

4. 青少年安全使用网络的说法中正确的有（　　　）。

   A. 不要随意下载"免费版""绿色版"等软件，下载软件应从正规的官方网站下载

   B. 养成不打开陌生链接的习惯

   C. 尽量不使用聊天工具

   D. 玩游戏不使用外挂

5.　（　　　　）属于防范假冒网站的措施。

  A. 直接输入所要登录网站的网址，不通过其他链接进入

  B. 登录网站后留意核对所登录的网址与官方公布的网址是否相符

  C. 登录官方发布的相关网站辨识真伪

  D. 安装防范ARP攻击的软件

三、判断题

1.　网络攻击分为主动攻击与被动攻击。　　　　　　　　　　　　　　　　　　（　　　）

2.　不要打开来历不明的网页、电子邮件链接或附件是因为其可能含有的木马病毒会自动进入计算机并隐藏在计算机中，造成文件丢失损坏。　　　　　　　　　（　　　）

3.　网络钓鱼网站是无懈可击的，没有一点儿破绽，常人很难辨别。　　（　　　）

4.　网络钓鱼是一种针对人性弱点的攻击手法，钓鱼者不会千篇一律地去进行攻击，不管是网络还是现实中到处都存在钓鱼式攻击的影子。　　　　　　　　　（　　　）

5.　计算机未安装杀毒软件会导致操作系统产生安全漏洞。　　　　　　　（　　　）

四、填空题

1.　网络钓鱼是基于人性贪婪以及容易取信于人的心理因素来进行攻击的，其具有欺骗性、针对性、多样性以及_____的特点。

2.　打电话诈骗密码属于_____攻击方式。

3.　大量向用户发送欺诈性垃圾邮件，以中奖诱骗用户在邮件中填入金融账号和密码，继而窃取账户资金，这种诈骗形式通常被称为_____。

4.　网络钓鱼（Phishing）中，攻击者利用欺骗性的电子邮件和伪造的Web站点来进行_____活动，受骗者往往会泄露自己的私人资料，如信用卡号、银行卡账户、身份证号等内容。

5.　用户收到了一份可疑的电子邮件，要求用户提供银行账户及密码，这是属于_____攻击手段。

五、简答题

1.　什么是网络钓鱼？

2.　在日常生活中，我们应该如何防范钓鱼网站？

8.5　单元测试

单元检测卷　试卷I

一、单项选择题

1.　在以下人为的恶意攻击行为中，属于主动攻击的是（　　　　）。

  A. 数据篡改及破坏   B. 数据窃听

C. 数据流分析　　　　　　　　　　　　D. 非法访问

2. 数据完整性指的是（　　　）。

    A. 保护网络中各系统之间交换的数据，防止因数据被截获而造成泄密

    B. 提供连接实体身份的鉴别

    C. 防止非法实体对用户的主动攻击，保证数据接收方收到的信息与发送方发送的信息完全一致

    D. 确保数据是由合法实体发出的

3. 以下关于计算机病毒的特征说法正确的是（　　　）。

    A. 计算机病毒只具有破坏性，没有其他特征

    B. 计算机病毒具有破坏性，不具有传染性

    C. 破坏性和传染性是计算机病毒的两大主要特征

    D. 计算机病毒只具有传染性，不具有破坏性

4. 下列叙述中正确的是（　　　）。

    A. 计算机病毒只感染可执行文件

    B. 计算机病毒只感染文本文件

    C. 计算机病毒只能通过软件复制的方式进行传播

    D. 计算机病毒可以通过读写磁盘或网络等方式进行传播

5. 以下关于对称密钥加密说法正确的是（　　　）。

    A. 加密方和解密方可以使用不同的算法

    B. 加密密钥和解密密钥可以是不同的

    C. 加密密钥和解密密钥必须是相同的

    D. 密钥的管理非常简单

6. 木马病毒是（　　　）。

    A. 宏病毒　　　　　　　　　　　　　　B. 引导型病毒

    C. 蠕虫病毒　　　　　　　　　　　　　D. 基于服务/客户端病毒

二、判断题

1. 蠕虫病毒是指一个程序（或一组程序），它会自我复制、传播到别的计算机系统中去。　　　　　　　　　　　　　　　　　　　　　　　　　　　　（　　　）

2. Outlook Express中仅仅预览邮件的内容而不打开邮件的附件是不会中毒。（　　　）

3. 木马与传统病毒不同的地方就是木马不自我复制。　　　　　　　　　（　　　）

4. 文本文件不会感染宏病毒。　　　　　　　　　　　　　　　　　　　（　　　）

5. 按照计算机病毒的传播媒介来分类，可分为单机病毒和网络病毒。　（　　　）

6. 世界上第一个攻击硬件的病毒是CIH。　　　　　　　　　　　　　　（　　　）

三、填空题

1. 网络安全具有_____、_____和_____。

2. 网络安全机密性的主要防范措施是_____。

3. 网络安全机制包括_____和_____。

4. 数据加密的基本过程就是将可读信息译成_____的代码形式。

单元检测卷　试卷Ⅱ

一、单项选择题

1. （　　）属于系统的物理故障。
   A. 硬件故障与软件故障　　　　　　B. 计算机病毒
   C. 人为的失误　　　　　　　　　　D. 网络故障和设备环境故障

2. 在OSI七个层次的基础上，将安全体系划分为四个级别，（　　）不属于这四个级别。
   A. 网络级安全　　B. 系统级安全　　C. 应用级安全　　D. 链路级安全

3. 网络监听是指（　　）。
   A. 远程观察一个用户的计算机　　　B. 监视网络的状态、传输的数据流
   C. 监视计算机系统运行情况　　　　D. 监视一个网站的发展方向

4. 当感觉到操作系统运行速度明显减慢，打开任务管理器后发现CPU的使用率达到了百分之百，最有可能是受到了（　　）攻击。
   A. 特洛伊木马　　B. 拒绝服务　　　C. 欺骗　　　　　D. 中间人

5. 为确保企业局域网的信息安全，防止来自Internet的黑客入侵，采用（　　）可以实现一定的防范作用。
   A. 网管软件　　　B. 邮件列表　　　C. 防火墙　　　　D. 防病毒软件

6. 下列关于防火墙的说法正确的是（　　）。
   A. 防火墙的安全性能是根据系统安全的要求而设置的
   B. 防火墙的安全性能是一致的，一般没有级别之分
   C. 防火墙不能把内部网络隔离为可信任网络
   D. 一个防火墙只能用来对两个网络之间的互相访问实行强制性管理的安全系统

7. 下列（　　）不是专门的防火墙产品。
   A. ISA Server 2004　　　　　　　B. CISCO Router
   C. Topsec网络卫士　　　　　　　D. Check Point防火墙

8. 通过非直接技术攻击称为（　　）攻击手法。
   A. 会话劫持　　　B. 社会工程学　　C. 特权提升　　　D. 应用层攻击

9. 关于"攻击工具日益先进，攻击者需要的技能日趋下降"，不正确的观点是（　　）。
   A. 网络受到攻击的可能性将越来越大　　B. 网络受到攻击的可能性将越来越小
   C. 网络攻击无处不在　　　　　　　　　D. 网络风险日益严重

二、多项选择题

1. 网络型安全漏洞扫描器的主要功能有（　　　　）。

　　A. 端口扫描检测　　　　　　　　B. 后门程序扫描检测

　　C. 密码破解扫描检测　　　　　　D. 应用程序扫描检测

　　E. 系统安全信息扫描检测

2. 防火墙有（　　　　）的作用。

　　A. 提高计算机系统总体的安全性　　B. 提高网络的速度

　　C. 控制对网点系统的访问　　　　　D. 数据加密

3. 计算机病毒的传播方式有（　　　　）。

　　A. 通过共享资源传播　　　　　　　B. 通过网页恶意脚本传播

　　C. 通过网络文件传输FTP传播　　　D. 通过电子邮件传播

4. 网络防火墙的作用是（　　　　）。

　　A. 防止内部信息外泄

　　B. 防止系统感染病毒与非法访问

　　C. 防止黑客访问

　　D. 建立内部信息和功能与外部信息和功能之间的屏障

5. 数字证书类型包括（　　　　）。

　　A. 浏览器证书　　B. 服务器证书　　C. 邮件证书　　　D. CA证书

　　E. 公钥证书和私钥证书

三、判断题

1. 冒充信件回复、冒名微软雅虎发信、下载电子贺卡同意书，使用的是名为"字典攻击"的方法。　　　　　　　　　　　　　　　　　　　　　　　　　　　（　　　）

2. 当服务器遭受到DOS攻击的时候，只需要重启动系统就可以阻止攻击。　（　　　）

3. 一般情况下，采用Port Scan可以比较快速地了解某台主机上提供了哪些网络服务。　　　　　　　　　　　　　　　　　　　　　　　　　　　　　　　　（　　　）

4. DOS攻击不但能使目标主机停止服务，还能入侵系统，开启后门，得到想要的资料。　　　　　　　　　　　　　　　　　　　　　　　　　　　　　　　　　（　　　）

5. 社会工程学攻击目前不容忽视，面对社会工程学攻击，最好的方法是对员工进行全面的教育。　　　　　　　　　　　　　　　　　　　　　　　　　　　　　（　　　）

6. 只从被感染磁盘上复制文件到硬盘上，并不运行其中的可执行文件，不会使系统感染病毒。　　　　　　　　　　　　　　　　　　　　　　　　　　　　　　（　　　）

7. 将文件的属性设为只读不可以保护其不被病毒感染。　　　　　　　　　（　　　）

8. 重新格式化硬盘可以清除所有病毒。　　　　　　　　　　　　　　　　（　　　）

9. GIF和JPG格式的文件不会感染病毒。　　　　　　　　　　　　　　　（　　　）

1. 访问控制主要有两种类型：_____访问控制和_____访问控制。

2. 网络访问控制通常由_____实现。

3. 密码按密钥方式划分，可分为_____式密码和_____式密码。

4. 按照数据来源的不同，入侵监测系统可以分为_____、_____和_____入侵监测系统三类。

5. 非对称密码技术也称为_____密码技术。

6. 在IIS 6.0中，提供的登录身份认证方式有_____、_____、_____和_____四种，还可以通过_____安全机制建立用户和 Web 服务器之间的加密通信通道，确保所传递信息的安全性，这是一种安全性更高的身份认证方式。

五、简答题

1. 网络攻击和防御分别包括哪些内容？

2. 从层次上，网络安全可以分成哪几层？每层有什么特点？

参 考 文 献

[1] 段标，陈华. 计算机网络基础[M]. 6版. 北京：电子工业出版社，2021.

[2] 谢希仁. 计算机网络[M]. 7版. 北京：电子工业出版社，2021.

[3] 连丹. 信息技术导论[M]. 北京：清华大学出版社，2021.

[4] 刘丽双，叶文涛. 计算机网络技术复习指导[M]. 镇江：江苏大学出版社，2020.

[5] 宋一兵. 计算机网络基础与应用[M]. 3版. 北京：人民邮电出版社，2019.

[6] 陈国升. 计算机网络技术单元过关测验与综合模拟[M]. 北京：电子工业出版社，2019.

[7] 戴有炜. Windows Server 2016 网络管理与架站[M]. 北京：清华大学出版社，2018.

[8] 王协瑞. 计算机网络技术[M]. 4版. 北京：高等教育出版社，2018.

[9] 周舸. 计算机网络技术基础[M]. 5版. 北京：人民邮电出版社，2018.

[10] 张中荃. 接入网技术[M]. 北京：人民邮电出版社，2017.

[11] 吴功宜. 计算机网络[M]. 4版. 北京：清华大学出版社，2017.

[12] 刘佩贤，张玉英. 计算机网络[M]. 北京：人民邮电出版社，2015.